U0270282

海洋石油工程建设质量验收系列丛书

平台上部组块工程质量验收

主编　李淑民

上海交通大学出版社

内容提要

本书为"海洋石油工程建设质量验收系列丛书"之一。主要介绍了海洋油气工程发展概况、平台上部组块的发展概况、工程概念和工程质量验收。对平台上部组块设计、建造、检验、安装和调试各阶段的质量验收内容、基本规定及所选用的规范和标准进行了详细介绍。书中选取各阶段的工程案例，对平台上部组块工程建设过程中的经验教训进行了总结。为后续平台上部组块工程建设项目提供了质量验收标准和依据，有利于加强平台上部组块工程建设的质量管理与控制。

本书可供中国海域内新建及改扩建海洋平台上部组块的设计、建造、检验、安装和调试的质量检查和验收相关人员参考。

图书在版编目（CIP）数据

平台上部组块工程质量验收/李淑民主编.—上海：上海交通大学出版社，2020

（海洋石油工程建设质量验收系列丛书）

ISBN 978-7-313-22927-4

Ⅰ.①平… Ⅱ.①李… Ⅲ.①海上平台—工程质量—工程验收 Ⅳ.①TE951

中国版本图书馆CIP数据核字（2020）第026947号

平台上部组块工程质量验收
PINGTAI SHANGBU ZUKUAI GONGCHENG ZHILIANG YANSHOU

主　　编：李淑民

出版发行：上海交通大学出版社　　　　　地　　址：上海市番禺路951号

邮政编码：200030　　　　　　　　　　电　　话：021-6471208

印　　制：苏州市越洋印刷有限公司　　　经　　销：全国新华书店

开　　本：710mm×1000mm　1/16　　　印　　张：24.75

字　　数：425千字

版　　次：2020年4月第1版　　　　　　印　　次：2020年4月第1次印刷

书　　号：ISBN 978-7-313-22927-4

定　　价：138.00元

《平台上部组块工程质量验收》

编委会

主　编　李淑民

副主编　陈荣旗　李健民

编　委　李相春　尹汉军　吕　屹　于长生　刘培林　宋峥嵘

　　　　李怀亮　孙　钟　杨炳发　廖红琴　杜文燕　叶　兵

　　　　夏　芳　连　华　李　欣　程　涛　祝晓丹

编写组

设计技术编写组

　　　　胡晓明　曾树兵　霍有利　孙章权　刘树慰　于成龙

　　　　孙为志　庄福佳　李艳华　马邦勇　徐建东　李　季

　　　　邓合霞　吕建伟　巩　雪

建造技术编写组

　　　　辛培刚　杨风艳　李家福　程晋宜　温志刚　王增波

　　　　董　磊　谷学准　徐　庚　胡瑾华　李小毛　李　娜

　　　　易桂虎　赵鑫磊　谢　伟　晏学兵　赵西磊　朱彦明

　　　　王延哲

检验焊接技术编写组

　　　　贾刘仁　肖立权　李　江　鲁欣豫　许可望　孙有辉

安装技术编写组

　　　　于文太　刘顺庆　黄山田　王浩宇　梁学先　赵乃东

　　　　倪红雨　魏佳广　李新超　袁晓林

调试技术编写组

　　　　张传涛　姬晓东　任劲松　李　杰　李汪洋　鹿栋梁

　　　　吕志强　陈加鑫　苑宏钰　李晓升　丁　杰

序　言

从 1957 年在海南岛莺歌海海域追溯海面油苗算起，到 2018 年为止，中国海洋石油工业已经走过了 61 年的发展历程。在半个多世纪的发展过程中，中国海洋石油工业从无到有逐渐壮大，现在已成为中国能源工业的重要组成部分。从自主设计的第一座固定式钢质导管架平台 1 号钻井平台，到目前中国海域建成投产的将近 300 座固定式平台和约 6 700 km 的海底管道，中国海洋石油的开发经历了从自力更生，对外合作和引进吸收国外先进技术，到自主创新，形成具有国际竞争力的核心技术。固定平台和海底管道的设计、建造、安装等技术水平和管理水平也不断提高，已经接近或达到国际先进水平，在短短的五六十年间，取得了辉煌的业绩。这些业绩的取得与广大工程设计、建造、安装各类技术人员的努力和辛勤工作是分不开的，正是在他们不懈的坚持和奋进中，创造了一个又一个的工程奇迹，完成技术的不断积累和跨越，为海洋石油工业做出了巨大的贡献。

本书主要依据国外相关的技术标准和国家现行工程质量相关的法律、法规、管理标准以及海上石油行业相关的技术标准，同时结合了以往 40 余年的海洋固定平台和海底管道在工程建设中形成的工程实践编制而成。本书聚焦于海洋石油工程建设各阶段的质量验收，内容来源于工程建设的第一线，有很强的针对性和实用性，对工程建设中的设计、建造、检验和安装各个阶段的质量验收工作都有十分重要的指导意义。本书是一部权威的关于海洋固定平台和海底管道工程质量验收的指导性著作，填补了国内工程质量验收领域的空白。本书的作者团队拥有丰富的海洋石油工程建设的工作经验，这部书的出版凝聚了一大批平台和海底管道工程建设技术和管理专家及专业技术人员的心血，也是他们集体智慧的结晶。相信本书对于提高平台和海底管道工程建设质量将会起重要且不可替代的作用。

　　希望广大工程建设人员，在工作中结合实际，加大推行本书的应用，在应用过程中积极反馈意见和建议，并且结合新技术的发展和实践对本书不断充实和完善。

中国工程院　院士

前　言

　　编写"海洋石油工程建设质量验收系列丛书"的目的是为了规范海洋工程设施建设的设计、建造、检验、安装和调试的质量验收内容，加强工程建设的质量管理与控制。"海洋石油工程建设质量验收系列丛书"的出版是我国海洋石油工程建设几十年来的经验结晶，填补了国内海洋工程建设质量验收体系的空白，对海洋石油工程建设水平向国际化迈进有着重大意义。

　　该书的内容包括平台上部组块的工程建设各阶段质量验收依据，规定了验收要点、验收程序、验收内容和验收标准。适用于中国海域内新建的平台上部组块的设计、建造、检验、安装和调试质量检查和验收。

　　本书阐述的平台上部组块设计阶段质量验收主要是对设计图纸、计算报告和设计料单的验收；建造阶段质量验收主要包括成果文件验收、建造过程验收和陆地完工验收；安装阶段质量验收主要包括成果文件验收、安装过程验收和安装完工验收；调试阶段质量验收主要包括成果文件验收、单机设备调试验收和设备系统调试验收。对设计阶段、建造阶段、安装阶段和调试阶段的质量验收内容、基本规定、规范和标准进行了详细介绍。还选取各阶段的典型案例，对海洋石油工程建设过程中的经验教训进行了总结。规范了海洋工程建设各阶段的验收内容和验收标准，避免了验收因漏项或验收标准的降低而影响工程质量，同时能使各方尽早对验收项和验收标准达成一致，并逐项进行验收，提高验收效率。总之，本书的内容来源于海洋工程建设的第一线，有很强的针对性和实用性，对工程建设中的设计、建造、检验、安装和调试各个阶段的质量验收工作都具有十分重要的指导意义。

　　本书的出版立足于几十年海洋石油工程建设的经验，是设计、建造、检验、安装和调试各个板块技术的积累，离不开海洋石油工程设计、建造、检验、安装和调试战线上各类技术人员的辛勤工作。

　　本书由海洋石油工程股份有限公司科技发展部组织，设计、建造、检验、安装和调试各个板块有经验的技术人员参与了本书的编写，同时也得到了各级部门领导和专家的鼎力支持和帮助，在此向所有关心指导本书编写的同志们表示衷心的感谢！

编　者

2019 年 12 月

目 录

概　述

1.1　海洋油气工程发展

19世纪90年代后期，人类开始向海洋进军。随着世界经济迅速发展，对能源的竞争也愈演愈烈，海洋油气开发也因此迎来大发展时期。海洋工程设施是为进行海洋开发而建造的各种设施和装置的总称。海上油（气）田生产平台（简称海洋平台）作为海洋工程设施的一种，是海洋油气开发的海上钻采生产设施，其主要功能包括油气采出、预处理和油气的外输等，其核心构成包括上部组块和支承结构（如固定结构、浮式结构等），固定结构包括导管架、重力基础支承结构和顺应塔式支承结构；浮式结构包括浮式生产储油外输设置（floating production storage and offloading，FPSO）船体结构、半潜式支承结构等。

随着海洋开发与海洋空间利用工程的发展，海上油（气）田开发生产平台支承结构出现了多种形式的海洋结构物，也因此出现以结构物为主要特征的多种形式的海上油（气）田开发生产平台，如图1.1所示，图中第1和第2是传统导管架

图1.1　常见的海洋油气开发生产平台结构类型

固定式平台，第3是顺应式平台，第4和第5分别是传统的张力腿平台和微型张力腿平台，第6是柱筒式平台，第7和第8是半潜式平台，第9是浮式生产储油卸油装置，第10是水下生产设施。

1.2　平台上部组块的发展概况

　　平台上部组块作为海上油（气）田生产平台的一部分，是海洋平台的核心生产单元。从国内外海洋平台上部组块的发展来看，海洋平台上部组块的功能要求和形式设计大体相同。目前国内组块的设计、制造及安装基本与国际上的平台工程接轨，而且经过多年的工程经验积累，正逐步形成国内成熟的技术体系。

　　我国是个海洋大国，在我国的渤海、东海和南海海域，蕴藏着丰富的石油和天然气资源。近年来随着近海石油开发的迅速发展，我国海洋平台设计、制造和安装有了突破性进展。从渤海、东海、南海以及国外的海上油气田开发来看，导管架平台作为海洋固定平台的一种，是我国近海目前应用最多的一种平台形式，该类平台的支承结构即导管架的发展以及质量验收内容已经在"海洋石油工程建设质量验收系列丛书"第一册《导管架工程质量验收》中进行了详细的描述，本书重点对平台上部组块的发展概况及质量验收进行系统性叙述。

　　海洋平台上部组块作为海洋平台两大核心设施之一，与支承结构（如导管架）在设计总体方向和目标上有明显差异。支承结构的设计目标是实现对上部组块的支撑，其发展根据水深、地质条件不同而出现多种形式；而上部组块以实现油气生产为目标导向，围绕油气产品生产和外输方案进行配套设施设计。下面将重点介绍平台上部组块的类型划分及特点。

　　1）按照开发方案及操作需求进行平台类型划分

　　根据油（气）藏开发方案要求的井口数量，钻井、完井、采油（气）及修井方案和业主的操作要求或惯例，确定井口平台有人或无人驻守。通常油（气）井数不多、单井产能较高、具有自喷能力、上部设施较少、不安装自持式修井机、油（气）田范围内存在提供生产生活支持的中心处理平台或浮式生产装置的井口平台应按无人驻守井口平台设计。

　　2）按照海上油（气）田生产平台功能进行平台类型划分

　　海上油（气）田生产平台功能可分为井口平台（见图 1.2）和中心处理平台（见图 1.3）两大类。井口平台又细分为采油（气）平台和具备钻井或修井能力的

图1.2 井口平台上部组块 图1.3 中心处理平台上部组块

采油（气）平台；中心处理平台细分为具有集油（气）和工艺处理及生活动力设施而无井口的综合平台、具有集油（气）和工艺处理及生活动力设施且带井口的综合平台、具有集油（气）及工艺处理及生活动力设施且带井口并具备钻井或修井能力的综合平台。

对于仅有1座生产平台的油（气）田，平台形式通常设计成带井口的中心处理平台，当其周边存在可依托的生产生活设施时，也可设计为采油（气）井口平台等。

对于有2座或2座以上生产平台的油（气）田，通常其中1座平台设计成中心处理平台或立管平台，该平台一般相对其他诸平台而言是几何中心，或产能最大，或流体性质较差（如含 H_2S、CO_2 等）。

上述的平台形式都是比较典型的，在实际运用过程中，应根据实际情况，如油（气）田所处海域水深、地理位置及规模等因素分析采用单独平台或是组合平台，如采油（气）井口平台+中心处理平台、带井口的中心处理平台+生活动力设施平台等。

平台形式的通常根据油（气）藏开发方案要求的井口数量，钻井、完井、采油（气）及修井方案，海上安装方式和安全分析等技术因素结合经济性进行综合对比而确定。

平台上部组块工程质量验收概述

2.1 平台上部组块工程概述

平台上部组块工程主要包括设计、建造、安装和调试。工程建设阶段的工程设计可分为基本设计、详细设计、施工设计和完工设计四个阶段，其中施工设计包括适用于建造施工的加工设计和适用于安装施工的安装设计。平台上部组块的方案设计在项目前期完成，其成果为总体开发方案，其余设计工作和平台上部组块的建造和安装都在实施阶段完成。

平台上部组块工程的实施需要根据设计成果，在陆地完成建造后，装运到驳船上，用驳船将平台上部组块拖运到海上平台场址，待支承结构（如导管架）下水就位完成后，将平台上部组块安装到支撑结构上。安装方法通常有吊装安装方法和浮托安装方法。

2.2 平台上部组块工程质量验收

国内海洋石油工程发展几十年来，一直参照国外相关标准进行工程开发建设。在平台上部组块（有时简称平台组块）设计、建造、安装、检验及调试过程中，结合各类标准，根据实际工作情况，逐步建立了一套适用于中国海洋石油工程建设的工程技术文件。通过编制本书，加强了技术积累，提升了平台组块工程建设的质量管理与控制，规范和统一了平台组块工程设计、建造、安装及调试过程的质量验收标准。

工程质量是在国家和行业现行的有关法律、法规、技术标准、设计文件和合同中，对工程的安全、适用、经济、环保和美观等特性的综合要求。平台组块工程质量验收是平台组块工程建设成果在建设单位自行质量检查合格的基础上，业主对建设成果和相关成果文件的质量进行检查，根据相关标准以书面形式对质量合格情况做出确认的过程。验收过程涉及业主、承包商和第三方。业主为合同成果的接受方，通常为工程建设项目的投资方；承包商为合同成果的提供方，通常为由业主或操作者雇用来完成某些工作或提供服务的个人、部门或合作者；第三方为由业主聘请的独立于业主和承包商的油（气）生产设施发证检验机构，分别对设计、建造和安装过程进行发证检验。在安装阶段还涉及海事保险咨询机构，即在海洋结构物装船、运输及海上安装环节中，代表海事保险公司进行技术审核及检验的机构，一般简称海事保险。

验收工作可以由业主或由业主和业主指定的第三方共同完成。将在工程建设过程中对平台组块的安全、质量、环保、适用性和经济性等方面有影响的项目作为验收项目，并规定了验收准则。

平台上部组块设计阶段的质量验收

3.1 概述

本章的设计阶段质量验收指的是对建造之前设计阶段的质量验收，加工设计和安装设计的质量验收将在第4章和第5章进行说明。

在设计阶段，平台上部组块设计成果文件主要包括平台上部组块设计图纸、计算分析报告、规格书、数据表、请购书和设计料单等文件，通常由业主和业主指定的第三方进行验收。

设计质量验收程序：供业主征求意见（issued for comments，IFC）版设计成果文件提交给业主征求意见，业主审查后，将意见返回设计方，设计方对意见进行回复，并根据意见对成果文件修改升版，征求业主无意见后，升为供业主审批（issued for approval，IFA）版，正式报业主审批，成果文件同时由业主发给业主指定的第三方进行审查，设计方负责对成果文件的第三方意见进行回复，成果文件由业主和第三方批准后，验收合格。图3.1是设计验收流程。

设计质量验收应按下列要求进行。

（1）设计质量管理应有健全的质量管理体系和质量记录文件。

（2）设计成果应符合相关技术标准、业主规格书和合同的要求。

（3）设计质量的验收应在设计单位自行检查评定合格的基础上进行。

（4）业主或业主与第三方进行文件审查并验收。

（5）一个阶段验收后，业主应组织设计单位向下一个工程阶段的承包商进行技术交底，并将验收合格的成果文件正式移交下一个工程阶段。

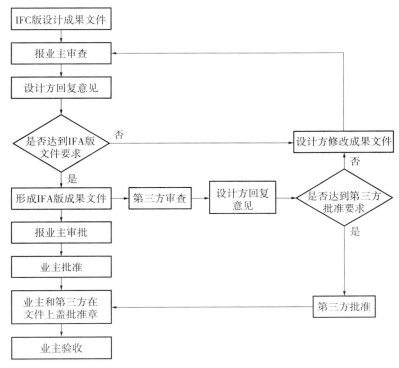

图3.1　设计验收流程

3.2　平台上部组块设计阶段的基本规定、规范和标准

3.2.1　基本规定

本部分列出了平台上部组块设计的成果文件的验收项和验收要求。

设计成果文件主要包括设计图纸、设计报告、规格书、数据表和设计料单等。

业主审图和第三方审图都是设计验收的一部分，本部分只规定了业主审图的内容和要求，第三方审图按第三方的要求执行。业主需要对所有成果文件进行批准；第三方需要按照合同以及相关的法律、法规、规范和标准对设计成果进行审查。

3.2.2　规范和标准

设计阶段依据的主要规范和标准如下所示。

（1）国家经贸委《海上固定平台安全规则》

（2）《GB 150.1~150.4 压力容器》

（3）《ASME B 31.3 工艺管道》

（4）《API RP 14E 海上生产平台管道系统的设计和安装的推荐作法》

（5）《API RP 14C 海上生产平台基本上部设施安全系统的分析、设计、安装和测试的推荐作法》

（6）《API RP 14G 敞开式海上平台防火与消防推荐作法》

（7）《API RP 2A 海上固定平台规划、设计和建造的推荐作法》

（8）《API SPEC 6D 管线和管道阀门》

（9）《API RP 520 炼油厂泄放装置的尺寸确定、选择和安装的推荐作法》

（10）《API STD 521 泄压和减压系统标准》

（11）《API STD 610 石油、石化和天然气工业用离心泵》

（12）《API STD 618 石油、石化和天然气工业用往复式压气机》

（13）《API STD 526 钢制法兰连接泄压阀》

（14）《AWS D1.1/D1.1M 钢结构焊接规范》

（15）《IEC 61508 电气/电子/可编程电子安全相关系统的功能安全》

（16）《NFPA 10 手提式灭火器》

（17）《NFPA 15 水喷雾灭火系统设计规范》

（18）《NORSOK M-001 材料选择》

（19）《NORSOK M501 表面处理和防腐涂层》

3.3 平台上部组块设计基础数据专项验收要求

3.3.1 简介

设计基础数据由业主提供给设计单位作为设计工作的基础，基础数据的准确和齐全是保证设计质量验收合格的前提。

设计开始前，业主应对地质资料、环境资料及油气田开发基础数据进行确认批准，设计单位据此展开设计工作，平台组块设计基础数据主要包括原油物性及配产数据、环境资料和地质资料。

3.3.2 原油物性数据及配产数据

原油物性数据及配产数据包括以下内容。

（1）油气田基本数据：概况、储量、开发数据、逐年配产、钻修井方案。

（2）原油天然气特性实验报告，至少包括组分、物性、脱水实验及黏温数据。

（3）水质分析结果。

（4）产品指标要求。

3.3.3 环境资料

环境资料包括"水文气象环境条件研究极值条件/一般条件"报告，至少应包括以下数据。

（1）场址的潮汐水位。

（2）场址的空气温度、水温和湿度。

（3）风、波浪、流和冰参数（仅渤海区域需提供冰参数）。

（4）用于详细谱疲劳计算的波浪散布数据。

3.3.4 地质资料

地质资料包括《平台场址工程物探调查报告》《平台场址工程地质调查报告》和《地震安全性评价报告》，至少应包括以下数据。

（1）场址情况包括平台位置、方位、水深、腐蚀情况、海流作用下冲刷泥面深度、泥面沉降和海床不平度。

（2）土壤数据包括桩轴向承载力设计参数表、T–Z曲线、Q–Z曲线、P–Y曲线、极限承载力曲线。

（3）地震参数包括地震加速度、地震谱和对应出现概率的特征值。

3.4 平台上部组块设计成果文件的质量验收

3.4.1 简介

平台组块涉及专业工艺、总体、安全、机械、暖通、配管、电气、仪表和通信、组块结构、防腐和舾装，各专业设计成果验收应遵循如下准则。

（1）设计成果应符合法律、法规以及项目实施过程确定的规范标准。

（2）设计方案应遵循前一阶段的设计原则。

（3）应落实和关闭设计阶段项目审查意见及专项审查意见，如危险与可操作性（hazard and operability，HAZOP）、安全完整性等级（safety integrity level，SIL）、火灾爆炸分析（fire and explosion analysis，FEA）、定量风险分析（quantitative risk analysis，QRA）等。

（4）基本设计阶段验收安全设施设计专篇、环保篇、节能篇及职业病防护设施设计篇应符合前期研究的相关专项评价，如安全预评价报告、环境影响报告、节能评估报告及职业病危害预评价报告等的要求。详细设计应遵循前期评价要求。

3.4.2 工艺专业的质量验收

1）工艺设计基础质量验收

按照表3.1的内容对工艺设计基础进行质量验收。

表3.1 工艺设计基础的质量验收内容

文件名称	验收项目	验收标准	基本设计阶段	详细设计阶段
设计基础	海洋环境参数	数据齐全	o	o
		与业主提供数据一致		
	油、气田配产及逐年油藏开发数据	数据齐全		
		与业主提供数据一致		
	生产设施设计能力	与业主沟通确定		
	原油和天然的物性数据	与业主提供数据一致		
	水质分析参数	与业主提供数据一致		
	产品指标要求	与业主要求数据一致		
	生产设施设计寿命和自持时间	与业主要求数据一致		

注：各专业质量验收表格中"o"代表设计阶段工作范围。

2）工艺设计报告的质量验收

按照表3.2的内容对工艺设计报告进行质量验收。

表3.2　平台工艺报告的质量验收内容

文件名称	验收项目	验收标准	基本设计阶段	详细设计阶段
工艺及公用系统描述	油、气田概述	与设计基础数据一致	○	○
	油、气田平台工艺及公用系统描述	与工艺流程图（process flow diagram，PFD）、公用流程图（utility flow diagram，UFD）及管道仪表图（piping and instrument diagram，P&ID）图纸所涉及系统一致		
	所述各设备参数与P&ID图纸所列参数一致	与P&ID图纸所列设备参数一致		
	所述设备功能和相关控制原理及安全保护齐全	满足油气田生产的功能需求		
	工艺设备的吹扫、冲砂、化学药剂注入、取样、排放等流程完整	满足油气田生产的功能需求		
隔离原理	隔离原则	满足安全要求	○	○
		满足工艺生产要求		
	隔离措施及隔离种类	方案描述全面完整		
		满足安全要求		
		满足工艺生产要求		
备用原理	备用原则	满足生产操作要求	○	○
	设备及仪表备用数量	满足生产操作要求		
		经济合理		
火炬泄放报告	热辐射指标	满足规范的要求	○	○
		满足安全要求		
	感受点选择位置	位置合理		
		可涵盖极端位置		
公用消耗报告	公用消耗介质种类	罗列齐全	○	○
		与P&ID所列公用介质一致		
	公用介质物料来源	描述正确		
		与P&ID所列公用介质一致		

（续表）

文件名称	验收项目	验收标准	基本设计阶段	详细设计阶段
公用消耗报告	公用介质的主要用户、消耗量、用户属性、设计裕量	满足工艺系统及生产需求		
		与P&ID所列参数一致	o	o
	生产设施自持时间	与基础数据一致		
模拟分析报告	模拟工况选取	工况选择齐全		
		工况选择合理		
	模拟方法选择	模拟计算方法选择正确	o	o
	模拟软件版本	版本选择满足项目需求		
	设备压差选择	设备压差选择合理		

3）工艺数据表的质量验收

按照表3.3的内容对工艺数据表进行质量验收。

表3.3　工艺数据表的质量验收内容

文件名称	验收项目	验收标准	基本设计阶段	详细设计阶段
安全分析表	关断逻辑	与P&ID要求一致	o	o
		满足系统操作及生产工艺需求		
	关断设备及关断机构	与P&ID图纸要求一致，分析完整		
	高低（压力、液位、温度、压差等）报警及关断保护	满足API 14C及生产工艺要求		
		分析完整，关断合理		
	平台关断	满足API 14C及生产工艺要求		
	二级安全保护	设置完整		
		满足API 14C及生产工艺要求		
	成橇设备（废热回收、热介质锅炉、天然气压缩机、三甘醇再生系统等）整橇安全分析（厂家完成）	满足API 14C及生产工艺要求		

（续表）

文件名称	验收项目	验收标准	基本设计阶段	详细设计阶段
工艺及公用系统管道表	管道尺寸、编号、介质代号、磅级、保温伴热	与P&ID所表示参数一致	○	○
	管道起止点描述	与P&ID所示一致		
	管道操作温度及设计温度（对于有较高压降等管道需特殊考虑）	与上游设备保持一致		
		与P&ID表示参数一致		
	管道操作压力及设计压力	与上游设备的压力相同		
		满足管道设计压力原则		
	管道试验压力的取值原则及介质选合理性	满足规范的要求		

4）工艺设计图纸成果文件的质量验收

按照表3.4的内容对工艺系统相关内容进行质量验收。

表3.4　工艺图纸的质量验收内容

文件名称	验收项目	验收标准	基本设计阶段	详细设计阶段
油气处理系统（包含外输计量）	工艺流程及设备选型合理性	符合规范的要求	○	○
		满足工艺生产要求		
	主要的工艺控制回路，如压力控制、温度控制、液位控制、流量控制等	在PFD图纸中已经表示		
		满足工艺生产要求		
		符合规范的要求		
	安全阀、关断阀、调节阀、流量计、分析仪等	在P&ID图纸中表示完整		
		满足工艺生产要求		
		符合规范的要求		
	原油处理指标	与设计基础要求一致		
		与业主要求一致		
	开工、维修及异常工况下的必要流程	流程中合理考虑设置		
		与业主要求一致		

（续表）

文件名称	验收项目	验收标准	基本设计阶段	详细设计阶段
天然气压缩系统	压缩机流程及设备选型合理性	符合规范的要求	o	o
		满足工艺生产要求		
	压缩机压缩比和级数	满足工艺生产及设备选型要求		
	主要的工艺控制回路，如压力控制、温度控制、液位控制、流量控制等	在PFD图纸中已经表示		
		满足工艺生产要求		
		符合规范的要求		
	安全阀、关断阀、调节阀、流量计、分析仪等	在P&ID图纸中已经表示完整		
		满足工艺生产要求		
		符合规范要求		
	根据压缩机类型确定相关配套流程是否正确	满足不同类型压缩机配套要求		
天然气脱水系统	天然气脱水流程及设备选型合理性	符合规范的要求	o	o
		满足工艺生产要求		
	主要的工艺控制回路，如压力控制、温度控制、液位控制、流量控制等	在PFD图纸中已经表示		
		满足工艺生产要求		
		符合规范要求		
	安全阀、关断阀、调节阀、流量计、分析仪等	在P&ID图纸中表示完整		
		满足工艺生产要求		
		符合规范的要求		
工艺系统物热平衡	物料平衡中的物料点	与流程图中对应物料点一致	o	o
		物料参数数量完整		
	各物料点的物料的名称、压力、温度、平均分子质量、密度、流量和组成等	满足质量守恒及能量守恒原理		
		物流参数填写准确无误		
	物热平衡表中经过设施后物流压降	压降合理		
		满足工艺生产要求		

（续表）

文件名称	验收项目	验收标准	基本设计阶段	详细设计阶段
火炬及放空系统	火炬及放空系统流程及设备选型合理性	符合规范的要求	o	o
		满足工艺生产要求		
	关断阀、调节阀、流量计等	在P&ID图纸中表示完整		
		满足工艺生产要求		
		符合规范的要求		
	主要的工艺控制回路，如温度控制、液位控制等	在PFD图纸中已经表示		
		满足工艺生产要求		
		符合规范的要求		
	流程图上的物料点编号、压力、温度、流量、流动状态等	数据填写正确		
		满足工艺生产要求		
	泄放量的取值	与火炬泄放报告结果一致		
燃料气系统	燃料气系统流程及设备选型合理性	符合规范的要求	o	o
		满足工艺生产要求		
	所需的公用介质管道，如冷剂、热介质等	表示完整		
		满足工艺生产要求		
	主要的工艺控制回路，如压力控制、温度控制、液位控制、流量控制等	在PFD图纸中已经表示		
		满足工艺生产要求		
		符合规范的要求		
	燃料气洗涤罐容积	满足工艺及下游用户的特殊要求		
	燃料气加热器温升控制方式	考虑用户过热度及水露点的要求		
		满足工艺及下游用户的特殊要求		
生产污水处理系统	生产污水处理系统流程及设备选型合理性	符合规范的要求	o	o
		满足工艺生产要求		

（续表）

文件名称	验收项目	验收标准	基本设计阶段	详细设计阶段
生产污水处理系统	与工艺过程相关的公用介质管道，如热介质、仪表气、公用气、密封气等	表示完整	○	○
		满足生产水系统公用需求		
	处理流程中设备各控制阀门（液位控制阀、压力控制阀）	设置齐全，满足生产水设备需求		
	主要的控制回路，如压力控制、温度控制、液位控制、流量控制等	在PFD图纸中已经表示		
		满足工艺生产要求		
		符合规范的要求		
	生产水处理指标	满足设计基础要求		
	滤器的反洗水量，水力旋流器的溢流率以及压比	满足生产水设备反洗和除油需求		
闭式排放系统	闭式排放系统流程及设备选型合理性	符合规范的要求	○	○
		满足工艺生产要求		
	关断阀、调节阀、流量计、分析仪等	满足工艺生产需求		
	主要的工艺控制回路，如压力控制、温度控制、液位控制等，是否已正确表示	满足工艺生产需求		
开式排放系统	开式排放系统流程及设备选型合理性	符合规范的要求	○	○
		满足工艺生产要求		
	调节阀、流量计、分析仪等	已经表示完整		
		满足开排系统控制和计量要求		
	物流方向	方向正确		
	物流号	物流号完整		

（续表）

文件名称	验收项目	验收标准	基本设计阶段	详细设计阶段
开式排放系统	主要的工艺控制回路，如加热器温度控制、开排泵的启动和停止控制回路等	表示正确	o	o
		满足开排系统控制要求		
	开排的危险区和非危险区的总管水封	在P&ID图纸中体现		
		满足开排系统的安全要求		
注水系统	注水系统流程及设备选型合理性	符合规范的要求	o	o
		满足工艺生产要求		
	关断阀、调节阀、流量计、分析仪等	表示完整		
		满足注水系统安全、控制和计量要求		
	处理流程中设备各控制阀门（液位控制阀、压力控制阀）	设置齐全，满足生产水设备需求		
	主要的控制回路，如压力控制、温度控制、液位控制、流量控制等	在PFD图纸中已经表示		
		满足工艺生产要求		
		符合规范的要求		
	注水处理指标	满足设计基础要求		
	滤器的反洗水量考虑	满足反冲洗工艺需求		
化学药剂注入系统	化学药剂注入系统流程及设备选型合理性	符合规范的要求	o	o
		满足工艺生产要求		
	关断阀、调节阀、流量计、分析仪等	满足化学药剂系统控制和计量要求		
	物流方向	方向正确		
	物流号	物流号完整		
	注入药剂种类，注入压力，注入位置，注入浓度，注入状态	表示完整	o	o
		满足工艺生产需求		

（续表）

文件名称	验收项目	验收标准	基本设计阶段	详细设计阶段
化学药剂注入系统	化学药剂罐的罐容	满足设计基础自持时间要求	○	○
热介质加热系统	热介质加热系统流程及设备选型合理性	符合规范要求	○	○
		满足工艺生产要求		
	关断阀、调节阀、流量计、分析仪等	满足热介质系统控制和计量要求		
	热介质加热方式（废热回收装置或热介质加热炉）	加热方式满足锅炉需求		
	燃料供应形式（燃料气、原油或柴油）	表示正确，满足锅炉燃烧需求		
	热介质炉的燃料供应控制方式			
冷却系统	冷却系统流程及设备选型合理性	符合规范的要求	○	○
		满足工艺生产要求		
	关断阀、调节阀、流量计、分析仪等	满足冷却系统控制要求		
	空压机的压缩比和级数	压缩比和级数		
		满足工艺要求		
	主要的工艺控制回路，如压力控制、温度控制、液位控制、流量控制等	在PFD图纸中已经表示	○	○
		满足工艺生产要求		
		符合规范的要求		
	各物流操作温度、压力、流量等参数	参数选取合理，满足工艺要求		
海水系统（包括次氯酸钠或电解铜铝装置）	海水系统流程及设备选型合理性	符合规范的要求	○	○
		满足工艺生产要求		

文件名称	验收项目	验收标准	基本设计阶段	详细设计阶段
海水系统（包括次氯酸钠或电解铜铝装置）	关断阀、调节阀、流量计、分析仪等	满足海水系统控制要求	o	o
	物流方向	方向正确		
	物流号	物流号完整		
	主要的工艺控制回路，如自动反冲洗滤器的压差控制、海水排海稳压控制	在PFD图纸中已经表示		
		满足工艺生产要求		
		符合规范的要求		
	海水滤器选型	滤器选型满足海水水质需求		
淡水系统（包括海水淡化）	淡水系统流程及设备选型合理性	符合规范的要求	o	o
		满足工艺生产要求		
	关断阀、调节阀、流量计、分析仪等	满足淡水系统控制要求		
	物流方向	方向正确		
	物流号	物流号完整		
	船供淡水流量	船供淡水量与业主要求一致		
	主要的工艺控制回路，如自动反冲洗滤器的压差控制、海水排海稳压控制	在PFD图纸中已经表示	o	o
		满足工艺生产要求		
		符合规范的要求		
柴油系统	柴油系统流程及设备选型合理性	符合规范的要求	o	o
		满足工艺生产要求		
	关断阀、调节阀、流量计、分析仪等	满足柴油系统控制要求		
	物流方向	方向正确		
	物流号	物流号完整		
	船供柴油流量	船供淡水量与业主要求一致		
生活污水处理系统	生活污水处理系统流程及设备选型合理性	符合规范的要求	o	o
		满足工艺生产要求		

（续表）

文件名称	验收项目	验收标准	基本设计阶段	详细设计阶段
生活污水处理系统	关断阀、调节阀、流量计、分析仪等	满足生活污水系统控制要求	○	○
	物流方向	方向正确		
	物流号	物流号完整		
惰性气体系统	工艺方案是否合理（膜法、吸附法、废热法等），设备选型是否合理	符合规范的要求	○	○
		满足工艺生产要求		
	关断阀、调节阀、流量计、分析仪等	满足惰性气体系统控制要求		
	主要的工艺控制回路，如压力控制、温度控制、液位控制、流量控制等	在PFD图纸中已经表示		
		满足工艺生产要求		
		符合规范的要求		
	各物流操作温度、压力、流量等参数	参数选取合理，满足工艺要求		

5）工艺水循环调试大纲质量验收

按照表3.5的内容对工艺水循环调试大纲进行质量验收。

表3.5　工艺水循环调试大纲验收表

文件名称	验收项目	验收标准	基本设计阶段	详细设计阶段
水循环调试大纲	水循环调试安全注意事项	满足水循环调试安全需求	○	○
	水循环调试方案，确定参与水循环的设备和流程	水循环调试方案可行，满足调试的要求和目的		
	水循环调试图纸，要标明水循环的流向、阀门开关状态、试验介质和压力等	满足水循环调试要求		

（续表）

文件名称	验收项目	验收标准	基本设计阶段	详细设计阶段
水循环调试大纲	水循环试验各设备的相关仪表、控制阀以及设备本身能否正常工作	满足水循环调试要求	○	○
	根据水循环的水源，可以进行开式循环或闭式循环	水循环调试方案可行		

3.4.3　总体专业的质量验收

1）总图的质量验收

按照表3.6的内容对总图进行质量验收。

表3.6　总图的质量验收内容

文件名称	验收项目	验收标准	基本设计阶段	详细设计阶段
总图	风玫瑰图	与设计基础提供数据一致	○	○
	平台方向及靠船面	满足供应船逆流停靠，供应船应在吊机作业范围		
	井口区布置	满足钻井船钻井、修井要求，甲板的高度满足钻井船要求		
	生活楼布置，直升机起降扇形区	直升机起降扇形区周围无障碍物，满足直升机逆风起降		
	火炬臂，冷放空臂布置	火炬臂、冷放空臂（管）的布置应处于平台下风向，与钻井船、供应船停靠无冲突，不影响直升机起降		
	海管海缆走向	应避开吊机覆盖范围，立管、护管应位于导管架内侧		

（续表）

文件名称	验收项目	验收标准	基本设计阶段	详细设计阶段
总图	甲板层高	满足设备布置、管道布置、电仪托架布置等要求	○	○
	套井口	满足安全距离要求		
	设备及橇块尺寸	与设备清单一致		

2）设备布置图的质量验收

按照表3.7的内容对设备布置图进行质量验收。

表3.7　设备布置图的质量验收内容

文件名称	验收项目	验收标准	基本设计阶段	详细设计阶段
设备布置图	设备布置	与平台总图方案一致		○
		设备定位完整清晰		

3.4.4　安全专业的质量验收

1）安全专业规格书的质量验收

按照表3.8的内容对安全专业规格书进行质量验收。

表3.8　安全规格书的质量验收内容

文件名称	验收项目	验收标准	基本设计阶段	详细设计阶段
安全原理	完整性	安全相关的系统和设计原则已经全部包括，没有遗漏。相关要求满足规范要求并与项目实际情况一致	○	○
	项目特殊要求	项目的特殊要求已经明确		
	规范标准	引用的规范和标准合理，版本正确		

（续表）

文件名称	验收项目	验收标准	基本设计阶段	详细设计阶段
防火原理	消防系统的工作原理和控制方式	对各消防系统的工作原理和控制方式有清晰的描述，并满足规范的要求	o	o
	消防系统和设备的选型	对不同区域消防系统和设备的选择有明确描述，并满足规范的要求		
	被动防火措施要求	被动防火措施描述清晰并满足规范的要求		
雨淋阀和喷头设备规格书	设备设计压力	设备设计压力能够承受系统的最大压力	o	o
	设备材质	设备材料满足海洋环境要求，满足采用规范标准的要求		
	设备规格	雨淋阀尺寸满足最大消防水流量需求		
	雨淋阀功能	雨淋阀能够控制下游压力，保证失效打开、与外界接口信息清晰		
	防爆等级	雨淋阀各元器件适用于其所在区域等级划分		
气体灭火系统规格书	系统设计压力	系统内各元件和管道的设计压力能够承受系统最大压力	o	o
	设备材质	系统内各元件材料适用于海洋环境		
	设备规格	灭火药剂储存满足最大保护区的防火要求		
	系统启动方式	系统的启动方式明确，满足规范的要求		
	防爆要求	防爆等级适用于所处区域		

（续表）

文件名称	验收项目	验收标准	基本设计阶段	详细设计阶段
泡沫灭火系统规格书	系统设计压力	系统内各元件和管道的设计压力能够承受消防泵可能产生的最大压力	○	○
	设备材质	系统内各元件的材料适用于海洋环境，并与泡沫浓缩液和泡沫混合液兼容		
	泡沫罐容积	泡沫罐容积满足规范要求时间内，消防炮持续喷射要求		
	泡沫液选型	泡沫液适用于海水，适用于所处环境的最低温度		
	设备防爆等级要求	系统内各元器件防爆等级满足所处区域要求		
灭火器规格书	灭火器的选型	灭火器选型适用于平台上不同区域的火灾类型	○	○
	灭火器的灭火等级	灭火器灭火等级适用于所用区域的火灾危险等级		
	灭火器的药剂容量	灭火器的药剂容量适用于所用区域的火灾危险等级		
辅助消防器材规格书	完整性	内容完整，包括了所有辅助消防设备的技术要求	○	○
	技术参数	各消防设备技术参数明确，没有遗漏		

2）安全专业计算书的质量验收

安全专业计算书包括消防水系统计算书、气体灭火系统计算书、泡沫灭火系统计算书以及消防水系统水力计算报告。计算书的主要内容是对消防系统的规格、选型等进行计算。

按照表3.9的内容对安全专业计算进行质量验收。

表3.9 安全专业计算书的质量验收内容

文件名称	验收项目	验收标准	基本设计阶段	详细设计阶段
消防水系统计算书	设计参数选择	喷淋强度选择满足规范的要求	o	o
	计算场景选择	消防水流量计算场景满足规范和工程实践的要求		
	设备选型	消防泵选型合理，满足规范和采办的要求		
气体灭火系统计算书	设计参数选择	灭火浓度选择满足规范的要求，灭火系统充装压力选择合理	o	o
	计算场景选择	气体灭火系统组合分配满足规范和工程实践的要求		
	设备选型	气体灭火系统规格选择合理，满足规范和采办的要求		
泡沫灭火系统计算书	设计参数选择	泡沫喷淋强度选择满足规范的要求，系统自持时间满足规范要求		o
	计算场景选择	计算场景满足规范的要求		
	设备选型	泡沫设备选型满足规范和采办的要求		
消防水系统水力计算报告	喷淋阀压力设定点	确认喷淋阀的压力设定点已经通知喷淋阀厂家，厂家据此完成相关设置		o

3）安全专业图纸的质量验收

安全图纸包括危险区划分图、火区划分图、逃生通道布置图以及消防设备布置图。危险区划分图表示平台上可能存在爆炸性混合气体的区域和范围，并根据存在可能性高低进行级别划分；火区划分图表示平台上不同防火区域，逃生通道布置图表示平台上的逃生路线和逃生目的地；消防设备布置图表示平台上的主要消防设备的位置。

按照表3.10的内容对安全专业图纸进行质量验收。

表3.10　安全专业图纸的质量验收内容

文件名称	验收项目	验收标准	基本设计阶段	详细设计阶段
危险区划分图	危险区等级及范围	危险区等级划分和范围明确，标识清晰，满足规范的要求	o	o
	危险区内的设备	危险区范围内没有规范明确禁止的设备		
火区划分图	火区分隔	火区分隔合理	o	o
逃生通道图	通道完整性	通道无阻挡，宽度和高度满足规范的要求	o	o
	一致性	通道布置与现场保持一致		
消防设备布置图	设备布置的合理性	消防设备位置合理，有足够的操作空间，数量和种类齐全，满足规范的要求	o	o
	一致性	与现场保持一致，体现现场的修改；与P&ID保持一致，P&ID上的消防设备均已体现		
消防水系统PFD及P&ID	消防水源接入点	水源保证两路供水，并且两路水源之间有隔离	o	o
	隔离阀门设置	消防主管上设置了适当数量的隔离阀门，保证每段管道中消防用户数量不会太多		
	喷淋管道接入点	每个喷淋用户有两路供水，且相互隔离		
	消防软管站或者消防栓数量	软管站和消防栓的数量保证每个地方都有两路水流覆盖		

文件名称	验收项目	验收标准	基本设计阶段	详细设计阶段
消防水系统PFD及PID	系统启动方式	消防水系统启动方式已经标示明确		
	国际通岸接头	国际通岸接头已经设置		
	喷头布置	喷头布置合理，喷淋阀后管道与现场一致		
	系统设计压力	系统设计压力不低于消防泵可能产生的最大压力	o	o
	消防管道材料	管道材料耐海水腐蚀		
固定气体灭火系统、PFD及P&ID	系统启动方式	系统启动方式推荐手动启动，无人时采用自动启动		
	各保护区分组和控制逻辑	各个保护区的分组与计算书一致，各保护区启动逻辑清晰		
	喷头布置	喷头布置图合理，管道均衡	o	o
	管道材质和压力等级	管道材料和压力等级满足系统设计压力需求		
	厂家信息	需要厂家确认的信息已经体现		
泡沫灭火系统、PFD及P&ID	系统水源的可靠性	系统有两路水源，并且相互隔离		
	泡沫液储存量	泡沫液存储量满足规范的要求		
	泡沫炮参数	泡沫炮流量、工作压力等参数明确，泡沫炮隔离阀门已经配置		o
	泡沫罐参数	泡沫罐设计压力明确，泡沫罐体相关附件（液位计、人孔、取样孔等等）已经标识；比例混合器参数明确		

（续表）

文件名称	验收项目	验收标准	基本设计阶段	详细设计阶段
厨房湿粉灭火系统、PFD及P&ID	厂家信息	厂家信息已经体现		
	系统启动方式	热感探头启动温度明确，保护范围清晰；手动启动和自动启动方式均已体现	○	○
	控制盘功能	控制盘上报警和指示信号齐全		

4）安全专业采办相关文件的质量验收

安全专业采办相关文件包括请购书和数据表。

按照表3.11的内容对安全专业采办相关文件进行质量验收。

表3.11　安全专业请购书和数据表的质量验收内容

文件名称	验收项目	验收标准	基本设计阶段	详细设计阶段
消防设备请购书及料单	供货范围	文件所列供货范围与设计文件保持一致，没有漏项。设备采办余量合理		
	关键技术参数	设备关键技术明确，没有技术壁垒，没有品牌等倾向性描述		○
	参考文件	参考引用文件合理，优先顺序明确		
	特殊说明	对项目特殊要求有明确说明		
消防设备数据表	一致性	数据表的技术要求与设备规格书保持一致		○

5）安全专业其他文件的质量验收

安全专业其他文件包括管道表、设备清单以及调试大纲。

按照表3.12的内容对管道表、设备清单以及调试大纲进行质量验收。

表3.12 管道表、设备清单及调试大纲的质量验收内容

文件名称	验收项目	验收标准	基本设计阶段	详细设计阶段
管道表	一致性	管道表与最新P&ID保持一致		o
	试压要求	管道设计压力、设计温度、测试压力等参数明确		
消防设备清单	一致性	消防设备清单中设备种类和数量与设计图纸保持一致	o	o
消防系统调试大纲	调试准备及注意事项	调试前的相关准备工作明确,注意事项清晰		o
	调试范围和目的	调试的范围清晰,调试目的明确		
	调试方案	调试方案能够体现系统的功能要求,对系统关键功能和操作在调试中有所体现		

3.4.5 机械专业的质量验收

1)机械设备清单(料单)的质量验收

按照表3.13的内容对机械设备清单(料单)进行质量验收。

表3.13 机械设备清单(料单)的质量验收内容

文件名称	验收项目	验收标准	基本设计阶段	详细设计阶段
机械设备清单(料单)	设备名称、位号、类型及数量	与工艺流程图一致	o	o
	设备工艺参数	与工艺流程图一致	o	o
	设备材料	与防腐选材报告一致	o	o
	设备的防护防爆等级	符合安全区域划分	o	o
	设备尺寸和重量	与厂家信息一致	o	o

2）机械专业规格书的质量验收

按照表3.14的内容对机械专业规格书进行质量验收。

表3.14　机械设备技术规格书的质量验收内容

文件名称	验收项目	验收标准	基本设计阶段	详细设计阶段
机械设备技术规格书	采用的标准、规范	标准规范应为国内外通用的现行标准	○	○
	机械设计要求	与标准规范或合同的要求一致		
	材料、配管等设计要求			
	电气、仪表等设计要求			
	设备检验、性能试验和功能试验要求			

3）机械专业数据表的质量验收

按照表3.15的内容对机械专业数据表进行质量验收。

表3.15　机械设备数据表的质量验收内容

文件名称	验收项目	验收标准	基本设计阶段	详细设计阶段
机械设备数据表	设备名称、位号、数量及类型	与工艺流程图一致	○	○
	设备工艺参数	与工艺流程图一致	○	○
	设备材料	与设备清单、防腐选材报告一致	○	○
	设备管口要求	满足工艺流程图和配管规格书的要求	○	○
	设备的防护防爆等级	满足电气、仪表规格书的要求	○	○
	设备检验、性能试验和功能试验要求	满足机械设备规格书和标准规范的要求	○	○

4）机械专业请购书的质量验收

按照表3.16的内容对机械专业请购书进行质量验收。

表3.16 机械设备请购书的质量验收内容

文件名称	验收项目	验收标准	基本设计阶段	详细设计阶段
机械设备请购书	供货范围	供货范围准确、齐全，满足设备的设计、建造、检验、试验、运输、安装、调试、正常运转和维护维修的要求	o	o
	关键技术指标	满足工程需要	o	o
		满足当前产品制造水平，宜有3家以上制造商满足要求		
		符合国家法律法规规定		
	图纸和技术规格书	需涵盖对设备的技术要求	o	o
	厂家送审资料要求	厂家送审资料应涵盖项目执行计划、设备设计计算、选型、料单、图纸、制造、检验试验程序、检验报告、证书和完工文件等全过程，以便于买方和第三方审查	o	o
	设备取证要求	设备取证等级与标准规范、合同的要求一致	o	o
	投标文件要求	需涵盖厂家资质和能力介绍、供货范围、备件和特殊工具清单、关键技术参数响应、产品技术参数、技术偏离表和送审文件计划等内容	o	o

5）机械专业图纸文件的质量验收

机械专业图纸文件包括动力系统流程图、P&ID、动力系统管道表、设备安装图、设备底座图、设备房间布置图、维修滑道（吊点）安装布置图和设备操作平台（踏步）布置图，其图纸文件的质量验收要求如下。

（1）按照表3.17的内容对动力系统流程图和P&ID进行质量验收。

表3.17　动力系统流程图和P&ID的质量验收内容

文件名称	验收项目	验收标准	基本设计阶段	详细设计阶段
动力系统流程图和P&ID	设备及管道尺寸	满足设计能力和规范的要求	○	○
	设备管道的参数（设计温度、设计压力、操作温度、操作压力）	满足系统设计和规范的要求	○	○
	关断阀、调节阀、流量计、分析仪等设置	满足系统设计和规范的要求	○	○
	压力、温度、液位仪表和设定点设置	满足系统设计和规范的要求	○	○
	管道阀门数量和类型	满足系统设计和规范的要求	○	○

（2）按照表3.18的内容对动力系统管道表进行质量验收。

3.18　动力系统管道表的质量验收内容

文件名称	验收项目	验收标准	基本设计阶段	详细设计阶段
动力系统管道表	管道尺寸、编号、介质代号、磅级和保温伴热	与动力系统流程图和P&ID一致	○	○
	管道起止点描述	与动力系统流程图和P&ID一致	○	○
	管道设计参数	动力系统流程图和P&ID一致	○	○
		满足配管规格书的要求		
	管道试验参数	满足配管规格书的要求	○	○

（3）按照表3.19的内容对机械设备安装图进行质量验收。

表3.19　机械设备安装图的质量验收内容

文件名称	验收项目	验收标准	基本设计阶段	详细设计阶段
机械设备安装图	设备安装方向和定位尺寸	与总体设备布置图一致		o
	设备安装位置处结构	与结构梁图一致		o
	设备固定安装要求	与厂家资料要求一致		o
	设备尺寸和重量	与厂家资料一致		o

（4）按照表3.20的内容对机械设备底座图进行质量验收。

表3.20　机械设备底座图的质量验收内容

文件名称	验收项目	验收标准	基本设计阶段	详细设计阶段
机械设备底座图	底座尺寸	满足设备安装需求		o
	设备底座安装螺栓孔尺寸和数量	与设备厂家资料一致		o
	设备底座的材料规格	满足机械规格书的要求		o
	设备底座的焊接及检验要求	满足结构焊接规格书的要求		o

（5）按照表3.21的内容对设备房间布置图进行质量验收。

表3.21　设备房间布置图的质量验收内容

文件名称	验收项目	验收标准	基本设计阶段	详细设计阶段
设备房间布置图	房间内设备定位和朝向	设备定位尺寸齐全，朝向正确	o	o
	房间内设备操作维修空间	满足设备厂家对操维空间的要求	o	
	房间内设备位置处结构	与结构梁图一致，并保证设备安装	o	

（续表）

文件名称	验收项目	验收标准	基本设计阶段	详细设计阶段
设备房间布置图	设备排烟系统布置	满足排烟背压、风向要求	○	○
	设备进气、排气系统布置	满足规范和设备厂家资料的要求		
	设备的滑道梁布置	满足设备维修的要求		
	其他附属设备布置	满足各个附属设备操作及维护的要求		

（6）按照表3.22的内容对维修滑道（吊点）安装布置图的质量验收。

表3.22　维修滑道（吊点）安装布置图的质量验收内容

文件名称	验收项目	验收标准	基本设计阶段	详细设计阶段
维修滑道（吊点）安装布置图	维修滑道（吊点）的位置及数量	满足设备维修操作部件的吊装维修需求	○	○
	维修滑道（吊点）额定载荷	满足设备维修部件的起吊重量需求		
	维修滑道（吊点）操作空间	满足设备维修部件的起吊空间需求		
	维修滑道（吊点）的检验和试验	焊接检验满足结构焊接规格书的要求，试验载荷满足规范的要求		

（7）按照表3.23的内容对设备操作平台（踏步）布置图进行质量验收。

表3.23　设备操作平台（踏步）布置图的质量验收内容

文件名称	验收项目	验收标准	基本设计阶段	详细设计阶段
设备操作平台（踏步）布置图	操作平台（踏步）的覆盖范围	满足设备操作维修需求	○	○
	操作平台（踏步）的高度	满足设备操作维修需求		

文件名称	验收项目	验收标准	基本设计阶段	详细设计阶段
设备操作平台（踏步）布置图	操作平台（踏步）的定位尺寸	定位尺寸齐全准确	o	o
	操作平台（踏步）的表面覆盖物	满足操作平台和踏步的承载要求		

6）机械专业调试大纲的质量验收

按照表3.24的内容对机械专业调试大纲进行质量验收。

表3.24　机械专业调试大纲的质量验收内容

文件名称	验收项目	验收标准	基本设计阶段	详细设计阶段
机械专业调试大纲	安全防护要求	安全防护要求符合管理体系要求		o
	调试前的准备工作	与厂家资料要求一致		
	调试流程	与厂家资料要求一致		
	试验结果的记录	记录数据明确、全面		
	调试后的检查和清理	满足厂家资料要求和安全管理体系要求		

7）机械设备吊装维修报告的质量验收

按照表3.25的内容对机械设备吊装维修报告进行质量验收。

表3.25　吊装维修报告的质量验收内容

文件名称	验收项目	验收标准	基本设计阶段	详细设计阶段
吊装维修报告	平台上需吊装维修的设备（零部件）的数量、重量及尺寸等信息	需维修的设备（零部件）无遗漏且尺寸重量信息与厂家信息一致	o	o
	吊装维修工具数量和能力	满足平台设备操作维修的需求		

文件名称	验收项目	验收标准	基本设计阶段	详细设计阶段
吊装维修报告	各个设备吊装维修工具的选用	工具选用合理且满足各个设备吊装维修要求	o	o
	各个设备吊装维修的空间和移动路径	吊装维修空间满足厂家资料要求，移动路径满足设备转运需求		

3.4.6　暖通专业设计成果文件的质量验收

1）暖通设备清单（料单）的质量验收

按照表3.26的内容对暖通（HVAC）设备清单（料单）进行质量验收。

表3.26　HVAC设备清单（料单）的质量验收内容

文件名称	验收项目	验收标准	基本设计阶段	详细设计阶段
HVAC设备清单（料单）	设备名称、位号、类型及数量	与HVAC系统计算书一致	o	o
	设备参数	与HVAC系统计算书一致		
	设备材料	与防腐选材报告一致		
	设备的防护防爆等级	符合安全区域划分		
	设备尺寸和重量	与厂家资料一致		

2）HVAC专业规格书的质量验收

按照表3.27的内容对HVAC设备技术规格书进行质量验收。

表3.27　HVAC设备技术规格书的质量验收内容

文件名称	验收项目	验收标准	基本设计阶段	详细设计阶段
HVAC设备技术规格书	采用的标准、规范	标准规范应为国内、外通用的现行标准	o	o
	HVAC设计要求	与标准规范和合同的要求一致		
	材料、配管等设计要求			
	电气、仪表等设计要求		o	o
	设备检验、性能试验和功能试验要求			

3）HVAC专业数据表的质量验收

按照表3.28的内容对HVAC设备数据表进行质量验收。

表3.28　HVAC设备数据表的质量验收内容

文件名称	验收项目	验收标准	基本设计阶段	详细设计阶段
HVAC设备数据表	设备名称、位号、类型及数量	与HVAC系统计算书一致		o
	设备参数			o
	设备材料	与设备清单、防腐选材报告一致		o
	设备管口要求	满足配管规格书的要求		o
	设备的防护防爆等级	满足电气、仪表规格书的要求		o
	设备检验、性能试验和功能试验要求	满足HVAC设备规格书的要求		o

4）HVAC专业请购书的质量验收

按照表3.29的内容对HVAC设备请购书进行质量验收。

表3.29 HVAC设备请购书的质量验收内容

文件名称	验收项目	验收标准	基本设计阶段	详细设计阶段
HVAC设备请购书	供货范围	供货范围准确、齐全，满足设备的设计、建造、检验、试验、运输、安装、调试、正常运转和维护维修的要求		
	关键技术指标	满足工程需要		
		满足当前产品制造水平，宜有3家以上制造商满足要求		
		符合国家法律法规规定		
	图纸和技术规格书	需涵盖对设备的技术要求		
	厂家送审资料要求	厂家送审资料应涵盖项目执行计划、设备设计计算、选型、料单、图纸、制造、检验试验程序、检验报告、证书和完工文件等全过程，以便于买方和第三方审查		o
	设备取证要求	设备取证等级与标准规范、合同的要求一致		
	投标文件要求	需涵盖厂家资质和能力介绍、供货范围、备件和特殊工具清单、关键技术参数响应、产品技术参数、技术偏离表和送审文件计划等内容		

5）HVAC专业图纸文件的质量验收

HVAC专业图纸包括通风系统控制原理图、流程图、P&ID、系统布置图、安装图、底座图，其图纸文件的质量验收要求如下。

（1）按照表3.30的内容对通风系统控制原理图进行质量验收。

表3.30 通风系统控制原理图的质量验收内容

文件名称	验收项目	验收标准	基本设计阶段	详细设计阶段
通风系统控制原理图	设备参数（位号、处所、数量）	与设备清单一致	○	○
	互锁、报警、自启动等设置	满足系统设计和规范的要求		

（2）按照表3.31的内容对HVAC流程图和P&ID进行质量验收。

3.31 HVAC流程图和P&ID的质量验收内容

文件名称	验收项目	验收标准	基本设计阶段	详细设计阶段
HVAC流程图和P&ID	设备、管道的尺寸	满足设计能力和规范的要求	○	○
	设备管道的参数（设计温度、设计压力、操作温度、操作压力）	满足系统设计和规范的要求		
	关断阀、调节阀、流量计、分析仪等设置			
	压力、温度、液位仪表的配置和设定点设置			
	管道阀门的数量和类型配置			

（3）按照表3.32的内容对HVAC系统布置图进行质量验收。

3.32 HVAC系统布置图的质量验收内容

文件名称	验收项目	验收标准	基本设计阶段	详细设计阶段
HVAC系统布置图	设备的数量	与HVAC系统计算书一致		○
	风管的数量、尺寸			
	设备、风管定位和方向	定位尺寸齐全，方向正确		
	各个设备位置的结构	与结构梁图一致，并保证各个设备的安装		
	设备的操作维修空间	满足设备厂家资料对操维空间的要求		

（4）按照表3.33的内容对HVAC设备安装图进行质量验收。

表3.33　HVAC设备安装图的质量验收内容

文件名称	验收项目	验收标准	基本设计阶段	详细设计阶段
HVAC设备安装图	设备安装方向和定位尺寸	与HVAC系统布置图一致		
	设备安装位置的结构	与结构梁图一致		o
	设备安装要求	与厂家资料要求一致		

（5）按照表3.34的内容对HVAC设备底座图进行质量验收。

3.34　HVAC设备底座图的质量验收内容

文件名称	验收项目	验收标准	基本设计阶段	详细设计阶段
HVAC设备底座图	底座的尺寸	与设备厂家资料一致		
	设备底座安装螺栓孔的尺寸和数量	与设备厂家资料一致		
	设备底座的材料规格	满足HVAC规格书的要求		o
	设备底座的焊接及检验要求	满足结构焊接规格书的要求		

6）HVAC专业调试大纲的质量验收

按照表3.35的内容对HVAC专业调试大纲进行质量验收。

3.35　HVAC专业调试大纲的质量验收内容

文件名称	验收项目	验收标准	基本设计阶段	详细设计阶段
HVAC专业调试大纲	安全防护要求	安全防护要求符合管理体系的要求		
	调试前的准备工作	与厂家资料要求一致		
	调试流程	与厂家资料要求一致		o
	试验结果的记录	记录数据明确、全面		
	调试后的检查和清理	满足厂家资料要求和安全管理体系的要求		

3.4.7　配管专业的质量验收

1）配管管道规格书的质量验收

按照表3.36的内容对配管管道规格书进行质量验收。

3.36　配管管道规格书的质量验收内容

文件名称	验收项目	验收标准	基本设计阶段	详细设计阶段
管道通用规格书	管道材料通用要求	明确管道设计的各种要求		
		设计原则齐全、正确		
配管材料规格书	材料选用，材料等级	与防腐选材报告及工艺P&ID一致	o	
管道保温规格书	保温材料参数及安装典型图	明确温度要求、防火要求及保温层厚度选择		
		施工典型图完整清晰		
管道检验规格书	管道检验相关指标	焊缝探伤的技术要求及焊缝检验比例清晰准确		
管道安装规格书	管道安装要求	明确遵循的规范		
		建造、安装技术要求齐全		o
管道试压规格书	试压流程相关参数	试压条件、试压范围、试压流程清晰明确		
管道标识规格书	材料参数及颜色规定	标识材料及各系统的颜色规定齐全准确		
应力分析规格书	应力分析技术要求	规范应用合理，与项目运用的标准版次一致		
		基础数据准确、需要分析的系统合理、分析方法符合标准		
		选用系数合理		
		工况完整		

（续表）

文件名称	验收项目	验收标准	基本设计阶段	详细设计阶段
阀门采办规格书	阀门采办相关要求	阀门厂家的资质符合招标要求		
		各种阀门的材质、尺寸与P&ID一致		
		材质和检验证书齐全		
		阀门的设计、制造及验收符合规范的要求		
管道和管件采办规格书	管道及管件采办相关要求	管道、管件的厂家资质要求符合要求	o	o
		管道、管件的材质、尺寸与P&ID一致		
		制造和检验符合规范的要求		
		材质和检验证书齐全		
设备管嘴允许载荷规格书	设备管嘴允许载荷要求	各类设备的管嘴校核标准清晰明确		
		设备管嘴载荷数值合理		
		选用系数合理		
管道标准图规格书	管道标准图例	材料描述及焊接信息齐全		
		包含项目所需图例		
支架标准图规格书	支架参数	明确支架材料描述		
		所需支架形式齐全		
		支架的命名方式合理		

2）配管数据表的质量验收

按照表3.37的内容对配管数据表进行质量验收。

表3.37　配管数据表的质量验收内容

文件名称	验收项目	验收标准	基本设计阶段	详细设计阶段
阀门数据表	阀门类型、材质和压力等级	与防腐选材报告及工艺P&ID一致		
		阀门的规格种类齐全		
清管器数据表	清管器相关参数	清管器内径、材质、等级、使用标准等参数满足相应清管球使用要求		o
特殊件数据表	特殊件相关参数	压力等级或设计压力、设计温度选取正确		
		端部连接形式正确		
		选用标准正确		
		本体、内件材质正确		

3）配管管道壁厚计算书的质量验收

按照表3.38的内容对配管管道壁厚计算书进行质量验收。

表3.38　配管管道壁厚计算书的质量验收内容

文件名称	验收项目	验收标准	基本设计阶段	详细设计阶段
管道壁厚计算书	壁厚计算	输入条件与防腐选材报告及工艺P&ID一致，并与规范的要求一致	o	o
		计算满足规范的要求		

4）配管应力计算报告的质量验收

按照表3.39的内容对配管应力计算报告进行质量验收。

表3.39　配管应力计算报告的质量验收内容

文件名称	验收项目	验收标准	基本设计阶段	详细设计阶段
应力计算报告	基础数据输入	基础数据与业主提供数据一致		o

（续表）

文件名称	验收项目	验收标准	基本设计阶段	详细设计阶段
应力计算报告	使用标准规范	使用规范与ASME B31.3中要求一致		
	模型输入	应力模型与三维模型一致		
	载荷输入	载荷输入合理准确		
	计算工况	工况完整，并与应力分析规格书的要求一致		

5）配管专业料单的质量验收

按照表3.40的内容，对配管专业料单进行质量验收。

表3.40　配管专业料单的质量验收内容

文件名称	验收项目	验收标准	基本设计阶段	详细设计阶段
管道管件料单	管道管件参数	规格、型号、压力等级、参照标准、连接形式描述准确、齐全，并与P&ID一致		
阀门料单	阀门参数	规格，型号，压力等级，参照标准，阀体、阀芯、密封材质描述准确、齐全，并与P&ID一致，满足规格书的要求		
保温料单	保温参数	保温材质、厚度、密度、导热系数，参照标准描述准确齐全，与规格书的要求一致		o
支架料单	支架材料参数	型钢规格，材料，参照标准，钢板，管卡及其他附件规格、材料描述准确、齐全，与标准图的要求一致		
特殊件料单	特殊件相关参数	压力等级或设计压力、设计温度选取正确		
		端部连接形式描述正确		
		参照标准正确		
		本体、内件材质描述满足材质选择要求		

6）配管专业布置图的质量验收

按照表3.41的内容，对配管专业布置图进行质量验收。

表3.41　配管专业布置图的质量验收内容

文件名称	验收项目	验收标准	基本设计阶段	详细设计阶段
管道布置图	图面图素	图面图素正确齐全		
	管道定位	管道定位及编号齐全		o
		与三维模型一致		
支架布置图	图面图素	图面图素正确齐全		
	支架定位	支架定位及编号齐全		o
		与三维模型一致		
地漏布置图	图面图素	图面图素正确齐全		
		结构底图清晰		
	地漏定位	地漏定位及编号齐全		o
		与三维模型一致		

7）配管专业其他图纸的质量验收

按照表3.42的内容对配管专业其他图纸进行质量验收。

表3.42　配管专业其他图纸的质量验收内容

文件名称	验收项目	验收标准	基本设计阶段	详细设计阶段
支架详图	图面图素	尺寸标注、支架材料描述及数量、支架编号及定位等图面图素准确清晰		o
		与三维模型一致		

3.4.8　电气专业的质量验收

1）电气专业规格书的质量验收

按照表3.43的内容对电气专业规格书进行质量验收。

表3.43　电气专业规格书的质量验收内容

文件名称	验收项目	验收标准	基本设计阶段	详细设计阶段
电气总规格书	采用的规范	采用的规范合理、全面，规范版本、名称正确	○	○
	环境条件	环境条件与本项目对应		
	危险区划分	危险区划分的标准与安全专业对应		
	材料选用	材料选用的要求合理、满足要求		
	电力系统描述	电力系统描述准确，与项目对应		
	系统电压和系统压降指标要求	系统电压正确，系统压降指标要求合理		
	防爆要求	防爆要求对应，合理		
	电气设备和器件的要求	电气设备和器件的要求满足要求、合理。以下几点可重点关注： （1）电气设备和器件防爆要求，防护要求； （2）各种电池的时间要求； （3）电气设备和器件等的备用要求； （4）材质要求合理和满足要求； （5）布线要求和穿舱件的形式		
	照度要求	照度要求满足规范的要求		
	系统接地要求	系统接地要求正确		
发电机规格书	采用的规范	采用的规范合理、全面，规范版本、名称正确		
	规格书中的数字指标	对于规格书中出现的数字指标等必须注意校对和确认		

文件名称	验收项目	验收标准	基本设计阶段	详细设计阶段
发电机规格书	发电机的性能基本要求	发电机的性能基本要求，如额定功率、连续运行时间、并联运行的要求、故障运行下的指标要求等准确合理		
	发电机的设计和结构	发电机的设计和结构中的概述和各部件要求全面合理，界面描述清晰		
	发电机的试验	发电机的试验要求合理，无缺漏或不适用，指标要求恰当		
电动机规格书	采用的规范	采用的规范合理、全面，规范版本、名称正确		
	规格书中的数字指标	对于规格书中出现的数字指标等必须注意校对和确认		
	电动机的性能基本要求	电动机的性能基本要求，如额定功率、连续运行时间、并联运行的要求、故障运行下的指标要求等准确合理	o	o
	电动机的设计和结构	电动机的设计和结构中的概述和各部件要求全面合理，界面描述清晰		
	电动机的试验	电动机的试验要求合理，无缺漏或不适用，指标要求恰当		
电气成橇规格书	采用的规范	采用的规范合理、全面，规范版本、名称正确		
	环境条件	环境条件与本项目对应	o	o
	规格书中的数字指标	对于规格书中出现的数字指标等必须注意校对和确认		
	引用数据	引用数据与总规格书等一致		

（续表）

文件名称	验收项目	验收标准	基本设计阶段	详细设计阶段
电气成橇规格书	防爆和防护要求	防爆和防护要求对应、合理	o	o
	主电、辅助电源、控制电源	主电、辅助电源、控制电源的电压和供电原则和界面以及保护要求等合理明确		
	控制回路的接口要求	控制回路的接口要求明确		
	电气成橇原则、范围和界面	电气成橇原则、范围和界面描述清楚		
	成橇电缆的要求	成橇电缆的要求明确		
	布线和接线的界面和做法	布线和接线的界面和做法明确		
	材质要求	材质要求合理		
电气安装规格书	采用的规范	采用的规范合理、全面，规范版本、名称正确		o
	环境条件	环境条件与本项目对应		
	规格书中的数字指标	对于规格书中出现的数字指标等必须注意校对和确认		
	引用数据	引用数据与总规格书等一致		
	电气安装所包括的电气系统	电气安装所包括的电气系统全面		
	对安装方的责任要求	对安装方的责任要求全面合理，关注有特殊要求的地方		
	电气安装的做法	对电气安装的做法有特殊要求和特殊做法		
	电气安装后的实验	对电气安装后的实验有无特殊要求和特殊做法，工作范围如何确定		
	电气安装的要求	电气安装的要求与各系统的规格书等要求一致		

（续表）

文件名称	验收项目	验收标准	基本设计阶段	详细设计阶段
电气安装规格书	与设备供货商的安装和测试的界面	与设备供货商的安装和测试的界面划分清晰合理		
配电盘规格书	采用的规范	采用的规范合理、全面，规范版本、名称正确	o	o
	环境条件	环境条件与本项目对应		
	规格书中的数字指标	对于规格书中出现的数字指标等必须注意校对和确认		
	主电、辅助电源、控制电源	主电、辅助电源、控制电源的电压和供电原则和界面以及保护要求等合理明确		
	控制回路的接口要求	控制回路的接口要求明确，如端子形式和信号形式等		
	主要元器件类型	对主要元器件类型要求合理，如开关、接触器、保护继电器		
	盘的功能描述	对盘的功能以及对安全联锁等的要求描述清晰		
	外部接线的界面和做法	外部接线的界面和做法明确，以及进线形式、接线方式等要求明确		
	配电盘的柜型形式	配电盘的柜型形式要求明确		
变压器规格书	采用的规范	采用的规范合理、全面，规范版本、名称正确	o	o
	环境条件	环境条件与本项目对应		
	规格书中的数字指标	对于规格书中出现的数字指标等必须注意校对和确认		
	变压器的功率要求和过载要求	变压器的功率要求和过载要求清晰明确		

（续表）

文件名称	验收项目	验收标准	基本设计阶段	详细设计阶段
变压器规格书	变压器的温升和绝缘要求	变压器的温升和绝缘要求合理	o	o
	变压器的结构形式和绝缘方式	变压器的结构形式和绝缘方式合理		
	变压器的各附件要求	变压器的各附件要求全面、合理，界面描述清晰		
	变压器的实验要求	变压器的实验要求合理，无缺漏或不适用，指标要求恰当		
UPS规格书	采用的规范	采用的规范合理、全面，规范版本、名称正确	o	o
	规格书中的数字指标	对于规格书中出现的数字指标等必须注意校对和确认		
	防护要求	防护要求对应合理		
	主电、辅助电源、控制电源	主电、辅助电源、控制电源的电压和供电原则和界面以及保护要求等合理明确		
	控制回路的接口	控制回路的接口要求明确，如端子形式和信号形式等		
	主要元器件的要求	对主要元器件的要求合理，如整流器、逆变器等		
	盘的功能描述	对盘的功能描述以及冗余要求正确		
	UPS各元件和UPS的过负载要求	UPS各元件和UPS的过负载要求		
	外部接线的界面和做法	外部接线的界面和做法明确		

文件名称	验收项目	验收标准	基本设计阶段	详细设计阶段
导航规格书	采用的规范	采用的规范合理、全面，规范版本、名称正确	○	○
	环境条件	环境条件与本项目对应		
	规格书中的数字指标	对于规格书中出现的数字指标等必须注意校对和确认		
	防护要求	防护要求对应合理		
	导航系统的组成	导航系统的组成合理		
	导航系统的电压等级，供电原则	导航系统的电压等级、供电原则和界面以及保护要求等合理明确		
	主要元器件的要求	对主要元器件的要求合理		
电缆规格书	采用的规范	采用规范合理，全面，规范版本、名称正确	○	○
	环境条件	环境条件与本项目对应		
	规格书中的数字指标	对于规格书中出现的数字指标等必须注意校对和确认		
	电压等级	电压等级正确		
	电缆结构、材质	确定电缆结构、材质有特殊要求。对绝缘材料有无特殊要求		
海底电缆规格书	采用的规范	采用的规范合理、全面，规范版本、名称正确	○	○
	环境条件	环境条件与本项目对应		
	规格书中的数字指标	对于规格书中出现的数字指标等必须注意校对和确认		
	电压等级	电压等级正确		

（续表）

文件名称	验收项目	验收标准	基本设计阶段	详细设计阶段
海底电缆规格书	海缆结构	确定海缆结构有无特殊要求。特别是防水结构、绝缘材料和接头方式等	o	o
	光纤部分的结构描述和要求	对光纤部分的结构描述和要求合理		
电伴热规格书	采用的规范	采用的规范合理、全面，规范版本、名称正确	o	o
	环境条件	环境条件与本项目对应		
	规格书的数字指标	对于规格书中出现的数字指标等必须注意校对和确认		
	电压等级	电压等级正确		
	伴热带的形式、结构、材质的要求	伴热带的形式、结构、材质的要求正确		

2）电气专业数据表的质量验收

按照表3.44的内容对电气专业数据表进行质量验收。

表3.44 电气专业数据表的质量验收内容

文件名称	验收项目	验收标准	基本设计阶段	详细设计阶段
发电机数据表	环境条件	确认环境条件符合项目要求	o	o
	引用的文件编号	确认引用的文件编号正确		
	容量、电压、频率、功率因数	确认容量、电压、频率、功率因数正确		
	输出电压	确认输出电压正确		
	输出电压波动范围	确认输出电压波动范围正确		
	电缆进线方式	确认电缆进线方式正确		
	防护等级	确认防护等级正确		

文件名称	验收项目	验收标准	基本设计阶段	详细设计阶段
发电机数据表	绝缘水平	确认绝缘水平正确	o	o
	冷却方式、运行方式、辅助电压	确认冷却方式、运行方式、辅助电压正确		
	温升等级、温度控制、防护等级、安装地点	确认温升等级、温度控制、防护等级，安装地点正确		
	接地形式	确认接地形式正确		
配电盘数据表	版面规范，文字拼写	确认版面规范合理，文字拼写正确	o	o
	环境条件	确认环境条件符合项目要求		
	引用的文件编号	确认引用的文件编号正确		
	母排电流	确认母排电流正确		
	电压及频率	确认电压及频率正确		
	电压波动范围	确认电压波动范围正确		
	电缆进线方式	确认电缆进线方式正确		
	防护等级	确认防护等级正确		
	绝缘水平	确认绝缘水平正确		
	辅助电压	确认辅助电压正确		
	开关的短路电流	确认开关的短路电流正确		
	接地形式	确认接地形式正确		
变压器数据表	环境条件	确认环境条件符合项目要求	o	o
	输入电压	确认输入电压正确		
	输出电压	确认输出电压正确		
	输入、输出电压波动范围	确认输入、输出电压波动范围正确		
	电缆进线方式	确认电缆进线方式正确		

文件名称	验收项目	验收标准	基本设计阶段	详细设计阶段
变压器数据表	防护等级	确认防护等级正确	o	o
	绝缘水平、容量、原副边电压、抽头范围	确认绝缘水平、容量、原副边电压、抽头范围正确		
	冷却方式、连接组别、运行方式、辅助电压	确认冷却方式、连接组别、运行方式、辅助电压正确		
	温升等级、温度控制、防护等级	确认温升等级、温度控制、防护等级正确		
	确认变压器形式、接地形式	确认变压器形式、接地形式正确		
UPS数据表	环境条件	确认环境条件符合项目要求	o	o
	输入电压	确认输入电压正确		
	输出电压	确认输出电压正确		
	充电器输入、输出电压波动范围	确认充电器输入、输出电压波动范围正确		
	电缆进线方式	确认电缆进线方式正确		
	隔离开关的防爆及防护等级	确认隔离开关的防爆及防护等级正确		
	UPS的冗余配置	确认UPS的冗余配置与规格书一致		
	UPS的电池形式和时间	UPS的电池形式和时间明确		
	UPS的输出电压和频率	UPS的输出电压和频率明确		
	分配电盘的输出开关	分配电盘的输出开关要求合理		
	UPS的防护等级和外形尺寸	UPS的防护等级和外形尺寸满足项目要求		
导航数据表	环境条件	环境条件与本项目对应	o	o
	防爆和防护要求	防爆和防护要求对应、合理		

（续表）

文件名称	验收项目	验收标准	基本设计阶段	详细设计阶段
导航数据表	导航灯、雾笛U码要求	导航灯、雾笛U码要求满足标准	o	o
	导航灯、障碍灯光强要求	导航灯、障碍灯光强要求满足标准		
	雾笛声强范围要求	雾笛声强范围要求满足标准		
海底电缆数据表	环境条件	环境条件与本项目对应	o	o
	电压等级	电压等级合理		
	电缆截面	电缆截面合理		
	海缆附件	海缆附件完整		
	光缆要求	光缆要求完整合理		

3）电气专业请购书的质量验收

按照表3.45的内容对电气专业请购书进行质量验收。

表3.45　电气专业请购书的质量验收内容

文件名称	验收项目	验收标准	基本设计阶段	详细设计阶段
电气设备请购书	油田描述、环境条件及设备的使用寿命	核对油田描述、环境条件及设备的使用寿命和项目一致	o	o
	附录中关于对文件格式、材料清单、维修手册、备件、特殊工具、运输的要求	核对附录中关于对文件格式、材料清单、维修手册、备件、特殊工具、运输等要求的描述满足要求		
	供货范围	供货范围明确、完整，所附数据表名称及编号正确		
	检验、测试及证书的要求	检验、测试及证书的要求合理（船检机构的范围与本项目一致）		

文件名称	验收项目	验收标准	基本设计阶段	详细设计阶段
电气设备请购书	技术标书的要求的描述	技术标书的要求的描述全面、合理	o	o
	招标书所附文件	招标书所附文件完整，名称及标号正确		
	设备取证类别	设备取证类别和项目要求一致		
	需要厂家提交的文件及证书	需要厂家提交的文件及证书完整，提交文件的时间，份数要求满足要求	o	o

4）电气专业单线图的质量验收

按照表3.46的内容对电气专业单线图进行质量验收。

表3.46　电气专业单线图的质量验收内容

文件名称	验收项目	验收标准	基本设计阶段	详细设计阶段
总单线图	设备及元件的容量（功率）、名称及编号	核对设备及元件的容量（功率）、名称及编号的描述正确	o	o
	母排电制	核对母排电制描述正确		
	中压电动机的启动方式（如有中压电机）	中压电动机的启动方式与计算一致（如有中压电机）		
	电气连锁信号	电气联锁信号描述正确		
	电气符号	全面校对电气符号与标准符号图一致		
	电气系统配电方式	电气系统配电方式合理		
	开关、母排额定电流	开关、母排额定电流满足要求		
	系统电容电流的大小及系统接地形式	系统电容电流的大小及系统接地形式的确定正确		

文件名称	验收项目	验收标准	基本设计阶段	详细设计阶段
总单线图	主变压器数量、容量及运行方式	主变压器数量、容量及运行方式（并联，分立运行）正确	o	o
	系统稳态压降，主变压器阻抗电压及调压形式	系统稳态压降情况，主变压器阻抗电压及调压形式的确定合理		
	海缆的规格	海缆的规格正确		
主发电机单线图	设备及元件的容量（功率）、名称及编号	核对设备及元件的容量（功率）、名称及编号的描述正确	o	o
	发电机电缆的规格及数量	发电机电缆的规格及数量满足要求		
	电气符号	全面校对电气符号与标准符号图一致		
	主开关、母排额定电流、母排短路容量	主开关、母排额定电流满足要求、母排短路容量描述正确		
	主发电机的保护功能	主发电机的保护功能完善合理		
	主发电机及母联开关的同步并车功能	主发电机及母联开关的同步并车功能描述清晰		
	主发电机、中压盘与DCS间的信号	主发电机、中压盘与DCS间的信号体现清晰		
	主发电机及中压盘间的信号及供货界面（差动CT等）	主发电机及中压盘间的信号及供货界面的描述（差动CT等）清晰		
	配电盘主要表计	配电盘主要表计的设置合理		
	联锁功能	联锁功能的描述满足要求		
	优先脱扣信号	优先脱扣信号的描述合理		
中压单线图	设备及元件的容量（功率）、名称及编号	核对设备及元件的容量（功率）、名称及编号的描述正确	o	o

（续表）

文件名称	验收项目	验收标准	基本设计阶段	详细设计阶段
中压单线图	电缆的规格及数量	电缆的规格及数量满足要求	o	o
	电气符号	全面校对电气符号与标准符号图一致		
	主开关、母排额定电流、母排短路容量	主开关、母排额定电流满足要求、母排短路容量描述正确		
	主变压器及中压电动机的保护功能	主变压器及中压电动机的保护功能完善合理		
	中压电动机启动方式	中压电动机启动方式满足要求		
	中压盘与低压盘间的信号及供货界面（差动CT等）	中压盘与低压盘间的信号及供货界面（差动CT等）清晰		
	中压盘指示灯及表计的设置	中压盘指示灯及表计的设置完整		
	联锁功能的描述	联锁功能的描述清晰明确		
	控制电源及空间加热器电源的描述	控制电源及空间加热器电源的描述明确		
低压单线图	设备及元件的容量（功率）、名称及编号	核对设备及元件的容量（功率）、名称及编号的描述正确	o	o
	电缆的规格及数量	电缆的规格及数量满足要求		
	电气符号	全面校对电气符号与标准符号图一致		
	主开关、母排额定电流、母排短路容量、馈电开关及马达起动器的额定电流	主开关、母排额定电流满足要求，母排短路容量描述正确，馈电开关及马达起动器的额定电流正确		
	主开关的保护功能及指示灯	主开关的保护功能及指示灯的设置完善合理		

（续表）

文件名称	验收项目	验收标准	基本设计阶段	详细设计阶段
低压单线图	低压盘与中压盘间的信号，馈电开关、马达起动器与DCS、F&G间的信号	低压盘与中压盘间的信号、馈电开关、马达起动器与DCS、F&G间的信号描述清晰		
	电动机的控制形式	电动机的控制形式体现清晰		
	电动机的起动方式	电动机的起动方式满足系统要求		
	备用回路的数量	备用回路的数量满足项目要求		
	电压表、电流表等表计的设置，控制电源及空间加热器	电压表、电流表等表计的设置，控制电源及空间加热器的设置合理清晰		
UPS单线图	设备及元件的容量（功率）、名称及编号	核对设备及元件的容量（功率）、名称及编号的描述正确		
	电缆的规格及数量	电缆的规格及数量满足要求		
	母排电制	校对母排电制描述正确		
	电气符号	全面校对电气符号与标准符号图一致		
	UPS整流（充电），逆变原理	UPS整流（充电），逆变原理描述正确无误		
	静态旁路，维修旁路	静态旁路，维修旁路的描述正确	○	○
	UPS与DCS、F&G间的信号	UPS与DCS、F&G间的信号描述完整		
	馈电开关的额定电流	馈电开关的额定电流正确		
	电压表、电流表等表计的设置	电压表、电流表等表计的设置满足项目要求		
	电池及其开关的描述	电池及其开关的描述合理清晰		

（续表）

文件名称	验收项目	验收标准	基本设计阶段	详细设计阶段
导航单线图	设备及元件的容量（功率）、名称及编号	核对设备及元件的容量（功率）、名称及编号的描述正确	o	o
	电气符号	全面校对电气符号与标准符号图一致		
	电缆的规格及数量	电缆的规格及数量满足要求		
	充电器、雾笛开关、光电开关	充电器、雾笛开关、光电开关的设置正确		
	导航系统与共路信令（common channel signaling，CCS）间的信号	导航系统与CCS间的信号描述完整		
	电池及其开关	电池及其开关的描述正确		
照明和小功率单线图	设备及元件的容量（功率）、名称及编号	核对设备及元件的容量（功率）、名称及编号的描述正确		o
	电缆的规格及数量	电缆的规格及数量满足要求		
	母排电制	校对母排电制描述正确		
	电气符号	全面校对电气符号与标准符号图一致		
	变压器的编号、描述、容量	变压器的编号、描述、容量正确		
	进线开关容量	进线开关容量科学合理		
	电压表、电流表	电压表、电流表等表计的设置满足项目要求		
电伴热单线图	设备及元件的容量（功率）、名称及编号	核对设备及元件的容量（功率）、名称及编号的描述正确		o
	电缆的规格及数量	电缆的规格及数量满足要求		
	母排电制	校对母排电制描述正确		
	电气符号	全面校对电气符号与标准符号图一致		

（续表）

文件名称	验收项目	验收标准	基本设计阶段	详细设计阶段
电伴热单线图	漏电保护原理	漏电保护原理描述正确无误		
	伴热变压器的编号、描述、容量	伴热变压器的编号、描述、容量正确		
	进线开关容量	进线开关容量科学合理		
	伴热回路馈电开关容量分配比例	伴热回路馈电开关容量分配比例合理		o
	电压表、电流表	电压表、电流表等表计的设置满足项目要求		

5）电气专业照明系统图和布置图的质量验收

按照表3.47的内容对照明系统图和布置图进行质量验收。

表3.47　电气专业照明系统图和布置图的质量验收内容

文件名称	验收项目	验收标准	基本设计阶段	详细设计阶段
照明系统图和布置图	选用底图与总图	确认选用底图与总图一致		
	灯具编号及统计数量	校对灯具编号及统计数量正确		
	应急照明与正常照明分层绘制	确定应急照明与正常照明分层绘制		
	灯具图例	确定灯具图例与图例表一致		
	灯具及插座等的布置	灯具及插座等的布置合理		o
	灯具及插座的选型	灯具及插座的选型合适		
	灯具及插座的安装方式	灯具及插座的安装方式合理		
	单回路灯具及插座的数量	单回路灯具及插座的数量合理		
	逃生的要求	应急照明达到逃生的要求		
	灯具的安装高度	确认灯具的安装高度合适		

（续表）

文件名称	验收项目	验收标准	基本设计阶段	详细设计阶段
照明系统图和布置图	灯具的照度	确认灯具的照度满足规格书的要求		o

6）电气专业布置图的质量验收

按照表3.48的内容对电气专业布置图进行质量验收。

表3.48　电气专业布置图的质量验收内容

文件名称	验收项目	验收标准	基本设计阶段	详细设计阶段
室内电气设备布置图	尺寸、名称	确认标注尺寸、设备尺寸、名称等正确	o	
	版次	确认为最新电气设备布置图		
	布局	确认电气设备能布置于此处		
	设备的接线空间	确认设备的接线空间合适		
	设备的维修空间	确认设备的维修空间合适		
	设备的通风空间	确认设备的通风空间合适		
	逃生通道	确认逃生通道合适		
	设备的尺寸	确认设备的尺寸正确		
	操作	确认操作方便		o
	电缆护管布置	确认电缆护管布置方便		
室外电气设备布置图	底图	确认选用底图与总图一致		
	版次	确认为最新电气设备布置图		
	布局	确认电气设备能布置于此处		
	电气设备完整度	确认电气设备齐全		
	电气设备布置	确认电气设备布置清楚		
接地布置图	接地电缆尺寸	确认接地电缆尺寸正确		
	版次	确认为最新电气设备布置图		

文件名称	验收项目	验收标准	基本设计阶段	详细设计阶段
电缆托架布置图	3D软件校对	在3D软件上校对托架无碰撞		o
	底图	确认选用底图与总图一致		
	不同电压等级间托架	确定不同电压等级间托架分层绘制		
	在3D软件上托架的布置与图纸的一致性	在3D软件上校对托架的布置与图纸一致		
	托架布局及走向	托架布局及走向合理		
	托架宽度、深度	托架宽度、深度合适		
	标注	标注清晰明了		
	托架之间的间距间隔	托架之间的间距间隔满足要求		
	托架与设备之间的进线空间	托架与设备之间的进线空间满足电缆弯曲半径的要求		
	托架转弯处	托架转弯处满足电缆弯曲半径的要求		
	安装支架空间	托架走向区域适合安装支架		

7）电气专业电缆布线图和电缆清册的质量验收

按照表3.49的内容对电缆布线图和电缆清册进行质量验收。

表3.49　电气专业电缆布线图和电缆清册的质量验收内容

文件名称	验收项目	验收标准	基本设计阶段	详细设计阶段
电缆布线图	电缆布线的正确性	检查电缆布线的正确性		o
	电缆的起始设备和终止设备	电缆的起始设备和终止设备标注清楚		

（续表）

文件名称	验收项目	验收标准	基本设计阶段	详细设计阶段
电缆布线图	模块式电缆密封贯穿（modular cable transits，MCT）	电缆所要通过的MCT表示清楚		o
	电缆穿越甲板和房间的走向	检查电缆穿越甲板和房间的走向标注正确		
电缆清册	电缆名称、规格	电缆名称、规格描述齐全		o
	电缆起始位置	电缆起始位置描述清晰		

8）电气专业典型安装图的质量验收

按照表3.50的内容对典型安装图进行质量验收。

表3.50　电气专业典型安装图的质量验收内容

文件名称	验收项目	验收标准	基本设计阶段	详细设计阶段
典型安装图	标准图中安装形式	确认标准图中安装形式表示完整		o
	设备支架表面的处理	确认设备支架表面的处理满足安装规格书的要求		
	电气设备的接地方式	确认电气设备的接地方式满足安装规格书的要求		
	电气设备支架的材料规格、型号、材质	确认电气设备支架的材料规格、型号、材质表示清楚		
	支架和护管、MCT安装	确认支架和护管，MCT安装满足安装规格书的要求		

9）电气专业端子图的质量验收

按照表3.51的内容对端子图进行质量验收。

（续表）

表3.51 电气专业端子图的质量验收内容

文件名称	验收项目	验收标准	基本设计阶段	详细设计阶段
端子图	起始设备的端子号	确认起始设备的端子号与设备厂家资料一致		o
	终止设备的端子号	确认终止设备的端子号与设备厂家资料一致		
	电缆编号	确认电缆编号正确		
	电缆数量	分系统确认电缆的数量没有差错		

10）电气专业计算报告的质量验收

按照表3.52的内容对电气专业计算报告进行质量验收。

表3.52 电气专业计算报告的质量验收内容

文件名称	验收项目	验收标准	基本设计阶段	详细设计阶段
负荷计算	设备的功率	确认设备的功率与机械设备清单等一致	o	o
	设备编号、名称	确认设备编号、名称与机械设备清单等一致		
	漏项检查	确认无漏项		
	设备的运行模式	确认设备的运行模式选取正确		
	简单核算计算结果	简单核算计算结果合理		
	设备的各种系数	确定设备的各种系数选取正确		
短路计算	采用的规范	采用的规范合理、全面，规范版本、名称正确	o	o
	系统的描述	系统的描述正确		
	模型检查	校对建立的模型与实际系统一致		

（续表）

文件名称	验收项目	验收标准	基本设计阶段	详细设计阶段
短路计算	归纳的输出结果与软件输出报告的结果	归纳的输出结果与软件输出报告的结果一致	o	o
	模型输入数值的选取和假设	模型输入数值的选取和假设等正确合理		
	计算方法的选用	计算方法的选用正确		
	选取的工况	选取的工况合理		
	核算计算结果	核算计算结果合理		
	电力系统的可行性	审核电力系统的可行性		
潮流计算	采用的规范	采用规范合理、全面，规范版本、名称正确	o	o
	系统的描述	系统的描述正确		
	模型校核	校对建立的模型与实际系统一致		
	归纳的输出结果与软件输出报告的结果	归纳的输出结果与软件输出报告的结果一致		
	模型输入数值的选取和假设	模型输入数值的选取和假设等正确合理		
	计算方法的选用	计算方法的选用正确		
	选取的工况	选取的工况合理		
	核算计算结果	核算计算结果合理		
	电力系统的可行性	审核电力系统的可行性		
大电机启动压降计算	采用的规范	采用的规范合理、全面，规范版本、名称正确	o	o
	文件的引用	校对文件的引用正确		
	系统的描述	系统的描述正确		
	模型校核	校对建立的模型与实际系统一致		

文件名称	验收项目	验收标准	基本设计阶段	详细设计阶段
大电机启动压降计算	归纳的输出结果与软件输出报告的结果	归纳的输出结果与软件输出报告的结果一致	o	o
	模型输入数值的选取和假设	模型输入数值的选取和假设等正确合理		
	计算方法的选用	计算方法的选用正确		
	选取的工况	选取的工况合理		
	核算计算结果	核算计算结果合理		
	电力系统的可行性	审核电力系统的可行性		

11）电气专业设备清单和料单的质量验收

按照表3.53的内容对电气专业设备清单和料单进行质量验收。

表3.53　电气专业设备清单和料单的质量验收内容

文件名称	验收项目	验收标准	基本设计阶段	详细设计阶段
电气设备清单	电气设备类型、参数	电气设备类型、参数齐备	o	
灯具料单	设备及元件的容量（功率）、名称	全面校对设备及元件的容量（功率）、名称的描述正确		o
	灯具等设备元件的安装方式	灯具等设备元件的安装方式正确		
	设备与元件的数量	设备与元件的数量与图纸文件的数量一致		
	设备元件的防护、防爆等级	设备元件的防护、防爆等级满足规范的要求		
电缆料单	电缆信息	电缆信息描述齐全		
	电缆的采办余量	按照企标电缆的采办余量要求对电缆余量进行考虑		

12）电气专业调试大纲的质量验收

按照表3.54的内容对电气专业调试大纲进行质量验收。

表3.54　电气专业调试大纲的质量验收内容

文件名称	验收项目	验收标准	基本设计阶段	详细设计阶段
主发电机调试大纲	外观检查和防护等级要求	外观检查内容完整，防护等级要求与项目一致		
	回路检查和设备接地检查	回路检查的范围完整，设备接地检查描述得清楚		
	绝缘检查	绝缘检查全面		
	功能试验	功能试验全面，要求合理		
	发电机负荷试验及突加突卸试验	发电机负荷试验及突加突卸试验相关描述与机械专业描述一致		
	发电机负荷分配试验	发电机负荷分配试验相关描述与机械专业描述一致		
	发电机试验数据记录表格	发电机试验数据记录表格内容完整		
	试验安全措施描述	试验安全措施描述明确		o
应急发电机调试大纲	外观检查和防护等级要求	外观检查内容完整，防护等级要求与项目一致		
	回路检查的范围和设备接地检查	回路检查的范围完整，设备接地检查描述清晰		
	绝缘检查	绝缘检查全面		
	功能试验	功能试验全面，要求合理		
	发电机负荷试验及突加突卸试验	发电机负荷试验及突加突卸试验相关描述与机械专业描述一致		
	发电机试验数据记录表格	发电机试验数据记录表格内容完整		
	试验安全措施	试验安全措施描述明确		

（续表）

文件名称	验收项目	验收标准	基本设计阶段	详细设计阶段
中压盘调试大纲	外观检查和防护等级要求	外观检查内容完整，防护等级要求与项目一致		
	回路检查的范围和母排色标要求	回路检查的范围完整，母排色标要求与项目一致		
	绝缘检查	绝缘检查全面		○
	耐压试验	耐压试验的要求与厂家数据一致		
	功能试验内容	功能试验内容全面，要求合理		
	联锁功能试验	联锁功能试验内容全面		
	试验安全措施	试验安全措施描述明确		○
低压盘调试大纲	外观检查和防护等级要求	外观检查内容完整，防护等级要求与项目一致		
	回路检查的范围和母排色标	回路检查的范围完整，母标色标要求与项目一致		
	绝缘检查	绝缘检查全面		
	功能试验	功能试验内容全面，要求合理		○
	主电与应急电并车功能试验	主电与应急电并车功能试验描述正确，与单线图一致		
	联锁功能试验	联锁功能试验内容全面		
变压器调试大纲	外观检查和防护等级要求	外观检查内容完整，防护等级要求与项目一致		
	回路检查	回路检查的范围完整		
	绝缘检查	绝缘检查与厂家数据一致		○
	耐压试验	耐压试验的要求与厂家数据一致		

（续表）

文件名称	验收项目	验收标准	基本设计阶段	详细设计阶段
变压器调试大纲	运行和负荷试验内容	运行和负荷试验内容全面		o
	试验安全措施	试验安全措施描述明确		
UPS调试大纲	外观检查和防护等级要求	外观检查所包含的设备完整、防护等级要求与项目一致		o
	回路检查和绝缘检查	回路检查、绝缘检查的范围完整		
	功能试验	功能试验内容全面，要求合理，电池放电时间与项目要求一致		
导航调试大纲	外观检查和防护等级要求	外观检查所包含的设备完整、防护等级要求与项目一致		o
	回路检查、绝缘检测的范围	回路检查、绝缘检测的范围完整		
	功能试验内容	功能试验内容全面		
电伴热调试大纲	外观检查和防护等级要求	外观检查所包含的设备完整、防护等级要求与项目一致		o
	回路检查、绝缘检测的范围	回路检查、绝缘检测的范围完整		
	运行试验内容	运行试验内容全面，要求合理		
电缆调试大纲	外观检查和回路检查	外观检查、回路检查的内容完整		o
	绝缘检测	绝缘检测中系统电压描述全面，试验电压合理		
	电缆耐压试验	电缆耐压试验电压描述正确，引用规范正确		
	试验安全	试验安全措施描述明确		

3.4.9　仪表专业的质量验收

1）仪表专业规格书类技术文件的质量验收

按照表3.55的内容对仪表专业规格书类技术文件进行质量验收。

表3.55　仪表专业规格书类技术文件的质量验收内容

文件名称	验收项目	验收标准	基本设计阶段	详细设计阶段
仪表系统原理规格书	采用的规范	确认规范使用合理、全面，且规范版本及名称正确无误	o	o
	系统描述	系统描述准确，与项目对应		
	与其他平台或系统的接口	确认与其他平台或系统接口描述准确，与项目对应，并核实有无特殊要求		
	井口盘的技术要求	技术要求描述准确，与项目对应		
过程控制系统（process control system, PCS）规格书	采用的规范	确认规范使用合理、全面，且规范版本及名称正确无误		
	系统描述	系统描述准确，与仪表系统原理规格书对应		
	PCS结构，是否采用远程输入输出系统（remote input & output, RIO）	确认项目实际需求，核实是否需要远程RIO		
紧急关断系统（emergency shutdown system, ESD）	采用的规范	确认规范使用合理、全面，且规范版本及名称正确无误	o	o
	系统描述	系统描述准确，与仪表系统原理规格书对应		
	ESD结构（是否采用远程RIO）	确认项目实际需求，核实是否需要远程RIO		

（续表）

文件名称	验收项目	验收标准	基本设计阶段	详细设计阶段
火气系统（fire and gas system, FGS）规格书	采用的规范	确认规范使用合理、全面，且规范版本及名称正确无误	○	○
	系统描述	系统描述准确，与仪表系统原理规格书对应		
	布置原则和表决原则	确认探头的布置原则和表决原则是否满足规范及项目的要求		
	探头的功能和防爆防护要求	确认探头的功能和防爆防护等级是否满足规范及项目的要求		
	生活楼可寻址火气系统的软硬件要求	确认可寻址盘软硬件是否满足规范及项目要求，核实与中控界面是否清晰		
通用仪表规格书	采用规范	确认规范使用合理、全面，且规范版本及名称正确、无误	○	○
	仪表的材质要求	确认材质是否满足规范及项目要求，并核实是否有特殊材质要求		
	仪表的精度要求	确认仪表设备精度是否满足规范及项目的要求		
	仪表的铭牌要求	确认仪表铭牌是否满足规范及项目的要求		
	仪表的认证要求	确认认证证书是否齐全，并核实是否有特殊认证要求		
	仪表的工艺接口要求	确认与其他专业及设备供货商的接口界面是否清晰合理		
	仪表的密封等级要求	确认仪表设备密封要求是否完整无误，并核实有无特殊密封需求		

文件名称	验收项目	验收标准	基本设计阶段	详细设计阶段
橇装仪表规格书	采用规范	确认规范使用合理、全面，且规范版本及名称正确、无误	○	○
	橇内仪表、接线箱和控制盘材质	确认橇内仪表设备材质要求是否合理，核实有无特殊要求		
	橇内仪表精度的要求	确认成橇仪表设备精度是否满足规范及项目要求		
	橇块厂家提供图纸要求	确认成橇设备厂家需提供的图纸类型是否完整，图纸送审、升版要求是否清晰		
	仪表的认证要求	确认橇装设备需提供证书的种类并核实有无特殊认证要求		
	成橇原则、范围和界面	确认仪表设备成橇原则，核实范围和界面是否描述清楚		
井口盘规格书	采用的规范	确认规范使用合理、全面，且规范版本及名称正确无误	○	○
	井口盘逻辑开关井要求	确认井口盘逻辑功能齐全，与中控界面清晰		
	井口盘的操作功能要求	确认井口盘操作功能满足项目实际需求		
	厂家提供文件要求	确认厂家需提供技术文件、认证证书种类齐全		
	井口盘的生产井和备用井数量	确认生产井与备用井数量与项目信息一致		
仪表安装规格书	采用的规范	确认规范使用合理、全面，且规范版本及名称正确无误		○
	仪表的安装方法及要求	确认仪表安装的做法是否有特殊要求和特殊做法		

（续表）

文件名称	验收项目	验收标准	基本设计阶段	详细设计阶段
仪表安装规格书	安装包括的仪表设备	确认安装所包括的仪表设备全面、准确		
	安装后的实验	安装后的实验有无特殊要求和特殊做法，工作范围如何确定		o
	与设备供货商的安装和测试的界面	与设备供货商的安装和测试的界面划分是否清晰合理		
仪表检测规格书	采用的规范	确认规范使用合理、全面，且规范版本及名称正确无误		
	各类仪表检验标定要求	确认仪表检验及标定是否有特殊要求和特殊做法		o
	压力测试要求	确认压力测试是否有特殊要求和特殊做法		
	功能测试要求（包括回路测试）	确认回路测试是否有特殊要求和特殊做法		
原油外输计量标定规格书	采用的规范	确认规范使用合理、全面，且规范版本及名称正确无误		
	计量的系列数和各系列的流量范围	确认流量范围满足工艺参数及项目要求		
	计量橇的形式和主要技术要求	确认满足项目实际要求，并与业主要求一致		
	标定橇的形式和主要技术要求	确认满足项目实际要求，并与业主要求一致	o	o
	计量和标定的尺寸磅级	确认尺寸磅级与工艺P&ID及配管规格书的要求一致		
	流量计算机等室内设备的技术要求	确认计算机等室内设备是否满足规范及项目的要求		
	计量和标定橇与其他系统的接口	确认与替他系统接口信息描述清晰、完整、无误		

（续表）

文件名称	验收项目	验收标准	基本设计阶段	详细设计阶段
关断阀规格书	采用的规范	确认规范使用合理、全面，且规范版本及名称正确无误	o	o
	关断阀的阀体材质及阀内件要求	确认是否满足规范及项目的要求		
	关断阀的密封形式和等级要求			
	关断阀的关断时间要求			
	关断阀的执行器选择的安全系数			
	关断阀的类型			
	关断阀的执行器的形式及材质要求			
仪表电缆规格书	采用的规范	确认规范使用合理、全面，且规范版本及名称正确无误		
	环境条件	环境条件是否与本项目对应		
	电压等级	确认电压等级是否正确，有无遗漏项		
	电缆的规格及分类	确认电压规格及分类是否正确、齐全，描述是否清晰		

2）仪表专业请购书类技术文件的质量验收

按照表3.56的内容对仪表专业请购书类技术文件进行质量验收。

表3.56　仪表专业请购书类技术文件的质量验收内容

文件名称	验收项目	验收标准	基本设计阶段	详细设计阶段
中控系统请购书	系统概述	确认系统概况描述、供货范围、认证满足设计要求		o

（续表）

文件名称	验收项目	验收标准	基本设计阶段	详细设计阶段
中控系统请购书	系统的安全等级要求和冗余要求	确认满足要求		o
	控制系统结构	确认系统总的控制系统结构、各组成硬件部分及系统软件满足要求		
	生活楼可寻址盘及其卡件	确认生活楼可寻址盘及其卡件的技术满足要求		
	火气系统报警设备	确认火气系统报警设备的清单和技术要求满足要求（一致性、完整性和功能性）		
现场仪表请购书	系统概况	确认系统概况描述、供货范围、认证满足设计要求		o
	技术文件	确认厂家技术文件满足设计要求（一致性、完整性和功能性）		
	备品备件要求	满足要求（一致性、完整性和功能性）		
井口盘请购书	系统概况	确认系统概况描述、供货范围、认证满足设计要求		o
	技术文件	确认厂家技术文件满足设计要求（一致性、完整性和功能性）		
	备品备件要求	满足要求（一致性、完整性和功能性）		
原油外输计量请购书	厂家资质	确认厂家资质、供货范围、整橇认证满足设计要求		o
	技术文件	确认厂家技术文件满足设计要求（一致性、完整性和功能性）		o
	备品备件要求	满足要求（一致性、完整性和功能性）		o

3）仪表专业计算书类技术文件的质量验收

按照表3.57的内容对仪表专业计算书类技术文件进行质量验收。

表3.57　仪表专业计算书类技术文件的质量验收内容

文件名称	验收项目	验收标准	基本设计阶段	详细设计阶段
调节阀计算书	工艺数据	确认与工艺参数表信息一致		
	计算选用的流态（气、液和两相混合）	确认与工艺参数表信息一致		
	计算结果	确认计算结果满足工况要求		
安全阀计算书	工艺数据	确认与工艺参数表信息一致		o
	计算选用的流态（气、液和两相混合）	确认与工艺参数表信息一致		
	计算结果	确认计算结果满足工况要求		
孔板计算书	工艺数据	确认与工艺参数表信息一致		
	计算选用的流态（气、液和两相混合）	确认与工艺参数表信息一致		
	计算结果	确认计算结果满足工况要求		

4）仪表专业料单类技术文件的质量验收

按照表3.58的内容对仪表专业料单类技术文件进行质量验收。

表3.58　料单类技术文件的质量验收内容

文件名称	验收项目	验收标准	基本设计阶段	详细设计阶段
仪表清单	清单格式	确认满足标准化及推荐做法的要求	o	o
	清单信息	确认清单包含仪表足够的信息（量程、测量单位、是否橇内等）	o	o
PCS系统I/O清单	清单格式	确认满足标准化及推荐做法的要求	o	o

（续表）

文件名称	验收项目	验收标准	基本设计阶段	详细设计阶段
PCS系统I/O清单	清单常规信息	确认清单包含仪表足够的信息（量程、测量单位、是否橇内等）	o	o
	报警值	确认清单报警值、设定值信息正确性	o	o
ESD系统I/O清单	清单格式	确认满足标准化及推荐作法的要求	o	o
	清单常规信息	确认清单包含仪表足够的信息（量程、测量单位、是否橇内等）	o	o
	报警值	确认清单报警值、设定值信息正确性	o	o
FGS系统I/O清单	清单格式	确认满足标准化及推荐做法的要求	o	o
	清单常规信息	确认清单包含仪表足够的信息（量程、测量单位、是否橇内等）	o	o
	报警值	确认清单报警值、设定值信息正确性	o	o
火气探测及报警设备清单	清单格式	确认满足标准化及推荐做法的要求	o	o
	清单常规信息	确认清单包含设备足够的信息（火区、探头类型、布置位置等）	o	o
	防护等级	确认火气探测报警设备的防爆防护等级满足规格书的要求	o	o
仪表电缆清册	规范要求	确认满足电缆规格书的要求		o

（续表）

文件名称	验收项目	验收标准	基本设计阶段	详细设计阶段
仪表电缆清册	电缆类型	确认电缆类型、规格及长度的描述清楚、准确		○
	电缆位置信息	确认电缆起止点信息清楚、准确		○
仪表管阀件料单	规范要求	确认符合仪表安装规格书的要求		○
	管阀件数量	确认管阀件数量与仪表安装图一致		○
	管阀件类型	确认管阀件类型、压力等级、材质的描述清晰、正确		○
	接口尺寸	确认管阀件接口尺寸的描述清晰、正确		○

5）仪表专业图纸类技术文件的质量验收

按照表3.59的内容对仪表专业图纸类技术文件进行质量验收。

表3.59　仪表专业图纸类技术文件的质量验收内容

文件名称	验收项目	验收标准	基本设计阶段	详细设计阶段
总控制系统框图	系统描述	系统描述清晰	○	○
	设备构成	主要组成设备全面		
	相关规范	确认文件符合规范、标准化及规格书的要求		
	系统互联	确认系统内部之间的关系及连接正确且合理		
PCS系统框图	系统结构	确认系统结构与控制系统规格书和总控制系统框图一致	○	○

（续表）

文件名称	验收项目	验收标准	基本设计阶段	详细设计阶段
PCS系统框图	相关规范	确认文件符合规范、标准化及规格书的要求	o	o
	连接方式、协议	确认与其他系统、现场探头和仪表设备的连接的方式，协议正确且合理		
	设备组成	确认重要组成设备全面无误		
ESD系统框图	系统结构	确认系统结构与控制系统规格书和总控制系统框图一致	o	o
	相关规范	确认文件符合规范、标准化及规格书的要求	o	o
	连接方式、协议	确认与其他系统，现场探头和仪表设备的连接的方式、协议正确且合理	o	o
	设备组成	确认重要组成设备全面无误	o	o
FGS系统框图	系统结构	确认系统结构与控制系统规格书和总控制系统框图一致	o	o
	相关规范	确认文件符合规范、标准化及规格书的要求	o	o
	连接方式、协议	确认与其他系统，现场探头和仪表设备的连接的方式、协议正确且合理	o	o
	设备组成	确认重要组成设备全面无误	o	o
中控室布置图	机柜数量和尺寸	确认控制系统机柜数量和尺寸与中控厂家资料一致	o	o
	操维空间	确认控制室机柜布置满足日常操作维护的需求	o	o
	电缆铺设	机柜位置应最大可能有利于电缆的进出线	o	o
	房门位置	核实中控室开门方向，避免正对主风向影响开门	o	o

文件名称	验收项目	验收标准	基本设计阶段	详细设计阶段
中控室布置图	相关规范	确认文件符合规范、标准化及规格书的要求	o	o
火气探测报警设备布置图	相关专业图纸	确认与相关专业图纸文件一致（电气、HVAC、消防、通信系统等）	o	o
	防爆防护要求	确认设备满足不同区域的防爆防护要求	o	o
	安装附件	核实安装附件需求（本安烟探头的安装栅盒布置位置及安装要求）	o	o
	相关规范	确认文件符合规范、标准化及规格书的要求	o	o
易熔塞布置图	操维空间	易熔塞和仪表管的布置应易于日常操维	o	o
	相关规范	确认文件符合规范、标准化及规格书的要求	o	o
	相关专业图纸	确认布置图应与相关专业图纸文件相吻合	o	o
应急操作盘布置图	盘面布置	确认盘面布置与探头布置图中的火区和探测报警设备一致	o	o
	相关专业图纸	确认相关专业图纸文件相吻合	o	o
ESD系统层级框图	工艺安全分析表	确认是与工艺安全分析表一致	o	o
	关断逻辑	确认每一级所对应的关断逻辑正确，并核实有无特殊要求	o	o
	关断等级	确认关断级别的设立符合规格书的要求	o	o

（续表）

文件名称	验收项目	验收标准	基本设计阶段	详细设计阶段
火气系统逻辑框图	关断等级	确认与ESD系统互传的关断等级一致且正确	o	o
	相关专业信息	确认涉及的相关专业的系统全面（电气、HVAC、消防、通信系统等）		
	火气探测报警设备布置图	确认不同火区的设置与火气探测报警设备布置图一致		
	关断逻辑	确认每一级所对应的关断逻辑正确，并核实有无特殊要求		
ESD系统因果图	工艺安全分析表	确认工艺安全分析表一致	o	o
	ESD层级图	确认与ESD层级图一致	o	o
	与FGS系统之间的交互信号	确认与FGS系统之间的交互信号满足要求	o	o
	与生活楼可寻址盘，钻修机控制盘之间的交互信号	确认与生活楼可寻址盘，钻修机控制盘之间的交互信号满足要求	o	o
	涉及的相邻平台或陆地终端等关断点	确认与涉及的相邻平台或陆地终端等关断点完整	o	o
火气系统因果图	FGS层级图	确认与FGS层级图一致	o	o
	与ESD系统之间的交互信号	确认与ESD系统之间的交互信号满足要求	o	o
	与生活楼可寻址盘，钻修机控制盘之间的交互信号	确认与生活楼可寻址盘，钻修机控制盘之间的交互信号满足要求	o	o
	应急操作盘	确认与应急操作盘上的控制点一致	o	o
	涉及的相邻平台或陆地终端等关断点	确认与涉及的相邻平台或陆地终端等关断点完整	o	o

文件名称	验收项目	验收标准	基本设计阶段	详细设计阶段
井口盘控制系统框图	系统描述	确认系统描述清晰、无误	o	o
	设备组成	确认设备组成全面、无误	o	o
	P&ID图纸	确认井口盘内设备要求与P&ID图一致	o	o
	控制逻辑	确认控制逻辑正确、及时	o	o
	与现场设备控制界面	确认井口盘与现场设备控制界面正确	o	o
电缆框图	设备信息	确认设备信息完整无误		o
	电缆选型	确认电缆规格、类型无误		o
	电缆编号	确认电缆名称无重复且按照标准化命名		o
	I/O清单	确认I/O无遗漏且按照I/O类型分配电缆		o
	接线箱布置图	确认仪表设备按照就近原则进出接线箱		o
	本质安全型设备安全栅的电源需求	根据项目实际要求，分配设备安全栅的电源电缆		o
仪表接线箱布置图	三维设计软件（three dimensional design software，3D）核查	在3D软件上核对接线箱无碰撞		o
	开门空间需求	在3D软件上核对接线箱开门空间满足要求		o
	接线箱开护管及MCT空间	在3D软件上核对接线箱有足够空间满足开护管及模块电缆密封系统（multiple cable transit，MCT）要求		o
	底图	与最新版总图一致		o

（续表）

文件名称	验收项目	验收标准	基本设计阶段	详细设计阶段
仪表托架布置图	3D软件核查	在3D软件上核对托架无碰撞		o
	与电气托架、热力管道之间的间距	满足相关规范的要求		o
	底图	与最新版总图一致		o
	中控室电缆进线空间需求	中控进出线接口数量足够且合理		o
仪表电缆布线图	托架的容积率	托架容积率应在50%~70%之间		o
	电缆布线正确性	电缆布线走向完整、合理，电缆的起始设备和终止设备无差错		o
	电缆清册信息	与电缆清册相关信息保持一致		o
仪表设备定位图	3D软件定位	在3D软件上校对设备位置无差错		o
	底图	与最新版总图一致		o
仪表典型安装图	安装类型	确认安装形式完整		o
	设备类型	确认仪表设备无遗漏		o
	相关设备澄清纪要	确认相关设备安装形式与澄清纪要一致		o
	与井口盘、易熔塞、阀门等接口信息	确认与井口盘、易熔塞、阀门等接口的规格一致		o
	仪表管阀件	确认管阀件类型、材质及数量无误		
典型仪表接地图	规范、标准及规格书的要求	确认满足规范、标准及规格书的要求		o
	接地设备	确认包括了所有需要接地的设备		o

文件名称	验收项目	验收标准	基本设计阶段	详细设计阶段
典型仪表接地图	接地线规格和连接要求	确认接地线规格正确，接地连接要求满足		o
仪表端子图	规范，标准及规格书的要求	确认满足规范、标准及规格书的要求		o
	厂家送审资料	确认端子接线与厂家送审资料一致		o
	电缆框图	确认电缆名称、类型、规格及起止点与电缆框图一致		o
	相关专业图纸	确认端子接线与相关专业图纸信息一致		o

6）仪表专业数据表类技术文件的质量验收

按照表3.60的内容，对仪表专业数据表类技术文件进行质量验收。

表3.60　仪表专业数据表类技术文件的质量验收内容

文件名称	验收项目	验收标准	基本设计阶段	详细设计阶段
压力表、温度计、差压表数据表	测量元件类型及材质	满足规格书的要求		o
	安装方式、精度、工艺接口尺寸	满足规格书的要求		o
	量程范围	满足规格书的要求		o
	壳体防护等级、材质	满足规格书的要求		o
压力、温度变送器数据表	变送器功能（是否带现场显示）	满足规格书的要求		o
	测量元件类型及材质	满足规格书的要求		o
	安装方式、精度、工艺接口尺寸	满足规格书的要求		o
	量程范围	满足规格书的要求		o
	壳体防护等级、材质	满足规格书的要求		o

（续表）

文件名称	验收项目	验收标准	基本设计阶段	详细设计阶段
爆破片数据表	爆破元件类型及材质	满足规格书的要求		o
	安装方式、精度、输出信号、工艺接口尺寸	满足规格书的要求		o
	防护防爆等级	满足规格书的要求		o
多相流量计数据表	测量原理及材质	满足规格书的要求		o
	精度、输出信号、工艺接口尺寸	满足规格书的要求		o
	工艺参数	确认与工艺参数表一致		o
	防护防爆等级	满足规格书的要求		o
多路阀数据表	测量原理及材质	满足规格书的要求		o
	输出信号、工艺接口尺寸	满足规格书的要求		o
	工艺参数	确认与工艺参数表一致		o
	防护防爆等级	满足规格书的要求		o
电磁阀数据表	电磁阀类型及材质	确认与工艺参数表一致		o
	安装方式、输出信号、工艺接口尺寸	确认与工艺参数表一致		o
	工艺参数	确认与工艺参数表一致		o
	防护防爆等级	确认与工艺参数表一致		o
限流孔板数据表	孔板类型及材质	满足规格书的要求		o
	法兰及管道材质、工艺接口尺寸	满足规格书的要求		o
	工艺参数	确认与工艺参数表一致		o
液位仪表数据表	测量原理、测量元件材质	满足规格书的要求		o
	精度、输出信号、工艺接口尺寸	满足规格书的要求		o

（续表）

文件名称	验收项目	验收标准	基本设计阶段	详细设计阶段
液位仪表数据表	量程范围、工艺参数	确认与工艺参数表一致		o
	防护防爆等级	满足规格书的要求		o
流量类仪表数据表	测量原理、测量元件材质	满足规格书的要求		o
	安装方式、精度、输出信号、工艺接口尺寸	满足规格书的要求		o
	量程范围、工艺参数	确认与工艺参数表一致		o
	防护防爆等级	满足规格书的要求		o
分析仪数据表	测量原理、测量元件材质	满足规格书的要求		o
	安装方式、精度、输出信号、工艺接口尺寸	满足规格书的要求		o
	量程范围、工艺参数	确认与工艺参数表一致		o
	防护防爆等级	满足规格书的要求		o
自力式调节阀数据表	阀体材质、阀芯材质	满足规格书的要求		o
	调节方式是背压还是减压调节	满足规格书的要求		o
	工艺接口尺寸、工艺参数	确认与P&ID、工艺参数表一致		o
	取压方式（内取压还是外取压）	确认与工艺P&ID图一致		o
调节阀数据表	阀体材质、阀芯材质	满足规格书的要求		o
	工艺接口尺寸、电气接口和气源信号接口、工艺参数	确认与相关专业提供信息一致		o
	调节阀定位器、防护防爆等级	满足规格书的要求		o
调节阀数据表	计算书的计算结果	满足规格书的要求		o

（续表）

文件名称	验收项目	验收标准	基本设计阶段	详细设计阶段
关断阀、放空阀数据表	阀体材质、阀体型式（固定耳轴式、浮动球式）	满足规格书的要求	o	o
	阀芯、阀座、阀杆的材质	满足规格书的要求	o	o
	执行机构的形式	满足规格书的要求	o	o
	工艺连接形式、工艺参数	确认与工艺参数表一致	o	o
	执行机构扭矩安全系数，关断时间	满足规格书的要求	o	o
	防护防爆等级	满足规格书的要求	o	o
安全阀数据表	阀体材质，阀座、喷嘴、圆盘材质	满足规格书的要求		o
	类型（常规、先导式）	满足规格书的要求		o
	释放容量、工艺参数	确认与工艺参数表一致		o
	安全阀的计算书	满足计算书的要求		o
火气探测报警设备数据表	测量原理和材质	满足规格书的要求		o
	输出信号、精度或相应时间的要求	满足规格书的要求		o
	防护防爆等级	满足规格书的要求		o
过球指示器数据表	测量元件类型及材质	满足规格书的要求		o
	安装方式、工艺接口尺寸	满足规格书的要求		o
	防护等级	满足规格书的要求		o
接线箱数据表	箱体材质	满足规格书的要求		o
	安装方式、防护防爆等级	满足规格书的要求		o
	电缆规格及数量	确认与电缆框图一致		o
	接线端子及数量	确认与端子图、电缆框图一致		o

3.4.10   结构专业的质量验收

1）结构设计图纸的质量验收

结构设计图纸主要包括结构总体要求图、主结构图和附属结构图。主结构和附属结构设计应做干涉性检查，以避免在建造和安装阶段、结构之间以及结构和设备设施之间出现干涉，影响施工，施工阶段应进行复核。其图纸文件的质量验收要求如下。

（1）按照表3.61的内容对结构总体要求图进行质量验收。

表3.61   结构总体要求图的质量验收内容

文件名称	验收项目	验收标准	基本设计阶段	详细设计阶段
图纸总说明	总说明中的要求	与设计规格书、材料规格书、建造规格书、焊接检验规格书和安装规格书的要求一致	o	o
典型焊接详图及典型节点图	节点尺寸要求	与设计规格书、建造规格书、API RP 2A−WSD规范要求一致	o	o
	焊接要求	应与建造规格书、焊接检验规格书以及AWS D1.1要求一致	o	o

（2）按照表3.62的内容对主结构图纸进行质量验收。

表3.62   主结构图的质量验收内容

文件名称	验收项目	验收标准	基本设计阶段	详细设计阶段
主结构图纸（平面、立面图）	轴线位置	应标出主轴线位置和主轴线间距	o	o
	甲板面积尺寸	应与总图一致	o	o
	业主及其他专业特殊要求	平面图里的梁的布置和支撑要满足总体布置的要求	o	o
	尺寸标注及杆件规格	尺寸标准应完整、清晰，且与各计算分析所用的模型一致	o	o

（续表）

文件名称	验收项目	验收标准	基本设计阶段	详细设计阶段
主结构图纸（平面、立面图）	节点要求	加厚段长度，Z向性能要求等应满足图纸总说明，典型焊接详图和API RP 2A–WSD规范要求	○	○
	材料	应按材料规格书和图纸总说明中的要求选取	○	○

（3）按照表3.63的内容对附属结构图纸进行质量验收。

表3.63　附属结构图纸的质量验收内容

文件名称	验收项目	验收标准	基本设计阶段	详细设计阶段
节点详图	节点形式	设计的节点形式要满足受力合理，施工方便可行		○
	加强筋板间距和厚度选取	应满足节点校核计算要求		○
	材料	应按材料规格书和图纸总说明中的要求选取		○
插尖和过渡段图	直径、顶标高和下标高	应与组块和导管架匹配	○	○
	插尖形式和过渡段斜度	应设计合理，斜度和导管架一致	○	○
	材料	应按材料规格书和图纸总说明中的要求选取	○	○
铺板图、梯子栏杆图	铺板要求	应与总图要求一致		○
	梯子长度、角度要求	梯子布置应与总图一致，且满足安全专业规格书的要求		○
	梯子干涉检查	满足通道基本要求		○
	栏杆尺寸选取	栏杆应分别满足普通区域、卸货区、波浪拍击区域要求		○

（续表）

文件名称	验收项目	验收标准	基本设计阶段	详细设计阶段
吊装或吊点图	吊装布置	要求吊点角度及重心偏移距离满足规范的要求	o	o
	吊点形式选取	根据最大吊绳力选取吊点形式，若采用卡环形式，选取合适的卡环型号，卡环参数应与安装方提供的资料一致	o	o
	吊点板厚和立柱规格选取	应满足吊点计算校核要求	o	o
	吊点材料	应按材料规格书和图纸总说明中的要求选取	o	o
墙皮图	墙皮布置	应与总图一致		o
	墙皮形式及加强结构	应根据防火防爆要求及风载荷强度进行合理设计		o
	门的位置及尺寸	应和总图一致，且核实是否满足相关专业的要求		o
挡风墙图	挡风墙的位置和高度	应与总图一致，且满足相关专业的要求		o
	挡风墙的形式	满足业主的要求		o
吊机底座图	吊机高度	满足相关专业的要求		o
	吊机尺寸及焊口、梯子布置、储油底座、操作平台	满足吊机厂家要求及相关专业的要求		o
	结构强度	焊接、环板及内部加强合理，满足相关规范的要求		o
设备支撑图	支撑位置	应与总图及设备布置图一致		
	支撑形式	应满足设备底座的支撑和焊接的要求		o

（续表）

文件名称	验收项目	验收标准	基本设计阶段	详细设计阶段
泵护管	泵护管的位置	应与总图一致		○
	泵护管的内径、顶标高和底标高	应与机械专业提供的数据一致		○
电缆护管图	电缆护管位置	应与总图一致		○
	电缆护管内径和拐弯半径	应保证电缆通过护管		○
标志牌图	标志牌的位置、字体设置等	应醒目、清晰，避免与卸货区干涉，满足业主的要求		○
舱口盖图	舱口盖位置、数量、大小	应与总图一致，井口区舱口盖设置还需满足钻井要求		○
开排槽图	开排槽大小、高度、槽口盖形式	应与总图一致，且满足相关专业的要求		○
吊机歇架图	吊机歇架位置	应与总图一致		○
	吊机歇架高度、尺寸	应满足吊机厂家的要求		○
火炬图	火炬长度	应满足工艺专业的要求	○	○
	火炬杆件布置、尺寸	满足涡激振动（vortex induced vibration, VIV）及强度的要求	○	○
	火炬梯子、平台布置	满足相关专业的要求		○
栈桥图	栈桥长度	应满足平台间距离的要求	○	○
	杆件布置、尺寸	满足 VIV 及强度的要求	○	○
	梯子	应满足通道的要求		○

2）结构设计报告的质量验收

结构设计报告包括在位分析报告、施工分析报告、附属结构设计报告和重量控制报告，其图纸文件的质量验收要求如下。

（1）按照表3.64的内容对在位分析报告进行质量验收。

表3.64　在位分析报告的的质量验收内容

文件名称	验收项目	验收标准	基本设计阶段	详细设计阶段
模型报告	结构模型模拟	应包括主结构和主要的附属构件，结构杆件模拟应和主结构图纸平面结构图、立面图结构图及总图相符	○	○
模型报告	模型中的参数，例如海生物、腐蚀扣厚、密度和K值修正等	应与设计规格书一致	○	○
静力分析报告	重量载荷模拟	各设备的重量和重心应和重控报告一致	○	○
		载荷取值应全面，包括钻修机及布置在平台上的相关设备		
	环境载荷模拟	应按照规格书选取，并和业主提供的基础数据一致	○	○
	杆件强度、变形、节点强度	应满足规范和规格书的要求	○	○
地震分析报告	环境载荷	仅考虑地震载荷，不考虑风、冰、波浪和流载荷	○	○
	重量载荷	应与静力分析中的极端工况一致	○	○
	地震加速度和地震谱	分别考虑强度和韧性两种地震水平进行计算，加速度与地震谱应和设计规格书一致	○	○
	桩、杆件和节点强度	应满足规范的要求	○	○

（续表）

文件名称	验收项目	验收标准	基本设计阶段	详细设计阶段
详细谱疲劳分析报告	重量载荷	应与静力分析中的操作工况一致，但不包括钻井载荷	o	o
	水深	应采用平均海平面对应的水深	o	o
	波浪散布数据、疲劳寿命安全系数、设计寿命、S–N曲线和应力集中系数计算方法	应与设计规格书一致	o	o
	校核内容	应校核节点处的疲劳损伤	o	o
		应校核杆件对接焊缝的疲劳损伤		o
	累积损伤比	考虑安全系数后，累积损伤比应小于1.0	o	o
简化疲劳分析报告	载荷	仅考虑极端工况的波浪载荷，不考虑风、流和重力载荷	o	o
	水深	应采用平均海平面对应的水深	o	o
	水动力系数、波浪运动系数、疲劳寿命安全系数和应力集中系数计算方法	应与设计规格书一致	o	o
	节点疲劳损伤	节点应力比应小于1.0	o	o

（2）按照表3.65的内容对施工分析报告进行质量验收。

表3.65　施工分析报告的质量验收内容

文件名称		验收项目	验收标准	基本设计阶段	详细设计阶段
装船分析报告	吊装装船	重量和重心	应与重控报告一致	o	o
		杆件和节点强度	应满足规范的要求	o	o
	滑移装船	滑移中出现的各种可能工况	应与设计规格书中的要求一致	o	o
		重量和重心	应和重控报告一致	o	o
		杆件和节点强度	应满足规范的要求	o	o
拖航强度分析报告		拖航强度分析方法和海况条件	应与设计规格书一致，采用10°、−20°法则或进行详细的稳性分析	o	o
		重量和重心	应和重控报告一致	o	o
		漂心坐标的确定	应与拖航布置图一致	o	o
		杆件强度和节点强度	应满足规范的要求	o	o
吊装强度分析报告		吊装的分析工况	考虑重心可能出现的偏心工况，应与规格书的要求一致	o	o
		吊绳模拟	应与实际的吊绳受力一致	o	o
		约束条件的设置	应符合实际吊装状态	o	o
		重量和重心	应和重控报告一致	o	o
		杆件节点强度	考虑动力放大系数按照是否与吊绳直接相连，应与规格书的要求一致	o	o
浮托强度分析报告		浮托分析工况	浮托载荷转移和碰撞力的选取应与设计规格书中的要求一致	o	o
		约束条件的设置	应符合实际浮托状态	o	o
		重量和重心	应和重控报告一致	o	o
		杆件节点强度	应满足规范的要求	o	o

（3）按照表3.66的内容对附属结构设计报告进行质量验收。

表3.66　附属结构设计报告的质量验收内容

文件名称	验收项目	验收标准	基本设计阶段	详细设计阶段
吊点设计报告	吊点计算板或者管的尺寸规格	应和吊点图一致		o
	校核工况	应校核吊绳力和吊点角度组合最不利工况		o
	吊点强度校核要求	应满足规范和规格书的要求		o
非管节点计算报告	分析模型	每个节点的规格尺寸输入应和设计图纸一致		o
	校核工况	应分别提取在位和施工的各个工况进行强度校核		o
	节点强度	应满足规范和规格书的要求		o
环板计算报告	分析模型	每个环板的规格尺寸输入应和设计图纸一致		o
	校核工况	应分别提取在位和施工的各个工况进行强度校核		o
	环板强度	应满足规范和规格书的要求		o
栈桥设计报告	分析模型	模型模拟的杆件规格尺寸应与设计图纸一致		o
	校核工况	应对栈桥的静力、地震、吊装VIV等分析工况进行校核		o
	强度校核	应满足规范和规格书的要求		o
火炬设计报告	分析模型	模型模拟的杆件规格尺寸应与设计图纸一致		o
	校核工况	应对火炬的静力、地震、吊装VIV等分析工况进行校核，并考虑在位时的温度分布对强度进行折减		o
	强度校核	应满足规范和规格书的要求		o

（4）按照表3.67的内容对重量控制报告进行质量验收。

表3.67　重量控制报告的质量验收内容

文件名称	验收项目	验收标准	基本设计阶段	详细设计阶段
重量控制报告	重量系数	重量不确定系数选取应合理，符合各设计阶段重量系数要求	○	○
	结构重量及重心	主结构（含节点）重量应准确，附属构件重量应与总图布置及设计一致，适当考虑焊料重量	○	○
	其他专业设备重量及重心	DSM、DES、生活楼等大型模块的重重心要应与提供方一致，并与总图布置一致	○	○
	重心基于的坐标系	相关专业提供的坐标系应和结构所用的坐标系一致	○	○
	各工况的重量控制	应区分工况给出重控，通常包括操作工况、极端工况、安装工况等	○	○

3）结构设计料单的质量验收

按照表3.68的内容对设计料单进行质量验收。

表3.68　结构设计料单的质量验收内容

文件名称	验收项目	验收标准	基本设计阶段	详细设计阶段
主结构料单	料单依据	应列出主结构料单依据的图纸编号、名称和版本，应采用最新版图纸	○	○
	杆件材质和规格尺寸	应与主结构图一致，不应有漏项	○	○
	杆件单重和长度	杆件单重应由杆件尺寸和密度计算得到，杆件长度应与主结构图纸一致	○	○
附属构件料单	料单依据	应列出附属构件料单依据的图纸编号、名称和版本，应采用最新版图纸	○	○

文件名称	验收项目	验收标准	基本设计阶段	详细设计阶段
附属构件料单	管材、型材、板材、木头、格栅和连接件的材质，规格尺寸	应与附属结构图一致，不应有漏项	o	o
	附属构件的单重和尺寸	附属构件单重应由构件尺寸和密度计算得出	o	o
		尺寸应与附属结构图纸一致		
	特殊设备项	特殊设备的数量和规格应与附属结构图纸中的要求一致	o	o
		重量应与厂家提供的图纸一致		

3.4.11　防腐专业的质量验收

1）防腐专业设计报告的质量验收

防腐专业设计报告包括材料选择与腐蚀评估报告，开排罐、槽阴极保护计算报告，其图纸文件的质量验收要求如下。

（1）按照表3.69的内容对材料选择与腐蚀评估报告进行质量验收。

表3.69　材料选择与腐蚀评估报告的质量验收内容

文件名称	验收项目	验收标准	基本设计阶段	详细设计阶段
计算基础	腐蚀环境	明确输送物流中是否含有硫化氢，是否属于酸性环境	o	o
	计算模型	指出选用计算模型	o	o
	计算软件	明确计算软件名称及版本	o	o
	缓蚀剂效率	明确缓蚀剂效率要求	o	o
	设计寿命	与设计基础规格书一致	o	o

文件名称	验收项目	验收标准	基本设计阶段	详细设计阶段
计算过程	输入参数	根据标准及计算软件要求，输入典型年份的相关技术参数	o	o
	腐蚀量	根据典型年份腐蚀速率及设计寿命计算总的均匀腐蚀量	o	o
	腐蚀裕量	依据腐蚀量和缓蚀剂效率计算	o	o
材料选择	选材方案	根据腐蚀速率计算结果和腐蚀评估结果，进行全面的寿命周期成本分析，推荐是用普通碳钢材料还是耐蚀合金	o	o

（2）按照表3.70的内容对开排罐、槽阴极保护计算报告进行质量验收。

表3.70　开排罐、槽阴极保护计算报告的质量验收内容

文件名称	验收项目	验收标准	基本设计阶段	详细设计阶段
计算基础	保护电流密度	满足阴极保护规格书的要求	o	o
	保护电位	按阴极保护规格书取值	o	o
	阳极电化学容量	应与规格书一致	o	o
	阳极类型	铝基牺牲阳极	o	o
	阳极利用系数	按DNV-RP-B401要求	o	o
计算过程	保护面积计算	计算需阴极保护面积	o	o
	保护电流	用保护面积乘以平均保护电流密度，得出总的电流需求	o	o
	单块阳极净重	根据阳极的尺寸，计算阳极净重	o	o
	初期阳极电阻	按DNV-RP-B401要求计算	o	o
	初期输出电流	根据初期阳极电阻计算初期阳极输出电流	o	o

文件名称	验收项目	验收标准	基本设计阶段	详细设计阶段
计算过程	末期阳极电阻	按DNV-RP-B401要求计算	o	o
	末期输出电流	根据末期阳极电阻计算末期阳极输出电流	o	o
	阳极数量校核	阳极数量应能同时满足初期电流、中期电流和末期电流要求	o	o

2）防腐专业设计图纸的质量验收

防腐专业设计图纸包括开排罐、槽阳极结构图及布置图、直升机甲板标识图,其图纸文件的质量验收要求如下。

（1）按照表3.71的内容对开排罐、槽阳极结构图纸及布置图进行质量验收。

表3.71　开排罐、槽阳极结构图及布置图的质量验收内容

文件名称	验收项目	验收标准	基本设计阶段	详细设计阶段
阳极结构图	阳极结构尺寸	阳极长、宽、高应与阳极计算报告匹配,阳极净重、毛重应与阳极计算报告一致	o	o
	阳极芯直管段要求	阳极芯的尺寸应与阳极计算报告一致	o	o
阳极布置图	阳极安装位置	阳极须安装在开排罐、槽内部,并且位于液面以下		o
	阳极布置及阳极数量	阳极布置时应合理分布,阳极总数量应与计算报告一致		o

（2）按照表3.72的内容对直升机甲板标识图进行质量验收。

表3.72　直升机甲板标识图的质量验收内容

文件名称	验收项目	验收标准	基本设计阶段	详细设计阶段
直升机甲板标识图	标识尺寸	标识尺寸需要与直升机甲板图纸保持一致		o
	标识颜色	标识颜色需要满足规范CCAR-135的要求		o

3）防腐专业设计料单的质量验收

（1）开排罐、槽阳极料单的质量验收。

按照表3.73的内容对开排罐、槽阳极料单进行质量验收。

表3.73　开排罐、槽阳极料单的质量验收内容

文件名称	验收项目	验收标准	基本设计阶段	详细设计阶段
阳极料单	阳极数量	料单应明确阳极数量，且与阳极图纸保持一致	o	o
阳极料单	阳极重量	分别列出阳极净重与毛重	o	o
	阳极尺寸	阳极尺寸需要与阳极结构图纸保持一致	o	o

（2）涂料料单的质量验收。

按照表3.74的内容对涂料料单进行质量验收。

表3.74　涂料料单的质量验收内容

文件名称	验收项目	验收标准	基本设计阶段	详细设计阶段
涂层料单	涂层种类	涂层种类应与涂装规格书中的涂装配套系统保持一致	o	o
	涂层数量	分别列出每种涂料的数量	o	o
	稀释剂数量	稀释剂用量按产品说明书的要求计算	o	o
	防滑砂	根据甲板面积列出防滑砂的数量	o	o

（3）腐蚀挂片和腐蚀探针料单的质量验收。

按照表3.75的内容对腐蚀挂片和腐蚀探针料单进行质量验收。

表3.75　腐蚀挂片和腐蚀探针料单的质量验收内容

文件名称	验收项目	验收标准	基本设计阶段	详细设计阶段
腐蚀挂片和腐蚀探针料单	管道信息	管道号、材质、管径、壁厚以及压力需要与P&ID图纸保持一致	○	○
	腐蚀挂片和腐蚀探针材质	挂片和探针材质需要与管道保持一致	○	○
	腐蚀挂片和腐蚀探针数量	需要与P&ID保持一致	○	○
	拆装工具	根据项目要求确定是否配备拆装工具，包括减压阀	○	○

3.4.12　舾装专业的质量验收

1）舾装专业规格书的质量验收

按照表3.76的内容对舾装规格书进行质量验收。

表3.76　舾装规格书的质量验收内容

文件名称	验收项目	验收标准	基本设计阶段	详细设计阶段
舾装规格书	适用规范、标准和涵盖的内容	适用规范需准确、全面，选取的标准需为适用且最新，需涵盖舾装专业的设计、材料要求	○	○
救生艇系统规格书	适用规范、标准与技术参数	适用规范需准确、全面，选取的标准需为适用且最新，明确救生艇系统的各项技术参数		○
绞车规格书	适用规范、标准与技术参数	适用规范需准确、全面，选取的标准需为适用且最新，明确绞车的各项技术参数		○

2）舾装专业设计图纸的质量验收

按照表3.77的内容对舾装专业设计图纸进行质量验收。

表3.77　舾装专业设计图纸的质量验收内容

文件名称	验收项目	验收标准	基本设计阶段	详细设计阶段
实验室布置图	设备类型、名称、数量	满足使用方的要求，配置必需的家具与设备		o
储藏间布置图	货架数量与规格	数量满足要求，规格满足要求		o
救生设备布置图	设备数量与规格	设备的数量与规格、布置情况满足规范的要求		o
门窗布置图	防火等级、尺寸、材质、数量等	门窗的防火等级满足规范的要求		o
门牌图	数量与名称	数量满足要求，名称与总图一致		
防火等级划分图	钢围壁、甲板的防火等级	钢围壁与甲板的防火等级满足规范的要求	o	o
绝缘图	防火、保温材料的布置位置，舾装板与天花板的布置等	满足防火等级分割、保温的要求		o
挡水扁钢布置图	扁钢类型与布置位置	满足挡水需求，与绝缘图的布置保持一致		o
甲板辅料布置图	甲板辅料类型、布置位置	甲板辅料布置的位置与布置的类型满足总图要求		o

3）舾装专业设计料单的质量验收

按照表3.78的内容对舾装专业设计料单进行质量验收。

表3.78　舾装专业设计料单的质量验收内容

文件名称	验收项目	验收标准	基本设计阶段	详细设计阶段
舾装材料设备	材料名称、数量、单位、规格、采用标准	料单需包含详细设计阶段涉及的舾装材料与设备，明确舾装材料与设备的名称、数量、单位、规格、采用标准	o	
舾装材料	材料名称、数量、单位、规格、采用标准	料单应明确舾装材料名称、数量、单位、规格、采用标准，且与绝缘图、挡水扁钢图保持一致		o
门窗	数量、尺寸、材质、防火等级、采用标准	明确门窗的数量、尺寸、材质、防火等级、采用标准，且与门窗布置图、甲板敷料图等保持一致		o
救生设备	名称、数量、材质、规格、采用标准、证书	明确救生设备的名称、数量、材质、规格、采用标准、证书，且与救生设备布置图保持一致		o
舾装家具	名称、数量、材质、规格、采用标准	明确舾装家具的名称、数量、材质、规格、采用标准，且与实验室、储藏室布置图保持一致		o

4）舾装专业采办料单的质量验收

按照表3.79的内容对舾装专业采办料单进行质量验收。

表3.79　舾装专业采办料单的质量验收内容

文件名称	验收项目	验收标准	基本设计阶段	详细设计阶段
舾装材料	材料名称、数量、单位、规格、采用标准	料单应明确舾装材料名称、数量、单位、规格、采用标准，且与绝缘图、挡水扁钢图保持一致	o	o

文件名称	验收项目	验收标准	基本设计阶段	详细设计阶段
门窗	数量、尺寸、材质、防火等级、采用标准	明确门窗的数量、尺寸、材质、防火等级、采用标准，且与门窗布置图保持一致	o	o
救生设备	名称、数量、材质、规格、采用标准、证书	明确救生设备的名称、数量、材质、规格、采用标准、证书，且与救生设备布置图保持一致	o	o
舾装家具	名称、数量、材质、规格、采用标准	明确舾装家具的名称、数量、材质、规格、采用标准，且与实验室、储藏室布置图保持一致		o

5）舾装专业请购书的质量验收

按照表3.80的内容对舾装专业请购书进行质量验收。

表3.80　舾装专业请购书的质量验收内容

文件名称	验收项目	验收标准	基本设计阶段	详细设计阶段
救生艇请购书	适用规范、救生艇定员、救生艇与艇架技术参数	适用规范满足要求，救生艇定员与设计文件一致，救生艇与艇架技术参数需满足规范的要求		o

平台上部组块建造阶段的质量验收

4.1 概述

4.1.1 简介

本章介绍的建造阶段质量验收指的是对组块建造阶段技术成果文件、建造过程以及陆地建造完工的质量验收。

在建造阶段，组块建造技术成果文件主要包括用于指导现场施工的程序、报告、图纸和方案类文件。组块的建造过程主要包含材料验收，滑靴预制或改造，结构管预制，组合梁预制，型钢预制，梯子栏杆、支架、管线、托架等附件预制，结构水平片预制，预舾装，防腐涂装，预安装，滑道总装，调试、试压以及称重等施工过程。陆地建造完工阶段主要是组块陆地建造完工状态检查和完工文件整理提交。

4.1.2 平台上部组块建造工艺及施工流程

平台上部组块主要在滑道进行建造，采用履带吊或龙门吊进行总装。组块水平片在车间及预制场地进行预制，主结构预制完成后进行预舾装，安装具备安装条件的各专业附件，然后进喷涂车间进行整体喷涂。喷涂完成后运输至滑道附近进行进一步的一体化施工（预安装阶段），最后分片进行吊装组对。

1）平台上部组块建造工艺

平台上部组块主要采用一体化建造工艺进行建造，一体化规则为甲板片一体化，分预舾装阶段和预安装阶段。

（1）预舾装阶段。

分片进喷涂车间之前安装所有可安装的各专业附件，然后整体进喷涂车间进行喷涂。可安装的附件包括以下几项。

① 仪表专业：托架支架、火气设备支架、接线箱支架、通信设备支架、马脚、护管、接地片。

② 电气专业：托架支架、设备支架、设备底座、马脚、护管、接地片。

③ 配管专业：管支架、地漏盒。

④ 通风和舾装专业：通风支架。

⑤ 机械专业：设备底座（临时就位不完全焊接）。

以上附件如果与运输小车位置冲突、长度超过小车运输高度、与吊点或吊索具冲突、与垫墩冲突或影响拉筋立柱总装阶段的组对则在预安装阶段安装。

（2）预安装阶段。

分片完成喷涂后，运输至组块旁边提前摆放好的一体化垫墩上，进行进一步的附件安装，然后进行总装。预安装的附件包括以下几项。

① 仪表专业：托架、预舾装阶段未安装的托架支架、设备支架、底座。

② 电气专业：托架、照明支架、预舾装阶段未安装的托架支架、设备支架、底座。

③ 配管专业：预舾装阶段未能安装的管支架、具备安装条件的管线。

④ 通风和舾装专业：预舾装阶段未能安装的通风支架。

⑤ 机械专业：设备底座（临时就位不完全焊接）、具备安装条件的小型设备。

2）平台上部组块建造步骤

平台上部组块建造步骤主要分为以下部分。

（1）主结构、滑靴、附件的预制。

（2）喷砂涂装。

（3）地面一体化建造（预舾装及预安装）。

（4）滑道总装。

（5）调试与试压。

（6）称重。

3）平台上部组块陆地建造施工流程

平台上部组块陆地建造阶段设计及施工流程如图4.1所示。

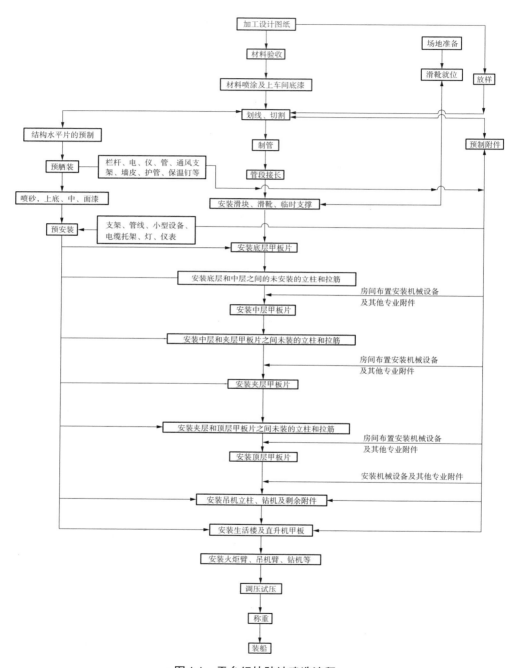

图4.1 平台组块陆地建造流程

（1）结构专业建造施工流程。

结构专业建造施工流程主要包含结构管卷制、组合梁预制、梯子栏杆等附件预制以及甲板片的预制和总装。

结构卷制管只适用于外径 $\Phi \geqslant 406$ mm 的直缝钢管的制造，卷管工序主要分为下料、压头、卷制、纵环缝焊接和马鞍口切割。

组合梁的预制主要分为板材下料，翼缘板与翼缘板的拼接、腹板与腹板的拼接，翼缘板与腹板的焊接和外观、尺寸、误差的检验。

甲板片预制时甲板片一般采用正造法的方式进行建造。预制完成后运输至车间外进行预舾装。正造预制步骤如下。

① 甲板板预处理。对甲板板除锈、上底漆处理。

② 摆放垫墩或临时支撑。按加工设计图纸及《划线方案》进行的放样划线，施工方根据建造要求制作临时垫墩，临时垫墩放置后，甲板片组合梁的最低点应距地面700 mm以上或立柱甲板段下端距地面100 mm以上，两者取较大值。

③ 主结构梁就位。根据加工图位置将所有主结构梁（梁高 $\geqslant 700$ mm）就位，点焊固定，并在主梁上划出小梁位置。

④ 其他型材就位。根据加工设计图纸及主梁上的划线位置将其他型材就位，与主结构梁进行点焊固定。

⑤ 型材焊接。型材组对完成后，开始焊接。焊接原则上自中间向四周施焊，先焊接腹板与翼板的焊缝，再焊接腹板与腹板，最后焊接翼缘与翼缘。

⑥ 甲板板放样划线、下料切割。按甲板铺板图及《划线方案》进行划线下料，划线时应留出足够的焊接收缩量。

⑦ 甲板铺板。按甲板铺板图在焊接好的梁格上进行铺板，铺板图上标出阴影的板列暂不组装焊接。

⑧ 甲板整边、甲板开孔。根据划线对甲板整边，舱口及吊装吊点位置处甲板开孔。各甲板立柱、拉筋与H型钢相交处需开孔，在甲板就位后切割。

⑨ 甲板板焊接。甲板板的焊接原则上自中间向四周焊接，先焊小梁与甲板的角焊缝，再焊接大梁与甲板的角焊缝。

⑩ 安装墙皮。安装不影响吊装及其他工序的房间墙皮。

⑪ 安装组装吊点。临时连接结构。

滑道总装时组块水平片在车间及预制场地进行预制，主结构预制完成后，进行预舾装，安装具备安装条件的各专业附件，然后进喷涂车间进行整体喷涂。喷涂完成后运输至总装区域附近进行进一步的一体化施工（预安装阶段），最后进行总装。

主要步骤如下。

① 摆放滑道块并布置甲板支撑框架（deck support frame，DSF）及临时支撑。清理滑道，滑道处理完毕之后，将滑块按照场地设计图及滑道块摆放技术要求摆放，并将滑道块上面找平。组块建造时的重量全部由与底层甲板接触的临时支撑及DSF承担。滑靴按照滑靴布置图布置好。

② 安装底层甲板片。先吊装底层甲板片，除定位片外，现场可以根据甲板片预制的进度调整安装顺序。

③ 安装底层甲板片上未安装的拉筋、甲板、墙皮等结构，组对、点焊；安装甲板片正面和反面的管线、电气仪表设备、设备底座、机械设备以及HVAC设备，具体位置详见其相应图纸。

④ 安装中层甲板片。先吊装中层甲板片，除定位片外，现场可以根据甲板片预制的进度调整安装顺序。

⑤ 安装中层甲板片上未安装的拉筋、甲板、墙皮等结构，组对、点焊；安装甲板片正面和反面的管线、电气仪表设备、设备底座、机械设备以及HVAC设备，具体位置详见其相应图纸。

⑥ 安装顶层甲板片。先吊装顶层甲板片，除定位片外，现场可以根据甲板片预制的进度调整安装顺序。

⑦ 安装顶层甲板片上未安装的拉筋、甲板、墙皮等结构，组对、点焊；安装甲板片正面和反面的管线、电气仪表设备、设备底座、机械设备以及HVAC设备，具体位置详见其相应图纸。

⑧ 安装修井机及两个吊机立柱。安装、焊接与吊机立柱相连接的拉筋结构。安装、焊接各层甲板与吊机立柱连接的结构梁、水平拉筋。

⑨ 在各层甲板和节点焊接检验合格之后，经各方同意，可以选择进行生活楼的安装。生活楼采用分三个分段安装，在满足吊机吊装能力的条件下，可以将生活楼及飞机甲板部分成片预制，尽量缩短建造工期。

⑩ 火炬臂安装。

⑪ 安装结构附件，完善组块结构。封堵各层工艺板，安装其他附件（如梯子等），并进行补漆。安装其他附件（如散件等），并进行补漆。

⑫ 拆除组块的临时支撑及脚手架。

⑬ 组块称重作业及拖拉装船。

（2）配管专业建造施工流程。

配管专业建造施工流程主要包含三大部分：管线、支架预制，管线、支架安装和管线试压、清洁、气密。其设计及施工流程如图4.2所示。

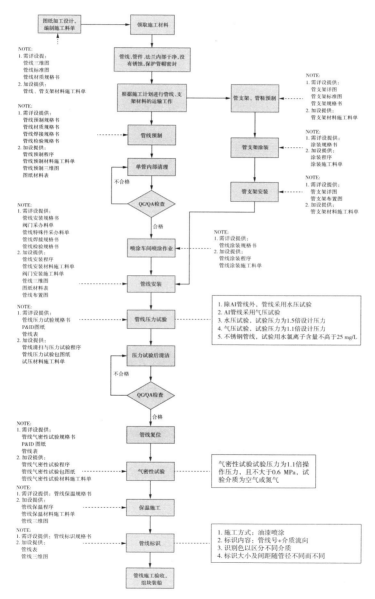

图4.2　配管设计及施工流程

（3）机械专业建造施工流程。

机械专业建造施工流程主要内容包括机械设备的卸货、运输、存储保护保养、吊装（包含翻身、侧装）和安装。其中安装工作包含排烟排气系统预制安装、设备底座预制安装、设备操作平台预制安装、滑道梁及吊点系统预制安装、设备主体安装、设备附件和设备内部件的组装等。机械专业建造施工流程如图4.3所示。

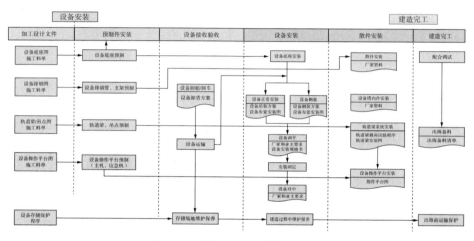

图4.3　机械专业建造施工流程

（4）电气专业建造施工流程。

平台上部组块电气专业建造施工流程主要包含6大部分，即电气支架预制、电气支架安装、电缆托架安装、电气设备安装、电缆敷设及接线以及电伴热安装。

（5）仪表专业建造施工流程。

平台上部组块仪表专业建造施工流程主要包含7大部分，即仪表及通信支架预制、仪表及通信支架安装、电缆托架安装、仪表阀门安装、仪表和通信设备安装、电缆敷设及接线以及仪表管安装。

（6）舾装专业建造施工流程。

组块及生活楼内舾装工作主要包括较大尺寸舾装设备的就位、预埋件的安装、防火及隔热绝缘的安装、复合岩棉板以及镀锌铁皮、不锈钢板的安装、舱室门窗的安装、甲板敷料、橡胶地板及复合木地板的敷设等。

（7）通风（HVAC）专业建造施工流程。

HVAC工作主要包含风机、风闸、加热器、空调、冷凝机组，风管及风管附件等的连接与安装。

（8）防腐专业建造施工流程。

防腐专业的建造施工从加工设计开始，依据详细设计文件编制涂装施工程序、防火漆范围图等供涂装施工。涂装施工分为钢材预处理、喷砂、喷漆、防火漆施工、场地打磨和补漆等部分。涂装施工完成后，需检验各位置涂装系统是否正确，涂装质量是否满足规格书的要求。

建造阶段防腐专业建造工艺流程如图4.4所示。

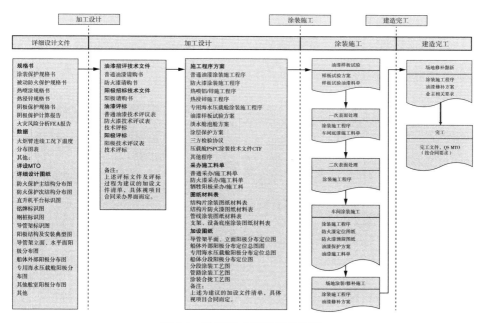

图4.4 防腐专业建造工艺流程

4.1.3 平台上部组块建造过程中的检验工机具及用途

1）结构检验常用检验工具及用途

（1）钢板尺、盒尺、盘尺。主要用于构件或焊缝的外形尺寸测量，如图4.5及图4.6所示。

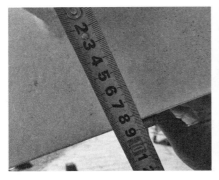
图4.5　使用盒尺测量构件尺寸

图4.6　使用盒尺测量焊缝宽度

（2）间隙尺。主要用于测量组对坡口间隙，或与其他工具结合使用测量其他相关间隙尺寸，如图4.7及图4.8所示。

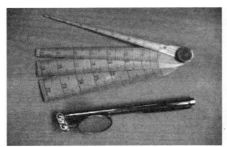
图4.7　间隙尺

图4.8　使用间隙尺测量坡口间隙

（3）红外线测温仪。主要用于测量构件或焊缝表面温度（如预热温度、层间温度等），如图4.9及图4.10所示。

图4.9　使用红外线测温仪测量构件预热温度

图4.10　使用红外线测温仪测量焊缝层间温度

（4）钳形电流表。主要用于测量焊接电流、电压值，如图4.11所示。

图4.11　使用钳形电流表测量焊接电流

（5）多功能焊缝检验尺。主要用于测量组对坡口及焊缝相关尺寸，如角焊缝的焊脚、焊喉、坡口焊缝的余高、焊缝咬边等，如图4.12及图4.13所示。

图4.12　使用多功能焊缝检验尺测量角　　图4.13　使用多功能焊缝检验尺测量角焊缝
　　　　　焊缝焊喉　　　　　　　　　　　　　　　焊脚

（6）硬度计。主要用于测量母材、焊缝及热影响区的硬度，如图4.14及图4.15所示。

图4.14　硬度计（一）　　　　　　　　图4.15　硬度计（二）

2）涂装检验常用检验工具及用途

（1）手摇干湿表。用于测量和计算涂装施工场地的环境温度、相对湿度及露点温度，如图4.16所示。

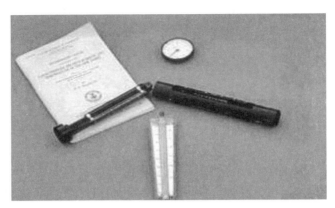

图4.16　手摇干湿表

（2）红外线测温仪、钢板温度计。用于测量待喷涂底材的表面温度，如图4.17及图4.18所示。

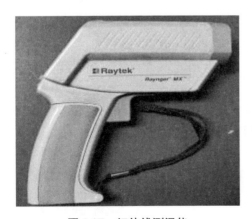 

图4.17　红外线测温仪　　　　　　图4.18　钢板温度计

（3）漆膜测厚仪。用于测量涂层的漆膜厚度，如图4.19所示。

（4）电导率仪。与盐分贴片、蒸馏水及量筒配合使用，用于测量溶液的电导率值，从而计算基材表面的可溶性盐含量，如图4.20所示。

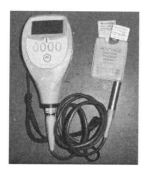
图4.19 漆膜测厚仪

图4.20 电导率仪

（5）千分尺。与粗糙度试纸配合使用，通过厚度测量计算基材表面的粗糙度值，如图4.21所示。

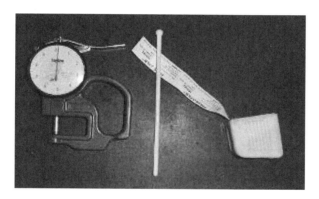
图4.21 千分尺

（6）高压电火花漏涂点测试仪、低压湿海绵漏涂点测试仪。用于检测涂层的漏涂点、不连续位置或薄弱位置，如图4.22及图4.23所示。

图4.22 高压电火花漏涂点测试仪

图4.23 低压湿海绵漏涂点测试仪

（7）附着力测试仪。用于涂层附着力的测量，如图4.24所示。

图4.24　附着力测试仪

3）配管检验常用检验工具及用途

（1）钢板尺、盒尺。主要用于管线、管件等构件或焊缝外形尺寸的测量，如图4.25所示。

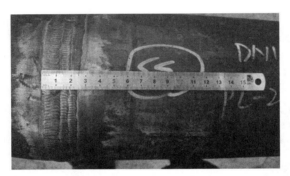

图4.25　使用钢板尺测量焊缝宽度

（2）间隙尺。主要用于测量组对坡口间隙或与其他工具结合使用测量其他相关间隙尺寸，如图4.26及图4.27所示。

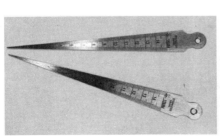

图4.26　间隙尺

图4.27　使用间隙尺测量组对焊口根部间隙

（3）红外线测温仪。主要用于测量管线或焊缝表面温度，如预热温度、层间温度等，如图4.28及图4.29所示。

图4.28　使用红外线测温仪测量工件表面预热温度　　图4.29　使用红外线测温仪测量焊口预热温度

（4）钳形电流表。主要用于测量焊接电流、电压值，如图4.30所示。

（5）多功能焊缝检验尺。主要用于测量组对坡及焊缝相关尺寸，如角焊缝的焊脚、焊喉、坡口焊缝的焊缝余高、咬边等，如图4.31所示。

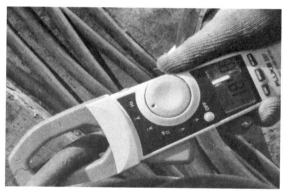 

图4.30　使用钳形电流表测量焊接电流　　图4.31　使用多功能焊缝检验尺测量焊缝余高

4）机电仪检验常用检验工具及用途

（1）盒尺。主要用于机械设备底座定位尺寸、电仪支架定位尺寸的测量，如图4.32所示。

（2）万用表。主要用于电缆连续性和绝缘电阻的测量，如图4.33所示。

图4.32　使用盒尺测量机械设备底座定位尺寸

图4.33　使用万用表测量电缆连续性和绝缘电阻

图4.34　使用红外线测温仪测量工件表面温度

（3）红外线测温仪。主要用于测量构件或焊缝表面温度，如预热温度、层间温度等，如图4.34所示。

（4）多功能焊缝检验尺。主要用于测量组对坡口及焊缝相关尺寸，如角焊缝的焊脚、焊喉，坡口焊缝的焊缝余高、咬边等，如图4.35、图4.36所示。

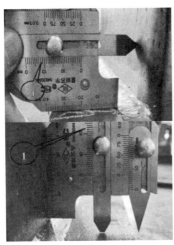

图4.35　使用多功能焊缝检验尺测量焊缝尺寸

图4.36　使用多功能焊缝检验尺测量焊脚

5）舾装保温检验常用检验工具及用途

（1）钢板尺、盒尺。主要用于舾装件和保温安装的外形尺寸测量，如图4.37所示。

（2）红外线测温仪。用于测量舾装件焊接预热温度、层间温度，保温施工环境温度以及密封剂、胶水的使用温度，如图4.38所示。

图4.37　使用盒尺测量保温外护层绑带　　图4.38　使用红外线测温仪测量密封剂
　　　　　间距　　　　　　　　　　　　　　　　　使用温度

（3）多功能焊缝检验尺。用于测量焊缝相关尺寸，如角焊缝的焊脚、焊喉，坡口焊缝的焊缝余高、咬边等，如图4.39所示。

6）无损检验常用检验工具及用途

（1）超声波探伤仪。主要用于快速、精确地检测、定位、评估和诊断工件内部多种缺陷，如裂纹、疏松、气孔、夹杂等，如图4.40所示。

 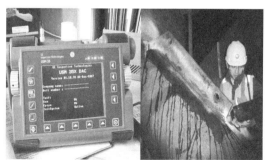

图4.39　使用多功能焊缝检验　　图4.40　使用超声波探伤仪检测焊缝内部缺陷
　　　　　尺测量角焊缝的焊脚

（2）磁粉探伤仪。主要用于铁磁性工件表面及近表面缺陷，如裂纹、气孔等，如图4.41所示。

图4.41　使用磁粉探伤仪检测焊缝表面及近表面缺陷

（3）X射线探伤仪。主要用于检测检查金属与非金属材料及其制品的内部缺陷。如焊缝中的气孔、夹渣、未焊透等体积性缺陷，如图4.42所示。

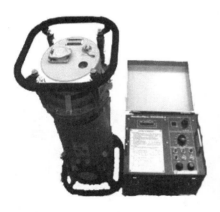
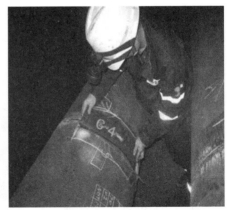

图4.42　X射线检验时为工件贴上照相底片

（4）便携式相控阵探伤仪。主要用于检测金属材料（如碳钢、不锈钢等）内部缺陷，快速、精确地检测、定位、评估和诊断工件内部多种缺陷，如裂纹、疏松、气孔、夹杂等，如图4.43所示。

图4.43　使用便携式相控阵探伤仪检测工艺管道焊缝缺陷

7）理化检验常用检验工具及用途

（1）冲击试验机。主要用于材料冲击韧性检测，如图4.44所示。

（2）拉伸试验机。主要用于材料拉伸试验，如图4.45所示。

图4.44　冲击试验机　　　　　　　　　图4.45　拉伸试验机

（3）光谱分析仪。主要用于金属材料的成分分析，如图4.46所示。

（4）硬度试验机。主要用于检测材料的维氏硬度，如图4.47所示。

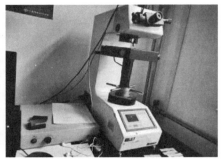

图4.46 光谱分析仪　　　　　　　图4.47 硬度试验机

8）测量检验常用检验工具及用途

（1）全站仪。即全站型电子测距仪（electronic total station），是一种集光、机、电为一体的高技术测量仪器，是集水平角、垂直角、距离（斜距、平距）、高差、坐标测量功能于一体的测绘仪器系统，如图4.48所示。

（2）水准仪。主要用于建立水平视线测定地面两点间高差的仪器，如图4.49所示。

图4.48 全站仪　　　　　　　　图4.49 水准仪

4.1.4　焊接专业设计及评定流程

焊接专业设计及评定从加工设计开始，依据工作指令及详细设计文件编制焊接工艺评定报告、焊接工艺规程、焊接控制程序和焊材施工料单等供焊接施工。焊接专业设计及评定流程包括收到工作指令及详细设计资料、成立焊接工艺设计工作机构、审阅详细设计资料、开展与业主的技术澄清工作、拟定焊接设计总体方案、编制焊材采办技术文件、开展焊材的采办与验收工作、编制焊评试验方案、拟定焊评试验建议程序、开展焊接工艺评定试验、编制焊接工艺文件、编制焊材施工料单、发放批准的焊接作业文件、召开技术交底会。

建造阶段焊接专业设计及评定流程如图4.50所示。

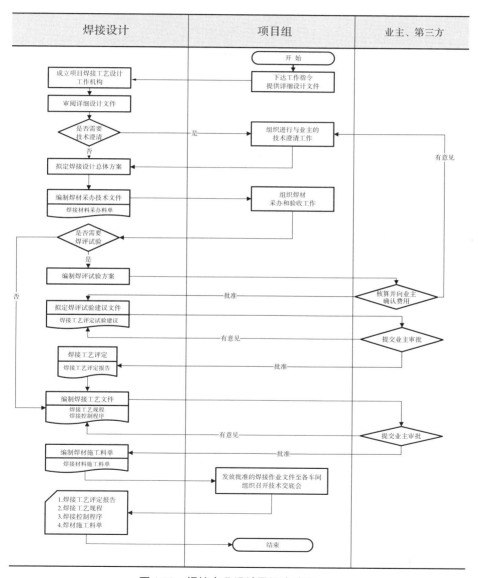

图4.50　焊接专业设计及评定流程

1）焊接工艺评定

焊接工艺评定需按照焊接规格书、焊接工艺评定试验建议等文件要求进行，评定试验过程要经过业主、第三方见证，焊接工艺评定报告需满足焊接规格书的要求，其焊接工艺评定流程如图4.51所示。

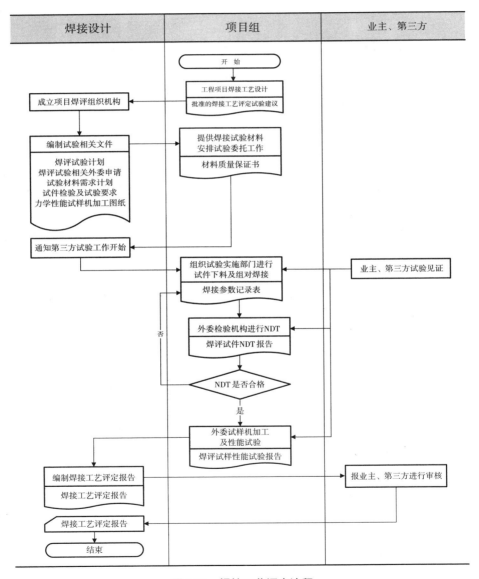

图4.51 焊接工艺评定流程

2）焊工培训、考试

焊工培训、考试需由施工单位焊工管理负责人申请，经过健康安全环保部相关负责人及项目组审核立项，按照焊接规格书、焊工培训、考试管理规定等文件要求进行，考试过程要经过业主、第三方见证，焊工证书资质需满足焊接规格书的要求，其焊工培训、考试流程如图4.52所示。

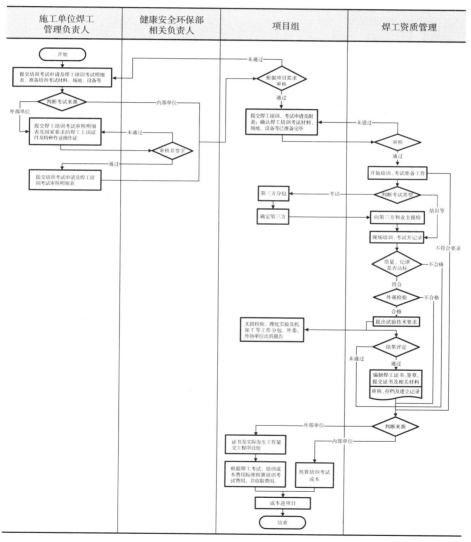

图4.52　焊工培训、考试流程

3）焊工胸卡办理

焊工胸卡需由施工单位焊工管理负责人申请、经过项目组和焊工资质管理部门审核，按照焊工胸卡制作管理规定等文件要求进行，焊工胸卡需满足管理规定要求，其焊工胸卡办理流程如图4.53所示。

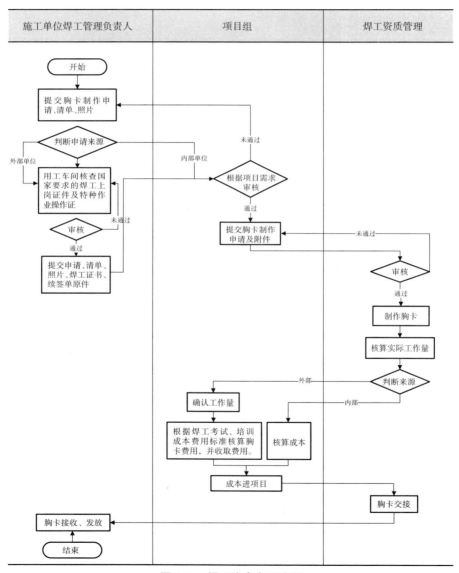

图4.53　焊工胸卡办理流程

4.2 平台上部组块建造阶段的基本规定、规范和标准

4.2.1 基本规定

建造过程验收内容按照平台上部组块建造流程，平台上部组块的建造阶段的质量验收内容可分为建造阶段成果文件验收、建造过程验收和陆地完工验收三个部分。

1）建造阶段成果文件的验收

（1）建造阶段成果文件验收是指对建造过程中承包商各部门所编制用于指导现场施工的程序、报告、图纸、方案类文件的验收。

（2）建造设计成果文件中的重点验收文件应提交业主征求意见，业主审查后，将意见返回给设计方，设计方对意见进行回复，并根据意见对重点验收文件修改升版，提交给业主审批，重点验收文件同时由业主发给业主指定的第三方进行审核，设计方负责对重点验收文件的第三方意见进行回复，重点验收文件由业主和第三方批准后，在文件上加盖业主和第三方的批准章，批准后的文件发给施工方，用于指导现场施工。

2）建造过程验收

（1）按照现场施工顺序及专业划分，建造过程验收分为材料验收、结构专业施工过程验收、配管专业施工过程验收、机械专业施工过程验收、电气专业施工过程验收、仪表专业施工过程验收、通信专业施工过程验收、舾装专业施工过程验收、HVAC专业施工过程验收、防腐专业施工过程验收等方面，分别列出不同施工过程中需要验收检查的项目。

（2）每个施工过程，都应该按要求开展相应的检验。所有检验工作通过之后，才可进行下一步工序的工作。

3）陆地完工验收

陆地建造完工后，承包方应组织业主和第三方等相关方，根据规范和合同要求，对平台组块陆地完工状态进行检查和确认。

4.2.2 规范和标准

（1）《API RP 2A-WSD海上固定平台规划、设计和建造的推荐作法——工作应力设计法》

（2）《API Spec 2B 结构钢管制造规范》

（3）《API RP 2X 海上钢结构超声波检验推荐作法和超声技师资格考核指南》

（4）《ASTM E709 磁粉检测标准指南》

（5）《Q/HS 3016 海上油（气）田开发工程设计阶段划分及设计内容规定》

（6）《GB/T 1231 钢结构用高强度大六角头螺栓、大六角螺母、垫圈技术条件》

（7）《GB/T 13912 金属覆盖层 钢铁制件热浸镀锌层技术要求及试验方法》

（8）《GB/T 5313 厚度方向性能钢板》

（9）《GB/T 699 优质碳素结构钢》

（10）《GB/T 701 碳钢热轧圆盘条》

（11）《GB/T 706 热轧工字钢尺寸、外形、重量及允许偏差》

（12）《GB/T 709 热轧钢板和钢带的尺寸、外形、重量及允许偏差》

（13）《GB/T 1591 低合金高强度结构钢》

（14）《GB/T 8162 结构用无缝钢管》

（15）《GB/T 3277 花纹钢板》

（16）《GB/T 1228 钢结构用高强度大六角头螺栓》

（17）《GB/T 1229 钢结构用高强度螺栓六角螺母》

（18）《GB/T 1230 钢结构用高强度垫圈》

（19）《GB/T 11263 热轧 H 型钢和 T 型截面钢》

（20）《YB 3301 焊接 H 型钢》

（21）《YB/T 4001.1 钢格栅板》

（22）《API Spec 2H 海上平台管节点碳锰钢使用规范》

（23）《JIS G3101 一般结构用轧制钢材（SM）》

（24）《BSI BS 5268-2 结构用木材规范》

（25）《ASME B31.3 工艺管道》

（26）《ASME BPVC：V 锅炉压力容器规范 第五卷》

（27）《AWS D1.1/D1.1M 钢结构焊接规范》

（28）《ISO 5817 钢、镍、钛及其合金的熔化焊焊缝的缺陷质量分级》

（29）《NB/T 47013 承压设备无损检测》

（30）《TSG21 固定式压力容器安全技术监察规程》

（31）《GB-150 压力容器》

（32）《ASME IX 焊接和钎焊评定标准》

（33）《NB/T 47014 承压设备焊接工艺评定》

（34）《NB/T 47015 压力容器焊接规程》

4.3 平台上部组块建造阶段成果文件的质量验收

4.3.1 简介

建造阶段成果文件验收是指对建造过程中承包商各单位所编制用于指导施工的各类程序、报告、方案和图纸的验收。

建造阶段成果文件划分如表4.1所示。

表4.1 建造阶段质量验收划分

工程划分			验收项目	验收单位		
工程阶段	建造过程	分类		承包商	第三方	业主
建造阶段	建造阶段成果文件验收	程序	建造程序	o	o	o
			卷管程序	o	o	o
			组合梁预制程序	o	o	o
			称重程序	o	o	o
			重控程序	o	o	o
			管线预制和安装程序	o	o	o
			管线试压和吹扫程序	o	o	o
			管线保温程序	o	o	o
			管线油洗程序（管线串油）	o	o	o
			设备保护程序	o	o	o
			设备安装程序	o	o	o
			滑道梁眼板载荷试验程序	o	o	o
			电气安装程序	o	o	o
			仪表安装程序	o	o	o
			通信设备安装程序	o	o	o
			涂装程序	o	o	o
			防火漆施工程序	o	o	o

工程划分			验收项目	验收单位		
工程阶段	建造过程	分类		承包商	第三方	业主
建造阶段	建造阶段成果文件验收	程序	热喷铝施工程序	o	o	o
			舾装施工程序	o	o	o
			HVAC施工程序	o	o	o
			结构焊接程序	o	o	o
			焊材保管和控制程序	o	o	o
			预热控制程序	o	o	o
			机械和热调直程序	o	o	o
			结构堆焊程序	o	o	o
			结构焊接修复程序	o	o	o
			结构焊后热处理程序	o	o	o
			焊接变形控制程序	o	o	o
			工艺管线焊接程序	o	o	o
			工艺管线焊接修复程序	o	o	o
			工艺管线焊后热处理程序	o	o	o
			铜镍合金和不锈钢焊接背部充气程序	o	o	o
			管线超声波检验程序	o	o	o
			管线射线检验程序	o	o	o
			管线磁粉检验程序	o	o	o
			管线渗透检验程序	o	o	o
			管线相控阵检验程序	o	o	o
			结构超声波检验程序	o	o	o
			结构射线检验程序	o	o	o
			结构磁粉检验程序	o	o	o
			结构渗透检验程序	o	o	o
			承压设备无损检测质量控制程序	o	o	o
			承压设备理化试验质量控制程序	o	o	o

工程划分			验收项目	验收单位		
工程阶段	建造过程	分类		承包商	第三方	业主
建造阶段	建造阶段成果文件验收	程序	尺寸控制程序	○	○	○
			硬度测试程序	○	○	○
			结构材料检验及跟踪程序	○	○	○
			结构组对外观检验程序	○	○	○
			管线组对外观检验程序	○	○	○
			管线材料检验及跟踪程序	○	○	○
			机械和通风设备安装检验程序	○	○	○
			电气设备安装检验程序	○	○	○
			仪讯设备安装检验程序	○	○	○
			结构检验与试验计（inspection and test plan，ITP）	○	○	○
			管线检验与试验计划（ITP）	○	○	○
			机械检验与试验计划（ITP）	○	○	○
			电气检验与试验计划（ITP）	○	○	○
			仪讯检验与试验计划（ITP）	○	○	○
			涂装检验与试验计划（ITP）	○	○	○
			舾装检验与试验计划（ITP）	○	○	○
			保温检验与试验计划（ITP）	○	○	○
			焊工资质报批	○	○	○
			无损检验人员资质	○	○	○
		报告	重控报告	○		
			吊装计算报告	○		
		方案	吊装方案	○		
			称重方案	○		
			管线高压气压方案	○		
			设备吊装方案	○		
		图纸	图纸目录	○		
			主、次结构图纸	○		

（续表）

工程划分			验收项目	验收单位		
工程阶段	建造过程	分类		承包商	第三方	业主
建造阶段	建造阶段成果文件验收	图纸	三级结构图纸	o		
			管线三维图	o		
			试压图	o		
			清洁图	o		
			气密图	o		
			设备底座预制图	o		
			设备布置安装图	o		
			滑道梁及吊点图	o		
			设备排气系统图	o		
			操作维修平台图	o		
			安全支架预制图	o		
			电气电缆护管预制图	o		
			电气马脚预制图	o		
			电气接地片预制图	o		
			电气电缆托架支架预制图	o		
			灯具支架预制图	o		
			电气设备支架预制图	o		
			电气盘柜底座预制图	o		
			电气马脚布置图	o		
			电气护管布置图	o		
			电气MCT布置图	o		
			电气MCT电缆排布图	o		
			电气电缆托架支架定位图	o		
			照明支架定位图	o		
			电气设备支架定位图	o		
			电气盘柜底座定位图	o		
			电气电缆滚筒清册	o		
			电伴热三维布置图	o		

工程划分			验收项目	验收单位		
工程阶段	建造过程	分类		承包商	第三方	业主
建造阶段	建造阶段成果文件验收	图纸	电伴热的电源盒布置图	o		
			仪表马脚预制图	o		
			仪表接地片预制图	o		
			仪表电缆护管预制图	o		
			仪表电缆托架支架预制图	o		
			仪表支架预制图	o		
			仪表接线箱支架预制图	o		
			火气系统及报警设备支架预制图	o		
			仪表盘柜底座预制图	o		
			仪表马脚布置图	o		
			仪表护管布置图	o		
			仪表MCT布置图	o		
			仪表电缆托架支架定位图	o		
			仪表设备支架定位图	o		
			仪表盘柜底座定位图	o		
			仪表MCT电缆排布图	o		
			仪表电缆滚筒清册	o		
			通信设备支架预制图	o		
			通信接线箱支架预制图	o		
			通信盘柜底座预制图	o		
			通信盘柜底座定位图	o		
			通信设备支架定位图	o		
			通信电缆滚筒清册	o		
			阳极结构图	o		
			阳极布置图	o		
			防火漆分布图	o		
			防火漆预留图	o		
			舾装板排版图	o		

（续表）

工程划分			验收项目	验收单位		
工程阶段	建造过程	分类		承包商	第三方	业主
建造阶段	建造阶段成果文件验收	图纸	内梯图	o		
			直升机甲板防滑网、风向标安装图	o		
			地面材料安装图	o		
			挡水扁铁安装图	o		
			防火保温和热绝缘安装图	o		
			门楣图	o		
			门窗安装图	o		
			救生设备安装图	o		
			房间布置图	o		
			货架安装图	o		
			通风系统零部件加工图	o		
			空调安装图（包含空调、风机、通风系统布置、空调系统布置）	o		
			NDT图	o		
		方案	建造方案	o		
			预制方案	o		
			卷制接长方案	o		
			划线方案	o		
			大小口外协方案	o		
			排版图	o		
			单件图、造管图	o		
			焊接施工过程控制方案	o		
		料单	采办料单	o		
			施工料单	o		
	材料验收	主钢板	产品质量证书验收	o	o	o
			产品标识与文件验收	o	o	o
			钢板表面缺陷验收	o	o	o

工程划分			验收项目	验收单位		
工程阶段	建造过程	分类		承包商	第三方	业主
建造阶段	材料验收	主钢板	钢板尺寸及外形验收	o	o	o
			钢板标记与包装验收	o		
		型钢	产品质量证书验收	o	o	o
			产品标识与文件验收	o	o	o
			表面缺陷验收	o	o	o
			外形尺寸验收	o	o	o
			包装、标识	o		
		无缝钢管	产品标识与文件验收	o	o	o
			表面缺陷验收	o	o	o
			外形尺寸验收	o	o	o
		紧固件	材料证书检查	o	o	o
			材料尺寸外观检查	o	o	o
			紧固件运输包装检查	o		
		特氟龙滑道润滑块	技术要求检查	o	o	o
			证书文件检查	o	o	o
			尺寸公差检查	o		
			使用寿命检查	o		
		焊接材料	焊接材料材质证书	o	o	o
			焊接材料批号	o	o	o
			包装破损	o	o	o
			焊材有无受潮	o	o	o
		油漆	油漆数量、规格及出厂合格证书检查	o	o	o
			油漆包装	o	o	o
			油漆桶标签	o	o	o
		阳极	技术要求验收	o	o	o
			外观检验	o	o	o
			化学成分	o	o	o
			电化学测试	o	o	o

（续表）

工程划分			验收项目	验收单位		
工程阶段	建造过程	分类		承包商	第三方	业主
建造阶段	材料验收	阳极	破坏性实验	○	○	○
			标示	○		
			厂家资质	○	○	○
		木材	基本要求	○	○	○
			技术要求	○	○	○
			证书要求	○	○	○
		阀门、压力表	阀门、压力表证书检查	○	○	○
			阀门、压力表标识检查	○	○	○
			阀门、压力表尺寸检查	○	○	○
			阀门、压力表外观检查	○	○	○
			材料清洁度检查	○		
			材料保护情况检查	○		
		液压油、防冻液	证书检查	○	○	○
			技术参数检查	○	○	○
			外观检查	○	○	○
			材料保护情况检查	○	○	○
	建造过程	结构管卷制及接长	组对尺寸检验	○	○	○
			坡口检验	○	○	○
			焊接检验	○	○	○
			无损检验	○	○	○
			热处理或CTOD检验	○	○	○
			材质钢印检查	○		
			接长顺序	○		
			焊口编号标识	○		
			变形调整	○		
			释放前确认	○		
		导管、拉筋被交位置及两端坡口	尺寸检验	○	○	○
			两端坡口检验	○	○	○

工程划分			验收项目	验收单位		
工程阶段	建造过程	分类		承包商	第三方	业主
建造阶段	建造过程	油漆涂装	油漆及人员设备检验	o		
			工件表面盐分、粗糙度及清洁度检验	o	o	o
			施工环境检验	o		
			涂层外观及厚度检验	o	o	o
			施工前工件表面状况检查	o		
			喷砂前的表面处理			
			油漆修补检验	o	o	o
			涂层实验［附着力实验、漏涂点实验（如需要）］	o	o	o
		结构片预制组装工作	组对尺寸检验	o	o	o
			坡口检验	o	o	o
			焊接检验	o	o	o
			无损检验	o	o	o
			热处理或CTOD检验	o	o	o
		结构附件预制组装工作	组对尺寸检验	o	o	o
			坡口检验	o		
			焊接检验	o	o	o
			无损检验	o	o	o
			热处理或CTOD检验	o	o	o
			组对尺寸检验	o		
		吊装施工	天气情况检查	o	o	o
			吊装方式检查	o	o	o
			吊机性能检查	o	o	o
			吊装锁具检查	o	o	o
			吊装碰撞检查	o	o	o
			吊点、挡绳柱焊接检查	o	o	o
	完工验收	陆地完工	组块完工检查清单	o	o	o
		建造阶段完工文件	建造阶段完工文件清单	o		o

该阶段成果文件应符合业主规格书和合同及相关技术标准的要求。同时该成果文件还应满足施工场地、相关设备和材料采办技术文件的需要。

4.3.2 程序文件

程序文件包含建造阶段加工设计各专业以及质控和检验方面需要报业主审批的程序文件。

1）建造程序的质量验收

（1）概述。

平台上部组块建造程序是承包商开工前报送业主的各类施工程序之一，它描述了平台上部组块结构从材料准备、预制、焊接到涂装、检验各主要施工环节的一般做法，并给出场地布置、施工流程及组装顺序等总体施工要素的工艺文件。建造程序作为各工程必备的报送文件，在工程实践中已经形成较典型、较规范的文字表述，它所包括的主要内容在各个项目上基本相同，仅仅在业主有某些特殊要求及不同的工程所采用不同的组装顺序上有所区别，一般包括9项内容：简介、材料、焊接、建造、检验、涂装、重量控制、完工图和附录。

（2）建造程序的质量验收内容。

按照表4.2的内容对建造程序进行质量验收。

表4.2 建造程序的质量验收内容

验收项目	验收要求
简介	平台上部组块总体信息应正确
	编制依据中的规格书和标准应正确
材料	材料存储、搬运应满足规格书的要求
	材料的更换应满足规格书的要求
焊接	焊接耗材的规定应满足规格书的要求
	焊工资格证书的规定应满足规格书的要求
	焊接返修的规定应满足规格书的要求
	PWHT或者CTOD应满足规格书的要求
	预热控制的规定应满足规格书的要求
制造	建造步骤详细说明中对于每个建造步骤的说明和要求应正确
	总装顺序应正确
	附件的种类及组装时间应正确

验收项目	验收要求
制造	关于气密和试压试验的描述应正确
	关于临时构件的焊接与切除要求应正确
	建造公差的要求应正确
检验	对于检验方面的概述应正确
涂装	对于涂装方面的概述应正确
重量控制	对于重量控制的要求应正确
完工图	对于完工图的要求应正确
附录	场地图纸应正确
	滑道布置图应正确
	建造流程图应正确
	滑靴布置图及滑道剖面图应正确

2）卷管程序的质量验收

（1）概述。

平台上部组块卷管程序是承包商开工前报送业主的各类施工程序之一，它描述了平台上部组块结构管在车间从材料准备、卷制、接长等主要施工环节的一般做法，并给出各个阶段施工要素的工艺文件。卷管程序作为各工程必备的报送文件，在工程实践中已经形成较典型、较规范的文字表述，它所包括的主要内容在各个项目上基本相同，一般包括6项内容：简介、参考文件、工艺流程、技术要求、准备工作和卷制接长程序。

（2）卷管程序的质量验收内容。

按照表4.3的内容对卷管程序进行质量验收。

表4.3　卷管程序的质量验收内容

验收项目	验收要求
简介	平台上部组块总体信息应正确
参考文件	参考的规格书、图纸及规范等文件及其版本应正确
工艺流程	工艺流程应正确
技术要求	技术要求应与规格书、图纸及规范等文件一致

（续表）

验收项目	验收要求
准备工作	卷管施工的文件准备和施工准备描述应正确
卷制接长程序	结构管卷制的施工顺序及要求应正确
	结构管拼接的施工顺序及要求应正确

3）组合梁预制程序的质量验收

（1）概述。

平台上部组块组合梁预制程序是承包商开工前报送业主的各类施工程序之一，它描述了平台上部组块组合梁从材料准备、下料、切割、组对、焊接等主要施工环节的一般做法，并给出各个阶段施工要素的工艺文件。组合梁预制程序作为各工程必备的报送文件，在工程实践中已经形成较典型、较规范的文字表述，它所包括的主要内容在各个项目上基本相同，一般包括6项内容：简介、参考文件、工艺流程、技术要求、准备工作和组合梁方案。

（2）组合梁预制程序的质量验收内容。

按照表4.4的内容对组合梁预制程序的质量验收。

表4.4　组合梁预制程序的质量验收内容

验收项目	验收要求
简介	平台上部组块总体信息应正确
参考文件	参考规格书、图纸及规范等文件及其版本应正确
工艺流程	工艺流程应正确
技术要求	技术要求应与规格书、图纸及规范等文件一致
准备工作	组合梁施工的文件准备和施工准备描述应正确
组合梁方案	组合梁的施工顺序及要求应正确
	组合梁拼接的施工顺序及要求应正确

4）重控程序的质量验收

（1）概述。

平台上部组块重控程序是承包商开工前报送业主的各类施工程序之一，它描述了平台上部组块从计算理论重量和重心位置、场地预制、建造阶段重量重心控制等监控项目重量和重心的一般做法。重控程序作为各工程必备的报送文件，在工程实践中已经形成较典型、较规范的文字表述，它所包括的主要内容在各个项目上基本相同，一般包括4项内容：简介、参考文件、工艺流程和技术要求。

（2）重控程序的质量验收内容。

按照表4.5的内容对重控程序进行质量验收。

表4.5　重控程序质量验收内容

验收项目	验收要求
简介	平台上部组块总体信息应正确
参考文件	参考的规格书、图纸及规范等文件及其版本应正确
工艺流程	工艺流程应正确
技术要求	技术要求应与规格书、图纸及规范等文件一致

5）配管专业程序的质量验收

（1）管线预制和安装程序的质量验收。

① 概述。

管线预制和安装程序是承包商开工前报送业主的各类施工程序之一，它描述了平台上部组块管线从材料准备、预制、焊接到涂装、检验各主要施工环节的一般作法。管线预制和安装程序作为各工程必备的报送文件，在工程实践中已经形成较典型、较规范的文字表述，它所包括的主要内容在平台上部组块项目上基本相同，一般包括简介、参考文件、管线材料检验、储存、控制、管线及支架预制、管线及支架安装、预制与安装误差控制等。

② 管线预制和安装程序的质量验收内容。

按照表4.6的内容对管线预制和安装程序文件进行质量验收。

表4.6　管线预制和安装程序的质量验收内容

验收项目	验收要求
简介	组块总体信息满足程序要求
参考文件	参考的规格书、图纸及规范等文件及其版本正确
管线材料检验、储存、控制	管线材料装卸、临时存放及保护措施应正确，材料的检验与控制要求及措施应符合项目规格书、标准规范的要求

（续表）

验收项目	验收要求
管线及支架预制	管线及支架预制流程应正确，下料、切割、坡口或端口的准备、焊口间距应符合项目规格书、标准规范及图纸的要求
管线及支架安装	应根据管线三维图、管线布置图、管支架布置图进行管线及支架的安装工作，并符合项目规格书、标准规范的要求
预制与安装误差控制	尺寸误差并符合项目规格书、标准规范的要求

（2）管线试压和吹扫程序的质量验收。

① 概述。

管线试压和吹扫程序是承包商开工前报送业主的各类施工程序之一，它描述了平台组块管线试压施工要求和过程描述，提供了从准备工作、施工程序及步骤、安全要求等主要施工环节的一般做法。管线试压和吹扫程序作为各工程必备的报送文件，在工程实践中已经形成较典型、较规范的文字表述，它所包括的主要内容在平台组块项目上基本相同，一般包括简介、参考文件、设备材料、试压技术要求、安全要求、文件记录、试压图要求等。

② 管线试压和吹扫程序的质量验收内容。

按照表4.7的内容对管线试压和吹扫程序进行质量验收。

表4.7　管线试压和吹扫程序的质量验收内容

验收项目	验收要求
简介	组块总体信息满足程序要求
参考文件	参考的规格书、图纸及标准规范等文件及其版本应正确
设备、材料	试压所用设备、工具仪表、材料符合项目规格书、标准规范的要求
试压技术要求	试压压力、试压介质、试压前的准备工作、试压步骤、移除件隔离应符合项目规格书、标准规范的要求
安全要求	试压安全措施应符合项目规格书、标准规范的要求
文件记录	试压记录要求等应符合规格书和标准规范要求，试压后需提交的文件应符合项目规格书、标准规范的要求
试压图要求	试压图应正确，试压范围和技术要求，应符合项目规格书、标准规范的要求

（3）管线气密程序的质量验收。

① 概述。

管线气密程序是承包商开工前报送业主的各类施工程序之一，它描述了平台上部组块管线气密的施工要求和过程描述，提供了从准备工作、施工程序及步骤、安全要求等主要施工环节的一般做法。管线气密程序作为各工程必备的报送文件，在工程实践中已经形成较典型、较规范的文字表述，它所包括的主要内容在平台组块项目上基本相同，一般包括简介、参考文件、设备材料、气密技术要求、安全要求、文件记录和气密图要求等。

② 管线气密程序的质量验收内容。

按照表4.8的内容对管线气密程序进行质量验收。

表4.8　管线气密程序的质量验收内容

验收项目	验收要求
简介	组块总体信息满足程序要求
参考文件	参考的规格书、图纸及标准规范等文件及其版本应正确
设备、材料	气密工作所用设备、工具仪表、材料应符合项目规格书、标准规范的要求
气密技术要求	气密介质、气密压力、气密前准备工作、气密步骤应符合项目规格书、标准规范的要求
安全要求	气密试验安全措施应符合项目规格书、标准规范的要求
文件记录	气密记录、试验报告提交等应符合项目规格书、标准规范的要求
气密图要求	气密图应正确，明确气密范围和技术要求，应符合项目规格书、标准规范的要求

（4）管线串油程序的质量验收。

① 概述。

管线串油程序是承包商开工前报送业主的各类施工程序之一，它描述了平台上部组块管线串油的施工要求和过程描述，提供了从准备工作、施工程序及步骤、安全要求等主要施工环节的一般做法。管线串油程序作为各工程必备的报送文件，在工程实践中已经形成较典型、较规范的文字表述，它所包括的主要内容在平台上部组块项目上基本相同，一般包括简介、参考文件、油品、准备工作、操作流程、安全措施和合格标准等。

② 管线串油程序的质量验收内容

按照表4.9的内容对管线串油程序进行质量验收。

表4.9　管线串油程序的质量验收内容

验收项目	验收要求
简介	组块总体信息满足程序要求
参考文件	参考的规格书、图纸及标准规范等文件及其版本应正确
油品	油品应符合项目规格书、标准规范的要求
准备工作	人员、设备、管线系统、图纸准备应符合项目规格书、标准规范的要求
操作流程	操作流程应符合项目规格书、标准规范的要求
安全措施	安全措施应符合项目规格书、标准规范的要求
合格标准	合格标准应符合项目规格书、标准规范的要求

（5）管线保温程序的质量验收。

① 概述。

管线保温程序是承包商开工前报送业主的各类施工程序之一，它描述了平台组块管线保温施工要求和过程描述，提供了从准备工作、施工程序及步骤、安全要求等主要施工环节的一般做法。管线保温程序作为各工程必备的报送文件，在工程实践中已经形成较典型、较规范的文字表述，它所包括的主要内容在平台组块项目上基本相同，一般包括简介、参考文件、材料到货检验及存储、施工技术要求、材料要求、图纸要求等。

② 管线保温程序的质量验收内容。

按照表4.10的内容对管线保温程序进行质量验收。

表4.10　管线保温程序的质量验收内容

验收项目	验收要求
简介	组块总体信息满足程序要求
参考文件	参考的规格书、图纸及标准规范等文件及其版本应正确
材料到货检验及存储	保温材料装卸、临时存储及保护措施应正确，材料的检验与控制要求及措施应符合项目规格书、标准规范的要求
施工技术要求	施工技术要求应符合项目规格书、标准规范的要求
材料要求	保温材料技术参数应符合项目规格书、标准规范的要求

验收项目	验收要求
图纸要求	图纸应体现材料要求、安装要求、保温类型，并符合项目规格书、标准规范和要求

6）机械专业程序文件的质量验收

按照表4.11的内容对机械专业程序文件进行质量验收。

表4.11 机械专业程序文件的质量验收内容

文件名称	验收项目	验收标准
设备保护程序	参考文件	参考的规格书、图纸及规范等文件及其版本应符合项目的要求
	设备保护总体要求	设备及其附件材料的存储保护工作需符合项目程序以及厂家资料的相关要求以及当地法规的要求
	设备保护流程	设备保护程序需涵盖设备接收、验货、存放期间、建造期间、完工交付以及中间转交环节的全过程
	设备保护具体要求	设备保护具体要求应涵盖设备安装前、建造过程中以及设备安装完成后至机械完工期间设备本体及其附件的所有定期维护保养的要求
	设备保护所需资源	设备保护所用资源需结合场地资源情况选定，且符合项目的要求和设备厂家的要求
设备安装程序	参考文件	参考的规格书、图纸及规范等文件及其版本应符合项目的要求
	设备、材料	设备及其附件、安装材料验收，应符合项目规格书和标准规范的要求
	使用工机具和辅材	设备安装工作所需工机具以及辅材应符合规格书和标准规范的要求
	安装需遵循的要求	设备安装遵循项目规格书要求以及厂家资料要求，设备安装安全措施应符合规格书和规范的要求，设备安装检验符合图纸以及ITP的相关要求
滑道梁眼板载荷试验程序	参考文件	参考的规格书、图纸及规范等文件及其版本应符合项目的要求
	试验方法及载荷	程序中应明确试验方法、试验载荷大小，试验方法需符合项目执行标准
	实验工具	明确载荷试验所用工具型号和数量，保证证书齐全
	验收标准	验收标准清晰明确，并符合规格书及规范的要求

7）电气安装程序的质量验收

（1）概述。

电气安装程序是承包商开工前报送业主的各类施工程序之一，它描述了电气专业的陆地和海上施工过程中的所有电气的车间预制和现场安装工作等主要施工环节的一般做法，并给出各个阶段施工要素的工艺文件。电气安装程序作为各工程必备的报送文件，在工程实践中已经形成较典型、较规范的文字表述，它所包括的主要内容在各个项目上基本相同，一般包括参考文件、设备及材料存储、电缆托架安装、设备安装、电缆安装，接地和电伴热。

（2）电气安装程序的质量验收内容。

按照表4.12的内容对电气安装程序进行质量验收。

表4.12　电气安装程序的质量验收内容

验收项目	验收要求
参考文件	参考的规格书、图纸及规范等文件及其版本应符合项目要求
设备及材料存储	设备及材料接收检查项、材料存储位置、保护要求应明确
电缆托架安装	电缆托架的材质，内部填充率，水平、垂直支架间距应与项目规格书的要求一致
设备安装	设备运输、安装、保护要求应明确
电缆安装	电缆敷设、绑扎、测试、标识、终端处理要求应明确，电缆贯穿件填充率、电缆间距应满足规格书的要求，电缆弯曲半径应满足规格书及厂家的要求
接地	接地范围、接地方式、接地线规格尺寸应明确，并满足规格书的要求
电伴热	安装应符合规格书和厂家要求

8）仪表安装程序的质量验收

（1）概述。

仪表安装程序是承包商开工前报送业主的各类施工程序之一，它描述了仪表专业的陆地和海上施工过程中所有仪表的车间预制和现场安装工作等主要施工环节的一般做法，并给出各个阶段施工要素的工艺文件。仪表安装程序作为各工程必备的报送文件，在工程实践中已经形成较典型、较规范的文字表述，它所包括的主要内容在各个项目上基本相同，一般包括参考文件、设备及材料存储、电缆托架安装、仪表盘安装、仪表安装、仪表管及仪表管托架安装、仪表电缆安装、仪表接地、设备保护。

（2）仪表安装程序的质量验收内容。

按照表4.13的内容对仪表安装程序进行质量验收。

表4.13　仪表安装程序的质量验收内容

验收项目	验收要求
参考文件	参考的规格书、图纸及规范等文件及其版本应符合项目的要求
设备及材料存储	设备及材料接收检查项、材料存储位置、保护要求应明确
电缆托架安装	电缆托架的材质，内部填充率，水平、垂直支架间距应与项目规格书的要求一致
仪表盘安装	仪表盘运输、安装、保护要求应明确
仪表安装	仪表类型应齐全，仪表、仪表支架、仪表铭牌的安装要求应明确，且与规格书要求一致
仪表管及仪表管托架安装	仪表管材质，仪表管托架材质，仪表管固定间距，仪表管托架水平、垂直支架间距应明确，取压仪表管及气源仪表管应分别列明安装要求，且应满足规格书的要求
仪表电缆安装	电缆敷设、绑扎、测试、标识、终端处理要求应明确，电缆贯穿件填充率、电缆间距应满足规格书的要求，电缆弯曲半径应满足规格书及厂家的要求
仪表接地	接地范围、接地方式、接地线规格尺寸应明确，并满足规格书的要求
设备保护	设备保护应满足厂家的要求

9）舾装施工程序的质量验收

（1）概述。

舾装施工程序是承包商开工前报送业主的各类施工程序之一，它描述了组块及生活楼各项舾装工作的施工要求和过程描述，提供了从准备工作、施工程序及步骤、安全要求等主要施工环节的一般做法。作为各工程必备的报送文件，在工程实践中已经形成较典型、较规范的文字表述，它所包括的主要内容在各个项目上基本相同，一般包括较大尺寸舾装设备的就位、预理件的安装、防火及隔热绝缘的安装、复合岩棉板以及镀锌铁皮、不锈钢板的安装、舱室门窗的安装、甲板敷料、橡胶地板及复合木地板的敷设等。

（2）舾装施工程序的质量验收内容。

按照表4.14的内容对舾装施工程序进行质量验收。

表4.14　舾装施工程序的质量验收内容

文件名称	验收项目	验收标准
舾装程序	参考文件	参考的规格书、图纸及规范等文件及其版本应正确
	舱室内大型装备的安装、就位	舱室内大型设备的定位尺寸、固定要求、安装公差符合规格书和规范的要求
	舱室舾装预埋件的安装	舱室舾装预埋件的定位尺寸、焊接要求、安装公差符合规格书和规范的要求
	舱室舾装防火及隔热绝缘的安装	舱室舾装防火及隔热绝缘的定位尺寸、固定要求、敷设厚度、敷设顺序、敷设要求、延伸等符合规格书和规范的要求
	舱室舾装镀锌钢板和不锈钢板的安装	舱室镀锌钢板和不锈钢板的定位尺寸、平整度要求、安装要求、密封要求符合规格书和规范的要求
	舱室舾装门窗的安装	舱室舾装门窗的焊接要求、安装公差、密性要求符合规格书和规范的要求
	舱室舾装复合岩棉构架件的安装	舱室舾装复合岩棉构架件的定位、焊接要求、公差要求符合规格书和规范的要求
	舱室舾装复合岩棉板的安装和保护	舱室复合岩棉板的定位、平整度、安装后的保护要求符合规格书和规范的要求
	舱室舾装甲板敷料的安装	舱室舾装甲板敷料的厚度、表面平整度、符合规格书和规范的要求
	舱室舾装橡胶地板的安装	舱室舾装橡胶地板的颜色、平整度、铺设要求符合规格书和规范的要求
	舱室舾装防静电浮动地板的安装	舱室舾装防静电浮动地板的定位、安装要求符合规格书和规范的要求
	舱室舾装复合地板的安装	舱室舾装复合地板的平整度、安装要求符合规格书和规范的要求
	舱室舾装防滑瓷砖的安装	舱室舾装防滑瓷砖的颜色、粘贴要求、平整度要求符合规格书和规范的要求

10）HVAV 施工程序的质量验收

（1）概述。

HVAC 系统施工程序是承包商开工前报送业主的各类施工程序之一，它描述了组块及生活楼各项通风工作的施工要求和过程，提供了从准备工作、施工程序及步骤、安全要求等主要施工环节的一般做法。作为各工程必备的报送文件，在工程实践中已经形成较典型、较规范的文字表述，它所包括的主要内容主要有风机、风闸、加热器、空调、冷凝机组、风管及风管附件等的连接与安装。

（2）HVAC 施工程序的质量验收内容

按照表4.15的内容对 HVAC 施工程序进行质量验收。

表4.15　HVAC 施工程序的质量验收内容

文件名称	验收项目	验收标准
HVAC 程序	参考文件	参考的规格书、图纸及规范等文件及其版本应正确
	准备工作	包括但不限于图纸文件准备、材料准备、工机具准备、施工技术交底等，应符合规格书和规范的要求
	风管安装	风管的连接应严密、牢固，确保风管表面无破损。安装精度和材质符合规格书、图纸和规范的要求
	风管支吊架安装	支架的隔离、固定应牢固，确保支吊架的安装精度满足风管安装使用要求
	风管法兰连接处保温材料安装	确保法兰连接螺栓及法兰跨接线已经正常安装后，再安装保温
	风管的气密性试验	风管的气密性试验应执行项目要求，同时符合规格书、图纸和规范的要求
	风管安装后的保护	使用三防帆布或铝箔玻纤布等覆盖风管及设备，使用绑带及扎带固定牢靠，确保通风系统的洁净，避免油污、粉尘的污染，并做好防水、防潮措施；符合规格书、图纸和规范的要求
	风管安装质量要求	包括但不限于保证正常使用功能、镀锌层修复、风管与支吊架的固定要牢固，应符合规格书、图纸和规范的要求
	设备安装精度、工序、路径	设备安装精度应执行项目要求，可参照 GB 50243 相关要求
	设备底座与基座的油漆、焊接和制造精度	所有设备和材料的安装应满足被确认的相关图纸。如果和图纸有任何出入，安装前应得到业主的书面同意
	设备及其附件的安装	符合规格书、图纸和规范的要求

11）涂装程序文件的质量验收

（1）概述。

组块涂装程序是承包商开工前报送业主的各类施工程序之一，它描述了组块涂装前表面处理和涂装等主要施工环节的一般做法，并给出各个阶段施工要素的工艺文件。涂装程序作为各工程必备的报送文件，在工程实践中已经形成较典型、较规范的文字表述，它所包括的主要内容在各个项目上基本相同，一般包括5项内容：简介、参考文件、表面处理、环境要求和涂装施工。

（2）涂装程序文件的质量验收内容。

按照表4.16的内容对涂装程序文件进行质量验收。

表4.16　涂装程序的质量验收内容

验收项目	验收要求
简介	组块总体信息应符合项目的要求
参考文件	参考的规格书、图纸及规范等文件及其版本应符合项目的要求
表面处理	工艺及流程应符合规格书、油漆说明书及规范等文件的要求
环境要求	环境要求应符合规格书、油漆说明书及规范等文件的要求
涂装施工	涂装施工顺序及要求应符合规格书、油漆说明书及规范等文件的要求

12）防火漆施工程序文件的质量验收

（1）概述。

防火漆施工程序是承包商开工前报送业主的各项施工程序之一，它描述了防火漆涂装表面处理和涂装等主要施工环节的一般做法，并给出各个阶段施工要素的工艺文件。防火漆施工程序作为各工程必备的报送文件，在工程实践中已经形成较典型、较规范的文字表述，它所包括的主要内容在各个项目上基本相同，一般包括5项内容：简介、参考文件、表面处理、环境要求和防火漆涂装施工。

（2）防火漆施工程序文件的质量验收内容。

按照表4.17的内容对防火漆施工程序文件进行质量验收。

表4.17 防火漆施工程序文件的质量验收内容

验收项目	验收要求
简介	组块总体信息应符合项目的要求
参考文件	参考的规格书、图纸及规范等文件及其版本应符合项目的要求
表面处理	工艺及流程应符合规格书、油漆说明书及规范等文件的要求
环境要求	环境要求应符合规格书、油漆说明书及规范等文件的要求
防火漆涂装施工	防火漆涂装施工顺序及要求应符合规格书、油漆说明书及规范等文件的要求

13）检验程序文件的质量验收

按照表4.18的内容对检验程序文件进行质量验收。

表4.18 检验程序文件的质量验收内容

文件名称	验收项目	验收标准
结构检验与试验计划	范围	适用范围应具体明确
	参考文件	参考标准、规范、图纸等文件及其版本应符合规格书的要求
	定义	定义应能覆盖项目需求
	缩写	缩写应能覆盖项目需求
	报检	检验及报检应按照规格书的要求执行
	责任	各方职责应清晰、明确
	检验点	检验点设置应符合检验规格书的要求
结构组对外观检验程序	范围	适用范围应具体明确
	参考文件	参考标准、规范、图纸等文件及其版本应符合规格书的要求
	职责	各方职责应清晰、明确
	组对检验	组对检验标准及注意事项应清晰、明确
	焊接	焊接注意事项应清晰、明确
	外观检验	外观检验标准及注意事项应清晰、明确

（续表）

文件名称	验收项目	验收标准
结构材料检验跟踪程序	报告格式	检验报告格式及内容应满足项目的要求
	范围	适用范围应具体明确
	参考文件	参考标准、规范、图纸等文件及其版本应符合规格书的要求
	材料确认检验	材料确认检验内容应清晰、明确
	材料跟踪	材料跟踪范围、方法及内容应符合项目的要求
	余料的标记转移	余料的标记转移方法应符合项目的要求
	报告	检验报告格式及内容应满足项目的要求
管线检验与试验计划	范围	适用范围应具体明确
	参考文件	参考标准、规范、图纸等文件及其版本应符合规格书的要求
	定义	定义应能覆盖项目需求
	缩写	缩写应能覆盖项目需求
	报检	检验及报检应按照规格书的要求执行
	不一致	不合格产品处理措施明确，符合项目的要求
	责任	各方职责应清晰、明确
	检验点	检验点设置应符合检验规格书的要求
管线材料检验跟踪程序	范围	适用范围应具体明确
	参考文件	参考标准、规范、图纸等文件及其版本应符合规格书的要求
	材料确认检验	材料确认检验检验内容应清晰、明确
	余料的标记转移	余料的标记转移方法应符合项目的要求
	报告	检验报告格式及内容应满足项目的要求

（续表）

文件名称	验收项目	验收标准
管线组对外观检验程序	范围	适用范围应具体明确。
	参考文件	参考标准、规范、图纸等文件及其版本应符合规格书的要求
	职责	各方职责应清晰、明确
	组对检验	组对检验标准及注意事项应清晰、明确
	焊接	焊接注意事项应清晰、明确
	丝扣连接	丝扣连接注意事项应清晰、明确
	外观检验	外观检验标准及注意事项应清晰、明确
	报告	检验报告格式及内容应满足项目的要求
超声波检验程序、磁粉检验程序、射线检验程序、渗透检验程序、相控阵检验程序、承压设备无损检验质量控制程序	范围	适用范围应具体明确
	参考文件	参考标准、规范等文件及其版本应符合规格书的要求
	人员资质	人员资质要求应清晰、明确
	检验时间	检验时间及注意事项应清晰、明确
	检验	检验设备、材料应满足项目要求，设备校准、检验操作应专业、规范，各项注意事项应清晰、明确
	报告	检验报告格式及内容应满足项目的要求
尺寸检验程序	范围	适用范围应具体明确
	参考文件	参考标准、规范等文件及其版本应符合规格书的要求
	人员资质	人员资质要求应清晰、明确
	检验时间	检验时间及注意事项应清晰、明确
	检验	检验设备、材料应满足项目要求，设备校准、检验操作应专业、规范，各项注意事项应清晰、明确
	报告	检验报告格式及内容应满足项目的要求

（续表）

文件名称	验收项目	验收标准
涂装检验与试验计划	范围	适用范围应具体明确
	参考文件	参考标准、规范、图纸等文件及其版本应符合项目规格书的要求
	定义及缩写	定义及缩写应能覆盖项目需求
	责任	各方职责应清晰、明确
	报检	检验及报检应按照规格书的要求执行
	检验点	检验点设置应符合规格书的要求
	报告	检验报告格式及内容应满足项目的要求
机械和通风检验与试验计划	范围	适用范围应具体明确
	参考文件	参考标准、规范、图纸等文件及其版本应符合项目规格书的要求
	定义及缩写	定义及缩写能覆盖项目需求
	各方职责	各方职责应清晰、明确
	报检流程	报检流程应清晰、明确
	检验点设置	除非获得业主批准，报检时间及检验点设置应符合规格书的要求
	报告	检验报告格式及内容应满足项目的要求
电气检验与试验计划	范围	适用范围应具体明确
	参考文件	参考标准、规范、图纸等文件及其版本应符合项目规格书的要求
	定义及缩写	定义及缩写能覆盖项目需求
	各方职责	各方职责应清晰、明确
	报检流程	报检流程应清晰、明确
	检验点设置	除非获得业主批准，报检时间及检验点设置应符合规格书的要求
	报告	检验报告格式及内容应满足项目的要求

文件名称	验收项目	验收标准
仪讯检验与试验计划	范围	适用范围应具体明确
	参考文件	参考标准、规范、图纸等文件及其版本应符合项目规格书的要求
	定义及缩写	定义及缩写能覆盖项目的需求
	各方职责	各方职责应清晰、明确
	报检流程	报检流程应符合项目的要求
	检验点设置	除非获得业主批准，报检时间及检验点设置应符合规格书的要求
	报告	检验报告格式及内容应满足项目的要求
机械和通风设备安装检验程序	范围	适用范围应具体明确
	参考文件	参考的标准、规范、图纸等文件及其版本应符合规格书的要求
	人员资质	人员资质应满足项目的要求
	检验工具	检验工具应在标定期之内且有标定证书
	检验流程	检验内容应符合项目合同要求
	报告	检验报告格式及内容应满足项目的要求
电气设备安装检验程序	范围	适用范围应具体明确
	参考文件	参考的标准、规范、图纸等文件及其版本应符合规格书的要求
	人员资质	人员资质应满足项目的要求
	检验工具	检验工具应在标定期之内且有标定证书
	检验流程	检验内容应符合项目合同的要求
	报告	检验报告格式及内容应满足项目的要求
仪讯设备安装检验程序	范围	适用范围应具体明确
	参考文件	参考的标准、规范、图纸等文件及其版本应符合规格书的要求
	人员资质	人员资质应满足项目的要求

文件名称	验收项目	验收标准
仪讯设备安装检验程序	检验工具	检验工具应在标定期之内且有标定证书
	检验流程	检验内容应符合项目合同的要求
	报告	检验报告格式及内容应满足项目的要求
舾装检验与试验计划	范围	适用范围应具体明确
	参考文件	参考标准、规范、图纸等文件及其版本应符合项目规格书的要求
	定义及缩写	定义及缩写能覆盖项目的需求
	各方职责	各方职责应清晰、明确
	报检流程	报检流程应清晰、明确
	检验点设置	除非获得业主批准，报检时间及检验点设置应符合规格书的要求
	报告	检验报告格式及内容应满足项目的要求
保温检验与试验计划	范围	适用范围应具体明确
	参考文件	参考标准、规范、图纸等文件及其版本应符合项目规格书的要求
	定义及缩写	定义及缩写能覆盖项目的需求
	各方职责	各方职责应清晰、明确
	报检流程	报检流程应清晰、明确
	检验点设置	除非获得业主批准，报检时间及检验点设置应符合规格书的要求
	报告	检验报告格式及内容应满足项目的要求

14）焊接程序文件的质量验收

按照表4.19的内容对焊接程序文件进行质量验收。

表4.19 焊接程序文件的质量验收内容

文件名称	验收项目	验收标准
结构焊接程序	焊接标准	焊接标准满足规格书的要求
	母材规格	详设图纸结构形式、焊接节点类型、涉及的材料种类和规格等应符合技术的要求
	焊材	焊材规格型号、分类号、批号应满足技术的要求
	焊接工艺	焊接工艺参数,如预热、电压、电流、热输入、焊后热处理等应满足技术的要求
	特殊要求	满足特殊性能试验的要求,如腐蚀试验、裂缝尖端开口位移(crack-tip opening displacement,CTOD)试验、工程临界评估(engineering critica analysis,ECA)评估等
焊材保管和控制程序	规范要求	满足焊接规格书、标准和焊材厂家手册的要求
	焊材烘干	焊条焊剂烘干温度、保温时间、烘干次数应按照焊材厂家要求和规格书的要求
	焊条保温筒温度要求	焊条保温筒的温度应保持的最低温度的要求
	焊条使用时效	超过规定时间的未进行烘干和使用的焊条应在发放前收集起来并根据要求再次烘干后方可重新发放
	焊剂烘干	焊剂烘干温度和保温时间、保温筒、新旧混合比应按照焊材厂家和规格书的要求
	焊丝使用时效	满足药芯焊丝开包使用时效时间,实芯焊丝防潮防锈的要求
预热控制程序	规范要求	满足焊接规格书、焊接标准的要求
	温度要求	满足最小预热温度和层间温度在焊接工艺程序(welding procedure specification,WPS)中有规定,环境温度零度及以下要求。 ① 当母材温度低于0 ℃时,应预热到最低21 ℃; ② 当母材温度低于-20 ℃时,不应进行焊接工作
	焊接中断	满足焊接中断最低程度要求完成封底焊并连续地焊接层数或者完成最小焊缝厚度,继续焊接前的检验要求
	加热方法	预热可使用的加热设备,气体火焰烤把或电加热器等应满足技术的要求
	测量	满足热电偶固定位置、测温工具测量焊缝区域设定的要求

文件名称	验收项目	验收标准
机械和热调直程序	规范要求	满足焊接规格书、焊接标准的要求
	机械调直	满足机械矫正组合梁的在允许范围内的尺寸公差、最大变形或坡度
	热调直	满足热调直的加热区域设定、预载屈服极限的要求、加热设备的要求、热调直温度对钢材材质的要求、温度测量的要求、热调直具体方法
结构堆焊程序	规范要求	满足焊接规格书、焊接标准的要求
	堆焊要求	满足最小预热温度、最大间隙值及角焊缝额外补偿的要求
	节点详图和焊道次序	堆焊宽度、根部间隙应在焊接程序规定范围内；节点详图和焊道次序满足要求
	无损检验	满足外观、无损检验以及记录的要求
结构焊接修复程序	规范要求	满足焊接规格书、焊接标准的要求
	缺陷鉴定	所有外观或无损检验检测出的缺陷必须在焊缝或母材上进行标记并出具检验文件，不可接受缺陷的定义应符合相应标准
	返修	仅允许的返修次数、母材返修厚度要求、返修区域设定、弧击修复要求、裂纹修复要求、堆焊补偿、返修实施等满足规格书、标准和规范的要求
	无损检验	满足外观、无损检验以及记录的要求
结构焊后热处理程序	规范要求	满足焊接规格书、焊接标准的要求
	热处理设备	满足校准有效期、加热设备、温度测量设备的要求
	热处理要求	满足热电偶数量、温度记录仪数量、板厚增厚保温时间的要求
	热处理操作	满足加热速率和保温时间，冷却速率、热处理曲线图的要求
	返修热处理	满足返修后应根据本程序对焊件再次进行热处理的要求
	记录及检验	满足热处理记录和无损检验的要求
焊接变形控制程序	规范要求	满足焊接规格书、焊接标准的要求
	焊接变形控制原则	满足焊接程序、预热、焊接顺序、焊接变形控制措施等的要求

文件名称	验收项目	验收标准
焊接变形控制程序	焊接顺序	满足焊接顺序示意图及步骤图技术的要求
	检验	满足无损检验的技术的要求
工艺管线焊接程序	焊接标准	焊接标准满足规格书的要求
	管线规格	管线类别和规格、节点类型等符合技术的要求
	焊材	焊材规格型号、分类号、批号满足技术的要求
	焊接工艺	焊接工艺参数，如预热、电压、电流、热输入、焊后热处理等满足技术的要求
	特殊要求	满足特殊性能试验的要求（如腐蚀试验等）
工艺管线焊接修复程序	规范要求	满足焊接规格书、焊接标准的要求
	缺陷鉴定	所有外观或无损检验检测出的缺陷必须在焊缝或母材上进行标记并出具检验文件，不可接受缺陷的定义应符合相应标准
	返修	满足返修预热、返修焊接和返修记录等的要求
	无损检验	满足外观、无损检验和记录的要求
工艺管线焊后热处理程序	规范要求	满足焊接规格书、焊接标准的要求
	热处理设备	满足校准有效期、加热设备、温度测量设备的要求
	热处理要求	满足热处理管线焊缝厚度的要求
	热电偶要求	满足不同管径的热电偶数量、分布位置的技术要求
	热处理操作	满足加热速率和保温时间，冷却速率、热处理曲线图的技术要求
	返修热处理	满足返修后的热处理的技术要求
铜镍合金和不锈钢焊接背部充气程序	规范要求	满足焊接规格书、焊接标准的要求
	气体及装置	保护气体及其相关设备满足技术的要求
	操作程序	操作要求按工艺示意图和程序执行满足技术的要求

4.3.3 报告文件

报告类文件主要包括加工设计提交的重控报告、吊装计算报告、称重报告以及检验和质控所提交的各项检验报告。

1）重量控制报告的质量验收

（1）概述。

重量控制报告主要为了便于跟踪和确定平台上部组块的最后重量、重心，以满足装船或吊装的需要。重量控制报告主要包含平台上部组块主结构和附属构件的重量、重心。主结构重量来源于3D模型，附属构件重量来源于计算模型、料单、其他专业或厂家提供的资料。

（2）重量控制报告的质量验收内容。

按照表4.20的内容对重量控制报告进行质量验收。

表4.20　重量控制报告的质量验收内容

验收项目	验收要求
概述	平台上部组块总的净重和详设应一致，重量不确定系数选取应正确
基准点位置	重心的基准点的选择应正确
重控清单验收项目	主结构以及各个附件的种类应齐全
	主结构以及各个附件的重量重心应正确，应与详设重控一致
	主结构以及各个附件的重量不确定系数选取应正确
	平台上部组块总的重量重心应正确，应与详设重控一致

2）吊装计算报告的质量验收

（1）概述。

吊装计算报告根据计算模型对单片进行整体强度和变形分析、吊点的强度分析，检查吊装作业应满足要求，是吊装方案的支持文件。计算报告中应该包括概述、标准和规范、重量和重心位置、工况及载荷分析、吊点及吊点布置、分析与结果、吊点强度及校核。

（2）吊装计算报告的质量验收内容。

按照表4.21的内容对吊装计算报告进行质量验收。

表4.21 吊装计算报告的质量验收内容

验收项目	验收要求
概述	指明对应的吊装方案应正确
标准和规范	标准和规范应是最新版本或是业主要求的版本
重量和重心位置	重量和重心位置的描述和标注应正确
工况及载荷分析	计算模型中约束应正确
	计算模型中载荷工况应正确全面
吊点及吊点布置	吊点位置应准确及标注尺寸应全面
分析与结果	吊装状态分类计算应正确
	单片进行整体强度分析应满足要求
	单片进行整体变形分析应满足要求
	输出吊绳力、钩头力等数值应正确
吊点强度校核	吊点校核中组合应力、剪应力、焊缝截面应力应正确

4.3.4　方案文件

1）总体建造方案的质量验收

（1）概述。

平台上部组块建造方案是承包商用于指导现场施工的重要方案之一，它主要描述了平台上部组块的整体施工过程，并给出场地布置、施工流程及组装顺序等总体施工要素的工艺文件。建造方案作为施工阶段必备的文件，在工程实践中已经形成较典型、较规范的文字表述，它所包括的主要内容在各个项目上基本相同，一般包括9项内容：工程概述、采用规范、场地布置、施工步骤、工艺流程、技术要求、注意事项、施工机具及施工辅料和垫墩临时支撑等。

（2）总体建造方案的质量验收内容。

按照表4.22的内容对总体建造方案进行质量验收。

表4.22　总体建造方案的质量验收内容

验收项目	验收要求
总体信息	应按照最新的场地布置图进行布置，和建造程序保持一致
	滑道块的布置准确
	滑靴布置图要和平台上部组块支撑点对应
	建造流程图应和总装顺序对应
总体要求	参考的规范及标准应与规格书一致
	技术要求应与相关的规格书和规范一致
	建造公差应与相关的规格书和规范一致
建造	总装顺序与建造顺序一致
	附件的安装，应注意有没有需要特殊处理的
	垫墩和临时支撑的布置应考虑施工空间
	垫墩和临时支撑的位置应考虑平台上部组块过渡段，尽量避开此区域
	施工辅料的预估应与项目需求一致
	滑靴是新造或是改造，若是改造应合理
	与建造程序有重叠的部分内容要一致
版次项目信息	版次应正确，升版信息要明确，升版区域标注云雾线及版次
	项目信息描述应正确，地理位置信息应正确
文件签署	编制、校对、审核、审定，四级签署应符合要求

2）划线方案的质量验收

（1）概述。

划线方案是指导施工人员在材料切割前对材料进行划线工作的工艺方案。平台上部组块现场施工的第一步是施工人员在原材料上划线。只有完成划线工作的材料，施工人员才可以进行下一步的材料切割。另一方面，平台上部组块建造过程中，结构杆件组对完成后，焊接的过程中会造成焊缝的收缩，为使结构件焊后的尺寸满足最终的技术要求，在结构件划线时，要增加焊接收缩余量。因此，在平台上部组块建造过程中，某一根杆件从原材料切割下来时的尺寸不一定是其理论尺寸。同时，在施工过程中，为了减少施工工作量，常常需要将某一个杆件的一部分当成辅助结构使用，这时其尺寸可能比理论尺寸要大。上面这些要求都需要技术人员考虑好，变成具体的对杆件的尺寸要求，在划线方案中描述清楚。

（2）划线方案的质量验收内容。

按照表4.23的内容对划线方案进行质量验收。

表4.23　划线方案的质量验收内容

验收项目	验收要求
格式要求	检查使用的模板应是结构专业的标准化模板
	检查封面格式、文件名称、项目名称、文件号、总页数、工号、版次、说明、业主名称和地理位置信息等内容应正确
	审核目录内容无遗漏
	检查内容格式，页眉页脚应正确、相同层级标题格式应统一
	检查语句应通顺，专业术语应标准
技术要求	引用标准、规范应正确、齐全
	根据项目规格书、图纸核对修正划线技术要求（尺寸公差）
	根据项目特点，甲板片焊接收缩余量图应符合项目要求
	立柱、吊点、梁格、甲板板等典型结构的划线要求应齐全
	项目中，非常规单项应单独列出划线要求
	划线具体数值，需与项目单体类型向适用的焊接收缩数值、焊接接头间隙值匹配

3）结构片预制方案的质量验收

（1）概述。

结构片预制方案是指导承包商完成平台组块的单片预制工作的一个工艺方案。在方案中主要考虑的是如何将平台上部组块的单片预制成形。在结构片预制方案中应该考虑以下内容：单片预制完成时的最终公差、单片预制的过程、单片预制的最终重量和单片结构的局部加强。

（2）结构片预制方案的质量验收内容。

按照表4.24的内容对结构片预制方案进行质量验收。

表4.24　结构片预制方案的质量验收内容

验收项目	验收要求
格式	各分片的轴线、标高、所在立面等信息应清晰
	各尺寸控制图中的尺寸标注须保持一致
总体要求	参考的规范及标准、业主规格书应为最新版本
	技术要求中的公差要与建造方案一致
建造	预制垫墩的摆放要考虑现场组对顺序，并有利于现场的尺寸控制。
	尺寸控制图中的管中心线要以计算机辅助设计（computer aided design，CAD）三维模型中心线为准
	各相似分片的控制圆大小尽量保持一致，并尽可能地涉及多杆件
	现场口位置须在拉筋或导管的环缝上
	分片要合理，应有利于现场施工、运输与吊装
版次项目信息	版次应正确,升版信息要明确,升版区域标注云雾线及版次
	项目信息描述应正确，地理位置信息应正确
文件签署	编制、校对、审核、审定，四级签署应符合要求

4）结构管单件图的质量验收

（1）概述。

在海洋钢结构的加工设计中，为反映每个直管的各自形式和信息，要绘制各个杆件的单件图，它反映了马鞍口或斜接搭接（MITER）节点（管交板）的展开形式，服务于现场施工的卷管接长、划线、数控切管机等工作。是结构管加工设计、现场施工及检验等工作的重要图纸文件之一。

（2）结构管单件图的质量验收内容。

按照表4.25的内容对结构管单间图进行质量验收。

表4.25　结构管单件图的质量验收内容

验收项目	验收要求
格式要求	检查使用的模板应是结构专业的标准化模板
	检查封面格式、文件名称、项目名称、文件号、总页数、工号、版次、说明、业主名称、地理位置信息等内容应正确
	审核目录内容无遗漏
	检查内容格式、页眉页脚应正确，相同层级标题格式应统一
	检查语句应通顺，专业术语应标准
技术要求	杆件号应与加设图中表示的一致
	左右两端的节点位置应正确
	纵缝的位置尺寸应正确，确定环缝位置不要出现脚印，且相邻管段至少要错开90°
	节点长度应正确
	如果是马鞍口，主杆的直径应正确，注意有包板的情况
	切杆与左右主杆的交角应满足$A_1 \geqslant 90°$（A_1为切杆和主杆的夹角）
	如果右端扭转应根据相应加设图纸进行复核
	MITER口①的坡口角度一般输入为45°，单件图软件会根据规范自行计算，马鞍口不需要输入，一般显示为0°
	环缝的位置一般根据采办料单和场地的实际卷制能力确定，对于存在马鞍口的杆件，确定环缝时应注意把较短的一段放在中间

5）结构管卷制接长方案的质量验收

（1）概述。

结构管卷制接长方案是直接指导施工人员进行制管作业的工艺文件。

结构管卷制接长方案一般应按照钢管的不同用途分别编制，比如对平台组块工程，一般可以分为导管、拉筋、钢桩、隔水套管和附属构件（如果附属构件多，可以再细分）等。这样一方面能有针对性地反映出每个方案的特殊要求，避免出现混乱，另一方面也方便施工。

---

① MITER 节点两直管有一定角度的对接，或一直管与平板相交（坡口角有变化），所形成的平斜口，叫做 MITER 口。

（2）结构管卷制接长方案的质量验收内容。

按照表4.26的内容对结构管卷制接长方案进行质量验收。

表4.26　结构管卷制接长方案的质量验收内容

验收项目	验收要求
格式要求	使用的模板应是结构专业的标准化模板
	检查封面格式、文件名称、项目名称、文件号、总页数、工号、版次、说明、业主名称、地理位置信息等内容应正确
	目录内容应无遗漏
	检查内容格式、页眉页脚应正确，相同层级标题格式应统一
	检查语句应通顺，专业术语应标准
技术要求	概述中的拉筋、分段以及总重应正确
	关于余料标记的要求应正确
	参考的图纸、程序及规格书应正确
	关于卷管说明中的要求应正确
	卷管流程应符合公司的工艺流程
	技术要求中关于公差的要求应符合规格书和规范的要求
	卷制清单应与相应的单件图分段应一致
	用料清单和余料清单应正确
	排版图中的卷制方向和内容应正确

6）结构片运输及吊装方案的质量验收

（1）概述。

在平台组块单片预制完成后，需要将结构片运输到指定位置，并按照吊装方案的要求进行空间总装作业。结构片运输及吊装方案中应该包括概述、重量和重心位置及吊点位置示意图、吊装用钢丝绳选用、吊点详图、注意事项、工机具清单以及结构计算报告。

（2）吊装方案的质量验收内容。

按照表4.27的内容对结构片运输及吊装方案进行质量验收。

表4.27 结构片运输及吊装方案的质量验收内容

验收项目	验收要求
模板、版次、项目、信息	方案模板应正确，版次、内容框架、封面、页眉页脚、文字及段落格式等应正确
	项目信息描述应正确
被吊片重量重心	被吊片所包含杆件与方案所包含的杆件一致
	脚手架、管线等附件重量估算准确
吊点及临时加强	方案中吊点和临时加强的规格、定位等信息完整、准确，其厚度应小于母材厚度
	吊点位置布置合理，涉及翻身的结构片，翻身过程中应避免索具与结构碰撞
	吊点避开立柱或拉筋的环缝、纵缝
	经书面校核吊点强度应满足最大吊绳力要求
吊绳卸扣	吊绳在翻身过程中若发生相对滑动，应保证不与其他结构碰撞
	吊绳、卸扣连接方式应清晰
	翻身辅助吊绳应容易拆卸
运输	运输垫墩高度正确
	运输位置及垫墩位置考虑了附件的影响
碰撞校核	碰撞校核时考虑了脚手架、平台组块外悬结构等因素
	吊装过程中结构物与吊臂之间的最小距离应大于800 mm
	吊机限位高度余量足够
	吊装过程中吊机及被吊片应避开所有潜在的障碍物（如缆风绳等）
吊机作业表	方案中吊机参数与现场实际使用吊机型号、主臂长度等参数一致
	吊机额定载荷正确
	吊机作业半径与碰撞检查图中一致
	吊机利用率计算正确
	吊机利用率满足体系文件要求
	所使用索具强度满足要求

（续表）

验收项目	验收要求
吊机作业表	超起在吊装过程中可以离地
缆风绳	缆风绳布置合理，拉力角度等经过正确计算，满足立片需求
	缆风绳锚点位置不妨碍吊机行走及结构片的安装
升版信息	升版文件必须有云雾线、版次、升版说明
文件签署	编制、校对、审核、审定、批准，四级（五级）签署应符合要求

7）机加工方案的质量验收

（1）概述。

平台上部组块建造过程中某些结构的表面精度需通过机械加工来达到，如吊点孔的内表面需通过机械镗孔来达到表面精度，立管卡子上筋板的螺栓孔需要钻孔完成。机加工方案就是为完成这些工作而编制的工艺方案。平台上部组块的机加工方案一般包括吊点机加工图和筋板螺栓孔钻孔图。

（2）机加工方案的质量验收内容。

按照表4.28的内容对机加工方案进行质量验收。

表4.28　机加工方案的质量验收内容

验收项目	验收要求
格式要求	检查使用的模板应是结构专业的标准化模板
	检查封面格式、文件名称、项目名称、文件号、总页数、工号、版次、说明、业主名称、地理位置信息等内容应正确
	目录内容应无遗漏
	检查内容格式、页眉页脚应正确、相同层级标题格式应统一
	检查语句应通顺，专业术语应标准
技术要求	方案中需要机加工的杆件应正确
	方案中镗孔的孔径公差及同轴度公差应正确
	镗削后平面与舵中心线的垂直度误差应正确

8）称重方案的质量验收

（1）概述。

称重方案主要为了确定组块称重时千斤顶的选择和布置方案，以满足组块称重时的需要。称重方案主要包含平台上部组块称重时千斤顶的选择和布置方案、称重前现场准备工作。

（2）称重方案的质量验收内容。

按照表4.29的内容对称重方案进行质量验收。

表4.29　称重方案的质量验收内容

验收项目	验收要求
概述	平台上部组块总体信息应正确
基准点位置	重心的基准点的选择应正确
场地准备清单	千斤顶参数应齐全
	千斤顶布置应正确
	称重系统运行应良好

9）机械设备卸货、运输及吊装方案的质量验收

（1）概述。

按照公司管理规定以及项目要求，部分设备的卸货、运输和安装需要编制方案，机械设备卸货、运输及吊装方案中应该包括概述、参考资料、设备重量和重心位置及吊点位置示意图、吊装用吊索具选用、吊点详图、注意事项、工机具清单、吊机站位示意图和吊机性能表等。

（2）吊装方案的质量验收内容。

按照表4.30的内容对机械设备卸货、运输及吊装方案进行质量验收。

表4.30　机械设备卸货、运输及吊装方案的质量验收内容

验收项目	验收要求
模板、版次、项目、信息	方案模板应正确，文件编号及版次、内容框架、封面、页眉页脚、文字及段落格式等应正确
	项目信息描述应正确

（续表）

验收项目	验收要求
设备重量、重心、尺寸	设备信息与最新版图纸和厂家资料一致
	设备附件重量估算准确
撑杆、吊装框架等辅助设施	辅助设施能力、尺寸核实
	吊点位置布置合理，吊装、翻身过程中索具与设备碰撞校核无误
吊绳卸扣	吊索具碰撞校核无误
	吊绳、卸扣连接方式应清晰
	翻身辅助吊绳应容易卸下，设备就位后考虑索具拆卸
运输	运输垫墩高度正确，应考虑临时固定
	运输设备能力、尺寸与设备相符
碰撞校核	碰撞校核时应考虑了脚手架、平台组块外悬结构等因素
	吊装过程中可能出现的结构物与吊臂之间的最小距离应大于800 mm
	吊机限位高度余量应足够
	吊装过程中吊机及被吊物应避开了所有潜在的障碍物（如缆风绳等）
吊机作业表	方案中吊机参数与现场实际使用吊机型号，主臂长度等参数一致
	吊机额定载荷正确
	吊机作业半径与碰撞检查图中一致
吊机作业表	吊机利用率计算正确
	吊机利用率满足体系文件的要求
	所使用索具强度满足要求
	超起在吊装过程中可以离地
升版信息	升版文件必须有云雾线、版次、升版说明
文件签署	编制、校对、审核、审定、批准，四级（五级）签署应符合要求

10）焊接施工过程控制方案的质量验收

（1）概述。

　　平台上部组块建造过程中有一些关键结构的需要加强焊接施工过程控制，如吊点焊接、环板结构焊接、"TKY"节点[①]焊接等。焊接施工过程控制方案就是为高质量完成关键结构焊接工作而编制的焊接施工过程控制方案及做法。平台上部组块的焊接施工过程控制方案一般包括吊点焊接施工指导方案、环板焊接施工指导方案、"TKY"节点焊接指导方案、型钢焊接工艺孔指导做法。

　　（2）焊接施工过程控制方案的质量验收内容。

　　按照表4.31的内容对焊接施工过程控制方案进行质量验收。

表4.31　焊接施工过程控制方案的质量验收内容

序号	验收项目	验收要求
吊点焊接施工指导方案	规范要求	焊接文件满足焊接规格书、焊接标准的要求
	吊点焊接	满足焊接程序、预热、焊接、焊后热处理的要求
	焊接顺序、加热片布局	满足吊点结构焊接顺序、加热片及热电偶布置的要求
	检验	满足无损检验要求
环板焊接施工指导方案	规范要求	焊接文件满足焊接规格书、焊接标准的要求
	环板焊接原则	满足焊接程序、预热、焊接、后热消氢处理等要求
	焊接顺序	满足焊接顺序示意图及步骤图的要求
	检验	满足无损检验要求
"TKY"节点焊接指导方案	规范要求	焊接文件满足焊接规格书、焊接标准的要求
	其他焊接程序文件	满足焊接程序、预热、焊接、后热消氢处理等要求
	焊接WPS及焊接施工要求	满足焊接顺序示意图及步骤图的要求
	检验	满足无损检验要求
型钢焊接工艺孔指导作法	规范要求	焊接文件满足焊接规格书、焊接标准的要求
	工艺孔开法	满足工艺孔示意图和尺寸、校准有效期、加热设备、温度测量设备的要求
	补充说明	满足H型钢的腹板或翼板厚度和孔径关系的要求
	附件数据	满足开孔、半径数据值的要求

---

① "TKY"节点：管节点的形式像"T""K""Y"字母形状的结构，行业习惯用词。

4.3.5 图纸文件

1）结构图纸的质量验收

（1）概述。

平台上部组块结构专业的图纸主要包含主结构、次级结构及三级结构图纸，主要用于指导现场预制、总装阶段的定位使用。

（2）结构图纸的质量验收内容。

按照表4.32的内容对结构图纸进行质量验收。

表4.32　结构图纸的质量验收内容

验收项目	验收要求
模板版次项目信息	图纸模板应为最新标准化模板，并且符合项目的要求
	文件编号应符合部门规定的要求
	图纸版次应正确
内容信息	尺寸标注应正确，无尺寸标注遗漏、矛盾等情况
	图纸内容信息与详设PDF签字版图纸内容信息应一致
	尺寸无缩放
	中文翻译应完整、准确
	杆件编号应符合要求，无遗漏
	节点编号应完整，无遗漏
	焊接信息应完整、准确
	局部详图或剖面图应表达准确，相互引用的图纸号应正确
升版信息	升版文件必须有云雾线、版次、升版说明
文件签署	编制、校对、审核，三级签署应符合要求
电子版图纸	加设新增部分应新设图层，如有必要可以多设置几个图层
	图纸打印设置要求统一（线性、线宽、颜色等），打印清晰
	中英文的字体及大小设置按规定统一要求

2）管线加工设计三维图纸的质量验收

（1）概述。

在详细设计管线三维图基础上进行加工设计，主要内容包括添加单管号、预制焊口号、现场焊口号、下料尺寸，并补充管线上的试压高点放空和低点排放、对材料清单进行修改和补充。

（2）管线加工设计三维图纸的质量验收内容。

按照表4.33的内容对管线加工设计三维图进行质量验收。

表4.33　加工设计三维图纸的质量验收内容

验收项目	验收要求
模板、版次、项目信息	图纸模板应为最新模板，并且符合标准规范及项目规格书的要求
	文件编号应符合公司及部门规定的要求
	升版文件必须有云雾线、版次、升版说明
目录信息	图纸目录中的管线号、版次、流水号等内容应与图纸一致
内容信息	所有工号、文件号、文件名称、版次及页码，标注应准确
	图纸中的管线号、单管号的编号应正确，单管的尺寸规格应便于现场运输、施工安装
	焊口和编号应正确，不同管线号的连接处焊口不应重复或者遗漏，焊道间距应符合项目规格书、标准规范及程序的要求
	抽检比例标注应正确
	管线裕量的添加应合理，中文翻译应完整、准确
	管线下料编号和长度、端面或坡口应正确
	材料表中材料信息、数量等应正确
	材料表中各项材料所在单管应与图纸标注一致
注意事项	涂塑管线应已设置法兰接口，热浸锌管线应已设置法兰或螺纹接口，并单管尺寸应满足热浸锌和涂塑厂家的要求
	插焊、螺纹、热熔、粘接单管长度应合理，管箍添加应合理
	设备连接处法兰焊口类型应合理，如果设备配套法兰由厂家提供，需要将法兰处的焊口改为现场焊
	支架焊口的类型和编号应正确
	管线的试压高点放空和低点排放应添加完整，并其规格应与管线标准图一致
文件签署	编制、校对、审核，三级签署应符合公司及部门的要求

3）管线试压、清洁图的质量验收

（1）概述。

管线试压应根据业主批准的试压图，对系统内整条管线进行压力试验，以确认整个管道统强度足够，确保所有焊缝无泄漏。试压前，应按照系统、试验压力、管线材质及项目要求，编制详细的压力试验流程图，标记出试压进口、试压出口及压力表等附件位置，并明确试验压力、试压介质和稳压时间等。

为确保管道系统内部清洁，在管道系统压力试验合格后，应分段对其进行吹扫或冲洗。管道系统的吹扫、冲洗应根据管道的输送介质、使用要求及管道内部的脏污程度，采用水冲洗、空气吹扫等方法进行，按照管线压力试验流程图逐个进行，吹扫的杂质不得进入已清理合格的设备或管道内。清洁前，在管线试压流程图基础上，标出吹扫入口、吹扫出口及附件位置，并明确吹扫压力、吹扫介质等。

（2）管线试压、清洁图的质量验收内容。

按照表4.34的内容对管线试压、清洁图进行质量验收。

表4.34　管线试压、清洁图的质量验收内容

验收项目	验收要求
格式	文件的图框、说明、表格等应符合公司、部门及项目的要求
	所有工号、文件号、文件名称、版次及页码应正确
三维图目录	三维图目录所列管线应与试压流程图所标注一致，管线的版次和所在包号正确
试压目录	试压目录中的试压包号、设计压力、系数、试验压力、试验介质、吹扫介质等信息应与管线清单（line list）和试压包标注信息一致
内容	试压包中试压图、清洁图的试验范围划分应合理
	试压流程图中标注的包号、设计压力、系数、试验压力、试验介质、保压时间应与试压目录一致
	试压包对应的P&ID应是最新版次，P&ID中的管线应与三维图目录一致
	管线的试压高点放空和低点排放应完整
	图纸中的试验介质、试验进出口，应完整合理
	试压包中的阀门状态应符合程序要求，需移除阀门应已经替换或隔离
	试压包中不能参与试压的仪表、设备、特殊件等其他元件应已移除或隔离

4）管线气密图的质量验收

（1）概述。

管线气密应根据业主批准的气密图，对系统内整条管线进行气密试验，以确保管道系统整体无泄漏，重点核查螺纹口、法兰口、阀盖等。气密前，应按照系统、试验压力及项目要求，编制详细的气密试验流程图，标记出试验进出口及压力表、安全阀等附件安装位置，并明确试验压力、试验介质、稳压时间等。

（2）管线气密图的质量验收内容。

按照表4.35的内容对管线气密图进行质量验收。

表4.35　管线气密图的质量验收内容

验收项目	验收要求
气密包文件	文件的图框、说明、表格等应符合公司、部门规定及项目的要求
	所有工号、文件号、文件名称、版次及页码应正确
三维图目录	三维图目录所列管线应与试压流程图所标注一致，管线的版次和所在包号正确
气密包目录	气密包目录中的气密包号、设计压力、系数、试验压力、试验介质等信息应与管线数据表和气密包标注信息一致
气密图	气密包的试验范围划分应合理
	气密包中标注的气密包号、设计压力、系数、试验压力、试验介质、保压时间应与气密包目录一致
	试压包对应的P&ID应是最新版次，P&ID中的管线应与三维图目录一致
	气密包的试验介质进出口设置应完整合理
	气密包中的阀门状态应符合程序及图纸的要求
	单向阀等有流向要求的部件标注应清楚

5）机械专业图纸的质量验收

（1）概述。

平台组块机械专业的图纸主要包含设备底座预制图、设备布置安装图、滑道梁及吊点图、设备排气系统图、操作维修平台图等，主要用于指导现场设备及其附件安装工作。

（2）机械专业图纸的质量验收内容。

按照表4.36的内容对机械专业图纸进行质量验收。

表4.36　机械专业图纸的质量验收内容

验收项目	验收要求
模板版次、项目信息	图纸模板应为最新标准化模板，并且符合项目的要求
	文件编号应符合部门规定的要求
	图纸版次应正确
内容信息	尺寸标注应正确，确保无尺寸标注遗漏、矛盾等情况
	图纸内容信息与详设PDF签字版图纸内容信息应一致
	设备定位应与整体布置图一致，设备朝向、标高数据应正确
	参考标准、引用程序应正确
	中文翻译应完整、准确
	设备编号、杆件编号应符合要求，确保无遗漏
	预制件材质信息、涂装信息应完整，确保无遗漏
	焊接信息、螺栓连接信息应完整、准确
	局部详图或剖面图应表达准确，相互引用的图纸号应正确
升版信息	升版文件必须有云雾线、版次、升版说明
文件签署	编制、校对、审核，三级签署应符合要求
电子版图纸	加设新增部分应新设图层，如有必要可以多设置几个图层
	图纸打印设置要求统一（线性、线宽、颜色等），打印清晰
	中英文的字体及大小设置按规定统一要求

6）电气专业图纸的质量验收

（1）概述。

平台组块建造阶段电气专业图纸主要包含预制类图纸，布置、定位类图纸，MCT电缆排布图及电缆滚筒清册。其中预制类图纸包含马脚预制图，接地片预制图，护管预制图和支架底座类预制图；布置、定位类图纸包含马脚布置图，护管布置图，MCT布置图和支架底座类定位图。主要用于指导车间预制和现场安装工作。

（2）电气专业预制类图纸的质量验收内容。

按照表4.37的内容对电气专业预制类图纸进行质量验收。

表4.37　电气专业预制类图纸的质量验收内容

验收项目	验收要求
模板编号、版次信息	图纸模板应为最新标准化模板，并且符合项目的要求
	文件编号应符合设计单位规定的要求
	图纸版次应正确
内容信息	尺寸标注应正确、齐全、清晰
	图例、符号、线型等应满足制图规范
	支架形式应按照电气典型安装图纸进行设计
	支架的表面防腐处理应符合项目相关规格书的要求
	选用的支架类型和安装尺寸应符合厂家设备的安装要求
	材料表的规格、名称、数量等应正确，且与图中编号一一对应
	若支架采用热浸锌工艺，图纸应考虑热浸锌工艺孔
升版信息	升版文件必须有云雾线、版次、升版说明
文件签署	编制、校对、审核，三级签署应符合要求

（3）电气专业布置、定位类图纸的质量验收内容。

按照表4.38的内容对电气布置、定位类图纸进行质量验收。

表4.38　电气专业布置、定位类图纸的质量验收内容

验收项目	验收要求
模板编号、版次信息	图纸模板应为最新标准化模板，并且符合项目的要求
	文件编号应符合设计单位规定的要求
	图纸版次应正确
内容信息	定位尺寸标注应正确、齐全、清晰
	支架定位尺寸应满足详细设计的设备布置图定位要求
	支架的安装位置应满足结构、安全通道、梯子栏杆、挡风墙等的安装要求，应避免碰撞，且应考虑进线空间、操作维修空间、舾装厚度等

（续表）

验收项目	验收要求
内容信息	支架代号应与详设图纸及3D模型一致
	图纸技术要求应合理、正确并满足施工需求
升版信息	升版文件必须有云雾线、版次、升版说明
文件签署	编制、校对、审核，三级签署应符合要求

（4）电气专业MCT电缆排布图的质量验收内容。

按照表4.39的内容对电气专业MCT电缆排布图进行质量验收。

表4.39　电气专业MCT电缆排布图的质量验收内容

验收项目	验收要求
模板编号、版次信息	图纸模板应为最新标准化模板，并且符合项目的要求
	文件编号应符合设计单位规定的要求
	图纸版次应正确
内容信息	MCT模块排布应合理
	MCT内模块空余量应满足项目及规格书的要求
	电缆编号和MCT模块编号、型号对照表应与排布软件结果一致
	材料表内材料名称、规格、数量应正确、齐全
升版信息	升版文件必须有云雾线、版次、升版说明
文件签署	编制、校对、审核，三级签署应符合要求

（5）电气专业电缆滚筒清册的质量验收内容。

按照表4.40的内容对电气专业电缆滚筒清册进行质量验收。

表4.40　电气专业电缆滚筒清册的质量验收内容

验收项目	验收要求
模板编号、版次信息	图纸模板应为最新标准化模板，并且符合项目的要求
	文件编号应符合设计单位规定要求
	图纸版次应正确

验收项目	验收要求
内容信息	电缆编号、电缆规格、电缆路径、设计长度、起始端填料函、电缆滚筒号信息应齐全
	电缆编号、电缆规格、电缆路径和设计长度信息应与详细设计电缆清册一致
	说明页电缆滚筒信息应正确
	电缆滚筒分配应合理
	填料函提供方、规格类型应正确
升版信息	升版文件必须有云雾线、版次、升版说明
文件签署	编制、校对、审核，三级签署应符合要求

7）仪表专业图纸的质量验收

（1）概述。

平台上部组块建造阶段仪表专业图纸主要包含预制类图纸，布置、定位类图纸，MCT电缆排布图及电缆滚筒清册。其中，预制类图纸包含马脚预制图，接地片预制图，护管预制图，支架底座类预制图，布置、定位类图纸包含马脚布置图，护管布置图，MCT布置图和支架底座类定位图。主要用于指导车间预制和现场安装工作。

（2）仪表专业预制类图纸的质量验收内容。

按照表4.41的内容对仪表专业预制类图纸进行质量验收。

表4.41　仪表专业预制类图纸的质量验收内容

验收项目	验收要求
模板编号、版次信息	图纸模板应为最新标准化模板，并且符合项目的要求
	文件编号应符合设计单位规定的要求
	图纸版次应正确
内容信息	尺寸标注应正确、齐全、清晰
	图例、符号、线型等应满足制图规范
	支架形式应按照仪表典型安装图纸进行设计

（续表）

验收项目	验收要求
内容信息	支架的表面防腐处理应符合项目相关规格书的要求
	选用的支架类型和安装尺寸应符合厂家设备的安装要求
	材料表的规格、名称、数量等应正确，且与图中编号一一对应
	若支架采用热浸锌工艺，图纸应考虑热浸锌工艺孔
升版信息	升版文件必须有云雾线、版次、升版说明
文件签署	编制、校对、审核，三级签署应符合要求

（3）仪表专业布置、定位类图纸的质量验收内容。

按照表4.42的内容对仪表专业布置、定位类图纸进行质量验收。

表4.42　仪表专业布置、定位类图纸的质量验收内容

验收项目	验收要求
模板编号、版次信息	图纸模板应为最新标准化模板，并且符合项目的要求
	文件编号应符合设计单位规定的要求
	图纸版次应正确
内容信息	定位尺寸标注应正确、齐全、清晰
	支架定位尺寸应满足详细设计的设备布置图定位要求
	支架的安装位置应满足结构、安全通道、梯子栏杆、挡风墙等的安装要求，应避免碰撞，且应考虑进线空间、操作维修空间、舾装厚度等
	支架代号应与详设图纸及3D模型一致
	图纸技术要求应合理、正确并满足施工需求
升版信息	升版文件必须有云雾线、版次、升版说明
文件签署	编制、校对、审核，三级签署应符合要求

（4）仪表专业MCT电缆排布图的质量验收内容。

按照表4.43的内容对仪表专业MCT电缆排布图进行质量验收。

表4.43　仪表专业MCT电缆排布图的质量验收内容

验收项目	验收要求
模板编号、项目信息	图纸模板应为最新标准化模板，并且符合项目的要求
	文件编号应符合设计单位规定的要求
	图纸版次应正确
内容信息	MCT模块排布应合理
	MCT内模块空余量应满足项目及规格书的要求
	电缆编号和MCT模块编号、型号对照表应与排布软件结果一致
	材料表内材料名称、规格、数量应正确、齐全
升版信息	升版文件必须有云雾线、版次、升版说明
文件签署	编制、校对、审核，三级签署应符合要求

（5）仪表专业电缆滚筒清册的质量验收内容。

按照表4.44的内容对仪表专业电缆滚筒清册进行质量验收。

表4.44　仪表专业电缆滚筒清册的质量验收内容

验收项目	验收要求
模板编号、版次信息	图纸模板应为最新标准化模板，并且符合项目的要求
	文件编号应符合设计单位规定的要求
	图纸版次应正确
内容信息	电缆编号、电缆规格、电缆路径、设计长度、起止端填料函、电缆滚筒号信息应齐全
	电缆编号、电缆规格、电缆路径、设计长度信息应与详细设计电缆清册一致
	说明页电缆滚筒信息应正确
	电缆滚筒分配应合理
	填料函提供方、规格类型应正确
升版信息	升版文件必须有云雾线、版次、升版说明
文件签署	编制、校对、审核，三级签署应符合要求

8）舾装图纸的质量验收

（1）概述。

舾装专业的图纸主要包含舾装板排版图、内梯图、直升机甲板防滑网、风向标布置图、地面材料安装图、挡水扁铁安装图、防火保温和热绝缘安装图、门楣图、门窗安装图、救生设备安装图、救生艇安装图、房间布置图、货架安装图和预埋件预制及安装图。主要用于指导现场舾装材料的施工和舾装设备的安装。

（2）舾装图纸的质量验收内容。

按照表4.45的内容对舾装专业图纸进行质量验收。

表4.45　舾装图纸的质量验收内容

验收项目	验收要求
模板版次、项目信息	图纸模板应为最新标准化模板，并且符合项目的要求
	文件编号应符合部门规定的要求
	图纸版次应正确
舾装板排版图	房间门牌号及各项尺寸应正确、完整
	舾装板类型应准确
	检修门（风闸、卫生单元，其他专业特别要求）的数量、规格，并与相关专业做好沟通、确认
	舾装板的规格，特别是舾装板高度应与详设图纸一致
	电缆板的规格、数量、位置，并与相关专业做好沟通、确认
	材料表应正确、完整
	舾装板的安装节点，确保无遗漏
内梯图	各尺寸应正确、完整
	内梯与相关结构应匹配
	焊接信息应正确
直升机甲板、防滑网图	防滑网的中心定位，要与结构专业的中心定位保持一致
	焊接信息应正确、完整
风向标安装图	焊接信息应正确、完整

验收项目	验收要求
地面材料安装图	图例应完整、正确
	材料表应正确、完整
	安装节点，确保无遗漏
挡水扁铁安装图	定位尺寸应完整、正确
	材料表应正确、完整
	安装节点，确保无遗漏
防火保温和热绝缘安装图	各尺寸应正确、完整
	材料表应正确、完整
	安装节点，确保无遗漏
门楣图	各尺寸应正确、完整
门窗安装图	各尺寸应正确、完整
救生设备安装图	各尺寸应正确、完整
房间布置图	各尺寸应正确、完整
货架安装图	各尺寸应正确、完整
	焊接信息应正确、完整

9）HVAC专业图纸的质量验收

（1）概述。

HVAC专业图纸主要包含通风系统零部件加工图、通风空调系统安装图（包含空调、风机、通风系统布置、空调系统布置）、风机支架和空调底座预制及安装图。主要用于指导风机、风闸、加热器、空调、冷凝机组、风管及风管附件等的安装。

（2）HVAC专业图纸的质量验收内容。

按照表4.46的内容对HVAC专业图纸进行质量验收。

表4.46 HVAC专业图纸的质量验收内容

验收项目	验收要求
模板版次、项目信息	图纸模板应为最新标准化模板，并且符合项目的要求
	文件编号应符合部门规定的要求
	图纸版次应正确
零部件加工图	尺寸标注应正确，应有尺寸标注遗漏、矛盾等情况
	杆件编号应符合要求，应无遗漏
	焊接信息应完整、准确
	局部详图或剖面图应表达准确
安装图	材料表应完整、正确
	特殊要求，应描述清楚
	杆件应无遗漏

10）防腐专业图纸的质量验收

（1）概述。

防腐专业图纸主要包含阳极结构图、阳极布置图、防火漆分布图、防火漆预留图。主要用于指导车间施工和现场油漆修补阶段的使用。

（2）防腐专业图纸的质量验收内容。

按照表4.47的内容对防腐专业图纸进行质量验收。

表4.47 防腐专业图纸的质量验收内容

验收项目	验收要求
模板编号、版次信息	图纸模板应为最新标准化模板，并且符合项目的要求
	文件编号应符合部门规定的要求
	图纸版次应正确
阳极结构图	阳极型号应符合阴极保护规格书、阴极保护计算报告书、详细设计阳极结构图的要求
	阳极安装方式、焊接形式应符合详细设计阳极结构图的要求
	阳极材料、阳极包板应符合阴极保护规格书的要求

验收项目	验收要求
阳极结构图	阳极数量应符合详细设计阴极保护计算报告书、阳极施工料单的要求
阳极布置图	阳极型号应符合阴极保护规格书、阴极保护计算报告书、阳极结构图的要求
	阳极分布图应满足阳极均匀分布原则，阳极不可以分布到结构物外侧
	阳极布置图中标注位置应为阳极中心所在位置
	需和结构专业进行校核，保证阳极不会和相应结构物发生碰撞
	阳极距焊缝位置应满足焊接要求
	当阳极和结构物发生碰撞、焊接时焊缝和结构环缝、纵缝冲突时，阳极位置可以在满足项目规格书要求下移动的原则
防火漆分布图	防火漆范围涵盖详细设计防火漆分布图
	防火漆外延应符合防火漆规格书要求及防火漆厂家推荐
	防火漆厚度应符合防火漆厂家的推荐
	三面、四面防火应符合防火漆规格书的要求
防火漆预留图	防火漆的范围应与防火漆分布图一致
	结构焊缝预留应符合防火漆厂家推荐
	运输、吊装预留应符合运输、吊装方案
	不能一体化建造的支架等散件需进行焊接预留

4.3.6 料单文件

1）结构采办料单的质量验收

（1）概述。

工程项目运行过程中，材料厂家需要根据承包商提供的采办料单来生产相应的材料。采办料单编制是加工设计的一个重要部分，采办料单编制是否合理、准确直接关系到项目的顺利运行。

（2）结构采办料单的质量验收内容。

按照表4.48的内容对结构采办料单进行质量验收。

表4.48 结构采办料单的质量验收内容

验收项目	验收要求
格式	工号、WBS、文件编号、标题、页眉、页脚、目录、页码、物料号、重量、采办依据、采办内容应正确
卷制管	需留压边余量
	拉筋端口和加厚段需留有足够余量
	分段需满足规格书和规范的要求
	分段长度满足车间卷制能力、钢板厂家的生产及运输能力、车间内运输能力
格栅	格栅布置图整体尺寸与详设图纸一致，无缩放
	格栅距离甲板片边缘尺寸与详设规格书及图纸的要求一致
	相邻两片格栅之间的距离与详设规格书及图纸的要求一致
	格栅开孔以及开孔护管与详设规格书及图纸的要求一致
	负载扁钢方向与图纸保持一致
	格栅高度与详设规格书及图纸的要求一致
	承载扁钢间距及尺寸与详设规格书及图纸的要求一致
	横杆间距及尺寸与详设规格书及图纸的要求一致
	压焊钢格板（横杆为纽钢）或压锁钢格板（横杆为扁钢）与详设规格书及图纸的要求一致
	扁钢外形（普通平面还是有防滑锯齿）与详设规格书及图纸的要求一致
	表面处理方式（热浸锌、浸锌、渗锌）与详设规格书及图纸的要求一致
	材质标准（碳钢、不锈钢、玻璃钢）与详设规格书及图纸的要求一致
	制作标准、外协方案的编制需核实厂家格栅长、宽的生产能力
	需要有第三方认证
	格栅需包边
紧固件	紧固件的尺寸和长度（螺栓长度＝连接件的厚度＋螺母的厚度 × 数量＋垫圈的厚度 × 数量＋两个螺纹的长度，结果向上取5倍数）与详设规格书及图纸要求一致
	螺栓类型（普通螺栓、高强螺栓、防松螺栓）与详设规格书及图纸的要求一致

验收项目	验收要求
紧固件	紧固件的配套情况（螺母数量、垫片数量、垫片类型）与详设规格书及图纸的要求一致
	紧固件的数量与详设规格书及图纸的要求一致
	紧固件的性能级别（3.6、4.6、4.8、5.6、5.8、6.8、8.8、9.8、10.9、12.9等），且明确性能级别的参考规范
	紧固件的材质标准和制造标准与详设规格书及图纸的要求一致
	紧固件的防腐要求（渗锌、浸锌、封孔剂处理、镀镉、特氟龙涂层等）应与详设规格书及图纸的要求一致
	和设备相连的螺栓，需进行应力测试，并提供测试报告
型钢、无缝管	符合项目经济性要求的单根长度
	料单中明确材料规格书或钢材采办技术的要求
	材质标准应与详设规格书及图纸的要求一致
	制作标准应与详设规格书及图纸的要求一致
	交货状态（正火、热轧、控扎）、钢板边缘状态应与详设规格书及图纸的要求一致
木头	风干密度、抗压强度需满足规格书和规范的要求
	木材圆木应直接锯切加工而成，非人造板粘贴。木板应为未使用过的木材，不得使用经二次加工后的木材供货
	贯穿厚度裂纹，裂纹长度不大于厚度。不贯穿厚度裂纹，裂纹长度不大于0.5 m或木材长度的1/4，两者取小值。裂纹宽度不大于2 mm
	结疤不可大于木材厚度的1/5
	木材不允许有腐朽
	需提供第三方机构中英文对照的检验报告及认证
	木材的交货状态需满足英国协会标准BS 5707（1980）和BS 5262-2的技术要求
	以下信息应标记在木材上（标记在前后横截面上）：木材明称、气干密度、项目名称、木材尺寸、木材类别及产地、生产日期

2）管线专业采办料单的质量验收

（1）概述。

工程项目运行过程中，材料厂家需要根据承包商提供的采办料单提供材料。采办料单编制是加工设计的一个重要部分，采办料单编制应合理准确，直接关系到项目的顺利运行。

（2）管线专业采办料单的质量验收内容。

按照表4.49的内容对管线专业采办料单进行质量验收。

表4.49　管线专业采办料单的质量验收内容

验收项目	验收要求
格式	校审封面格式、项目名称、工号、专业、工作分解结构（work breakdown structure，WBS）编码、文件号、文件名、版次、日期及说明、页眉、页脚、页数及页码、物料号、重量、采办依据以及采办内容等应正确。
管线、管件和法兰	核实管线应按要求长度供货
	核实管线、管件、法兰壁厚及公差应符合标准规范及项目规格书的要求
	核实管线、管件、法兰应要求进行相关试验并提供证书，如无损检测、压力试验、金相试验、化学成分试验、物理性能试验、硬度测试等，并遵循相关标准规范及项目规格书的要求
	碳钢管线应要求喷涂防锈底漆
	镀锌管线、管件、法兰应满足项目规格书中的防腐要求
	碳钢管线、管件、法兰的最大碳含量应控制在0.23%以内（浇斗取样分析），可接受的最大碳含量母材、校核分析值可在前述基础上增加0.02%
	碳钢管线、管件的最大碳当量应控制在0.43%以内（浇斗取样分析），可接受的最大碳当量母材、校核分析值可在前述基础上增加0.02%
	奥氏体不锈钢应核实最低钼含量，应符合项目规格书的要求
	材料按采办文件要求做好标识
	低温冲击试验按照相应ASTM材料标准和ASME B31.3第323.2.2中的要求进行，须符合买方采办文件的要求
	卖方应按项目要求提供相应的材质证书等文件
	不同材质管线、管件和法兰（如碳钢和不锈钢等）运输中不允许相互接触，管线、管件、法兰储存和运输过程中应对其做好保护避免磕碰损坏。对螺纹形式和插焊形式的管件在运输过程中应使用塑料或金属保护盖保护，对法兰端口注意保护法兰密封面
	核实其他参数、技术要求应符合项目规格书的要求

验收项目	验收要求
紧固件、垫片	核实垫片尺寸、磅级、端面、制造标准、材质、色标、涂层、标识等应符合项目规格书及标准规范的要求。对金属垫片，应注意核实硬度应符合标准规范及项目规格书的要求
	对非金属垫片，由于无法打钢印，注意做好标识，防止混用
	核实螺栓规格、尺寸、材质、涂层等应符合项目规格书的要求
	核实螺柱长度应符合标准规范及项目规格书要求，螺柱有效长度不包含螺柱端部倒角长度
	支架用U型螺栓需核对型号、尺寸、防腐要求应符合标准规范及项目规格书的要求
	螺栓、螺母成品到货时应附带原棒材及证书文件，如果有材质替代现象，必须与标准一致并得到业主书面认可，否则不予接受
阀门	核实阀门制造标准应符合项目规格书及标准规范的要求
	核实阀门的采办裕量应符合项目的要求
	明确厂商应提供的质量检验文件、证书等
	核实阀门标记要求应符合项目规格书及标准规范的要求
	阀门在制造出厂时应对阀门的端部进行保护，避免损伤密封面和连接面
	明确材料在装载运输时所应采取的保护措施
钢板型钢	见结构专业
地漏格栅	见结构专业

3）机械专业采办料单的质量验收

（1）概述。

工程项目运行过程中，厂家需要根据承包商提供的采办料单描述来提供符合标准规范的材料并提供相应的材料证书。采办材料符合项目、公司以及相关法律法规的材料要求。

（2）机械专业采办料单的质量验收内容。

按照表4.50的内容对机械专业采办料单进行质量验收。

表4.50　机械专业采办料单的质量验收内容

验收项目	验收要求
格式	工号、WBS、文件编号、标题、页眉、页脚、目录、页码、物料号、重量、采办依据、采办内容、数量、标准应正确
紧固件	紧固件的尺寸和长度（螺栓长度＝连接件的厚度＋螺母的厚度×数量＋垫圈的厚度×数量＋两个螺纹的长度，结果向上取5倍数）应与详设规格书及图纸要求一致
	螺栓类型（普通螺栓、高强螺栓、防松螺栓）应与详设规格书及图纸要求一致
	紧固件的配套情况（螺母数量、垫片数量、垫片类型）应与详设规格书及图纸要求一致
	紧固件的数量（考虑余量）应与详设规格书及图纸的要求一致
	紧固件的性能级别（3.6、4.6、4.8、5.6、5.8、6.8、8.8、9.8、10.9、12.9等），且明确性能级别的参考规范
	紧固件的材质标准和制造标准应与详设规格书及图纸的要求一致
	紧固件的防腐要求（渗锌、浸锌、封孔剂处理、镀镉、特氟龙涂层等）应与详设规格书及图纸的要求一致
	如项目有特殊要求（应力测试），厂家需提供测试报告
型钢、钢板、无缝管	符合项目经济性要求的单根长度
	明确材料规格书或钢材采办技术的要求，符合项目材质标准、制作标准
	明确采办依据，考虑余量
	交货状态（正火、热轧、控扎），钢板边缘状态
	厂家提供原厂证书、船级社认证要求等
	加工件需附加图纸说明
消耗材料	产品型号、规格、数量确认
	明确采办依据，考虑余量
	需提供第三方机构中英文对照的检验报告及认证
	厂家提供物质安全数据单（material safety data sheet, MSDS）以及操作使用手册
	明确产品适用范围和项目相关规定

4）电气专业采办料单的质量验收

（1）概述。

工程项目运行过程中，材料厂家需要根据承包商提供的采办料单来生产相应的材料。采办料单编制是加工设计的一个重要部分，采办料单编制应合理准确，直接关系到项目的顺利运行。

（2）电气专业采办料单的质量验收。

按照表4.51的内容对电气专业采办料单进行质量验收。

表4.51　电气专业采办料单的质量验收内容

验收项目	验收要求
格式	工号、WBS、文件编号、标题、页眉、页脚、目录、页码、物料号、重量、采办依据和采办内容应正确
电缆托架	使用环境满足项目的要求
	材质及形式满足项目的要求
	采办的数量应满足项目的施工数量和采办余量要求
	到货外观要求电缆托架边缘打磨光滑，不应有任何毛刺，包括所有孔的边缘，不应有锈迹
	证书、认证要求满足项目的要求
	供应商提供详细制造图纸，产品手册，安装图纸
填料函	填料函材质应满足项目的要求
	填料函规格，铠装形式及密封范围应满足项目的要求
	防爆要求和外壳防护（ingress protection，IP）等级应满足项目的要求
	采办的数量应满足项目的施工数量和采办余量要求
	证书、认证要求应满足项目的要求
MCT	MCT规格，形式及密封范围应满足项目的要求
	防爆要求和IP防护等级应满足项目的要求
	采办的数量应满足项目的施工数量和采办余量要求
	证书、认证要求应满足项目的要求
散钢材	符合项目经济性要求的单根长度

（续表）

验收项目	验收要求
散钢材	应明确材料规格书或钢材采办技术要求
	材质标准及制作标准应满足项目的要求
	采办的数量应满足项目的施工数量和采办余量要求
	证书、认证要求应满足项目的要求

5）仪表专业采办料单的质量验收

（1）概述。

工程项目运行过程中，材料厂家需要根据承包商提供的采办料单来生产相应的材料。采办料单编制是加工设计的一个重要部分，采办料单编制应合理、准确，直接关系到项目的顺利运行。

（2）仪表专业采办料单的质量验收。

按照表4.52的内容对仪表专业采办料单进行质量验收。

表4.52　仪表专业采办料单的质量验收内容

验收项目	验收要求
格式	工号、WBS、文件编号、标题、页眉、页脚、目录、页码、物料号、重量、采办依据、采办内容应正确
电缆托架	使用环境满足项目的要求
	材质及形式满足项目的要求
	采办的数量应满足项目的施工数量和采办余量的要求
	到货外观要求电缆托架边缘打磨光滑，不应有任何毛刺，包括所有孔的边缘，不应有锈迹
	证书、认证要求满足项目的要求
	供应商提供详细制造图纸、产品手册、安装图纸
填料函	填料函材质应满足项目的要求
	填料函规格、铠装形式及密封范围应满足项目的要求
	防爆要求和IP防护等级应满足项目的要求

验收项目	验收要求
填料函	采办的数量应满足项目的施工数量和采办余量的要求
	证书、认证要求应满足项目的要求
MCT	MCT规格、形式及密封范围应满足项目的要求
	防爆要求和IP防护等级应满足项目的要求
	采办的数量应满足项目的施工数量和采办余量要求
	证书、认证要求应满足项目的要求
散钢材	符合项目经济性要求的单根长度
	应明确材料规格书或钢材采办技术的要求
	材质标准及制作标准应满足项目的要求
	采办的数量应满足项目的施工数量和采办余量要求
	证书、认证要求应满足项目的要求

6）舾装通风采办料单的质量验收

（1）概述。

工程项目运行过程中，材料厂家需要根据承包商提供的采办料单来供应相应的材料。采办料单编制是加工设计的一个重要部分，采办料单编制应合理准确，直接关系到项目的顺利运行。

（2）舾装通风采办料单的质量验收内容。

按照表4.53的内容对舾装通风专业采办料单进质量验收。

表4.53　舾装通风采办料单的质量验收内容

验收项目	验收要求
格式	项目名称、项目编号、地理位置信息、工号、WBS、文件编号、标题、专业名称、页眉、页脚、目录、页码、物料号、重量、采办依据、采办内容、技术要求、附图以及技术附件应正确
防火及隔热绝缘	证书、厚度、隔音、容重、表面包裹材料、导热系数应与详设规格书及图纸的要求一致
复合岩棉板	证书、防火等级、颜色、形式、厚度、全套安装附件应与详设规格书及图纸的要求一致

验收项目	验收要求
地面材料	证书、材质、厚度、防火等级、规格、全套安装附件应与详设规格书及图纸的要求一致
风管及其附件	规格、厚度、材质、防腐漆颜色，相关技术要求应与详设规格书及图纸的要求一致
风机支吊架及通风系统设备底座	规格、厚度、材质、防腐漆颜色，相关技术要求应与详设规格书及图纸的要求一致

7）防腐采办料单的质量验收

（1）概述。

工程项目运行过程中，材料厂家需要根据承包商提供的采办料单来生产相应的材料。采办料单编制是加工设计的一个重要部分，采办料单编制是否合理、准确直接关系到项目的顺利运行。

（2）防腐采办料单的质量验收内容。

按照表4.54的内容对防腐专业采办料单进行质量验收。

表4.54　防腐采办料单的质量验收内容

验收项目	验收要求
格式	工号、WBS、文件编号、标题、页眉、页脚、目录、页码、物料号、用量、采办依据以及采办内容应正确
油漆	油漆类型应符合涂装程序中油漆配套的要求
	稀释剂类型应符合稀释剂产品说明书的要求
	油漆理论用量计算时的涂布率应符合油漆产品说明书的要求
	油漆实际用量计算采取的损耗系数应满足施工需求
	油漆颜色应符合涂装程序中的油漆配套的要求
	油漆包装应符合油漆产品说明书的要求
防火漆	防火漆及油漆的类型应符合防火漆施工程序中的防火漆配套的要求
	稀释剂类型应符合稀释剂产品说明书的要求
	防火漆及油漆的理论用量计算时的涂布率应符合油漆产品说明书的要求

验收项目	验收要求
防火漆	防火漆及油漆的实际用量计算采取的损耗系数应满足施工需求
	防火漆及油漆的颜色应符合防火漆施工程序中的防火漆配套的要求
	防火漆及油漆的包装应符合产品说明书的要求

8）焊接材料采办料单的质量验收

（1）概述。

工程项目运行过程中，焊接材料厂家需要根据承包商提供的采办料单来生产相应的焊接材料。采办料单编制是加工设计的一个重要部分，采办料单编制是否合理、准确直接关系到项目的顺利运行。

（2）焊接材料采办料单的质量验收内容。

需按照表4.55的内容对焊接材料采办料单进行质量验收。

表4.55　焊接材料采办料单的质量验收内容

验收项目	验收要求
格式	WBS、文件编号、文件名称、页码、编校审签署等符合要求
焊接材料	采办焊材的物料号、焊材类型、规格、重量等符合要求
	页眉料单编号符合要求
	符合焊接材料技术要求包含执行标准要求、化学成分及性能要求、第三方认证要求、批号控制要求、存储要求、包装及外观要求、到货时间要求、提交资料要求等

9）结构专业施工料单的质量验收

（1）概述。

结构专业所用材料主要有板材、型材、木材等，需依据图纸统计出每种材料的用量，编制完成材料施工料单，供施工人员领取材料后下料。

（2）结构专业施工料单的质量验收内容。

按照表4.56的内容对结构专业施工料单进行质量验收。

表4.56　结构专业施工料单的质量验收内容

验收项目	验收要求
封面	结构专业材料施工料单校审细则：校审封面格式、项目名称、工号、专业、文件号、文件名、版次、日期及说明等应正确
	校审页眉、页脚、页数及页码应正确，格式应统一
说明及内容页	根据项目具体要求，校审材料汇总页与材料明细页各项参数及数量应正确且一致（材料汇总页中需根据项目实际要求考虑施工余量）
	校审材料汇总页中各行应标注采办料单号及采办料单号应正确
	校审材料汇总页中材料各项参数应与相应采办料单一致，数量应在采办料单的范围之内
	校审料单应根据项目要求进行编制

10）配管专业施工料单的质量验收

（1）概述。

材料统计完成后，编制施工料单并审核发出，施工人员据此领取材料用于施工。

（2）配管专业施工料单的质量验收内容。

按照表4.57的内容对配管专业施工料单进行质量验收。

表4.57　配管专业施工料单的质量验收内容

验收项目	验收要求
格式	文件格式、项目名称、工号、专业、文件号、文件名、版次及说明等应正确
	页眉、页脚、页数及页码应正确，格式应统一
内容	根据项目要求，校审材料汇总页与材料明细页各项参数及数量应正确且一致，材料汇总页中需根据项目实际要求考虑施工余量
	校审材料汇总页中各行应标注采办料单号，采办料单号应正确
	校审材料汇总页中材料各项参数应与相应采办料单一致，数量应在采办料单的范围之内
	校审料单应根据项目要求（如分系统、分层、分片、分材质等）进行编制
	核实所发材料应配套齐全，如阀门锁，阀门标牌等应配套发出

11）机械专业施工料单的质量验收

（1）概述。

材根据图纸和现场需求统计每种材料的用量，以采办料单为依据，根据材料到货情况编制施工料单，供施工人员领取材料后下料。

（2）机械专业施工料单的质量验收。

按照表4.58的内容对机械专业施工料单进行质量验收。

表4.58 机械专业施工料单的质量验收内容

验收项目	验收要求
机械专业施工料单	封面格式、文件名称、项目名称、文件号、总页数、工号、版次、说明、WBS编码应正确
	采办料单中应正确填写物料编号
	检查材料的名称、型号、材质、单位以及技术描述的内容应正确
	检查技术描述的内容应完整，应与采办料单一致，数量应在采办数量剩余的范围之内
	确认材料到货情况，到货尺寸、数量应与采办料单信息一致
	检查施工料单中应标明此材料的采办料单号
	确认材料用途，匹配对应图纸

12）电气专业施工料单的质量验收

（1）概述。

加设人员统计出每种材料的用量，根据对应的采办料单编制施工料单，供施工人员领取材料。

（2）电气专业施工料单的质量验收。

按照表4.59的内容对电气专业施工料单进行质量验收。

表4.59 电气专业施工料单的质量验收内容

验收项目	验收要求
格式	封面格式、文件名称、项目名称、文件号、总页数、工号、版次、说明、WBS编码应正确
	施工料单中应正确填写物料编号

（续表）

验收项目	验收要求
料单内容	材料的名称、型号、材质、单位以及技术描述的内容应正确
	技术描述的内容应完整，应与采办料单一致，数量应在采办料单的范围之内
	施工料单中应标明此材料的采办料单号或来源
	对于同一材料如涉及不同施工方领料施工，应针对不同施工方分别编制施工料单
	电缆施工料单中电缆滚筒号应与电缆厂家提供的资料一致

13）仪表专业施工料单的质量验收

（1）概述。

采办材料到货后，需加设人员按照相关图纸统计出每种材料的用量，编制成施工料单，供施工人员从材料储存地领用材料。

（2）仪表专业施工料单的质量验收。

按照表4.60的内容对仪表专业施工料单进行质量验收。

表4.60 仪表专业施工料单的质量验收内容

验收项目	验收要求
格式	封面格式，文件名称，项目名称，文件号，总页数，工号，版次，说明，WBS编码应正确，施工料单中应正确填写物料编号
料单内容	材料的名称、型号、材质、单位以及技术描述的内容应正确
	技术描述的内容应完整，应与采办料单一致，数量应在采办料单的范围之内
	施工料单中应标明此材料的采办料单号或来源
	对于同一材料如涉及不同施工方领料施工，应针对不同施工方分别编制施工料单
	电缆施工料单中电缆滚筒号应与电缆厂家提供的资料一致

14）舾装通风施工料单的质量验收

（1）概述。

材料排版完成后，需统计出每种材料的用量，编制成材料领料单，供施工人员领取材料后下料。

（2）舾装通风施工料单的质量验收内容。

按照表4.61的内容对舾装通风施工料单进行质量验收。

表4.61　舾装通风施工料单的质量验收内容

验收项目	验收要求
格式	项目名称、项目编号、地理位置信息、工号、WBS、文件编号、标题、专业名称、页眉、页脚、目录和页码应正确
内容	物料号、重量、数量应正确
	材料的名称、规格、材质应正确
	备注中的采办料单应正确

15）防腐施工料单的质量验收

（1）概述。

统计出每种材料的用量，编制成材料领料单，供施工人员领取材料后下料。

（2）防腐施工料单的质量验收内容。

按照表4.62的内容对防腐施工料单进行质量验收。

表4.62　防腐施工料单的质量验收内容

验收项目	验收要求
格式	工号、WBS、文件编号、标题、页眉、页脚、目录、页码应正确
内容	物料号、重量、数量应符合施工要求
	材料的名称、材质应与采办料单一致
	备注中的采办料单应正确

16）焊材施工料单的质量验收

（1）概述。

按照详细设计文件统计焊口规格及数量，根据焊接工艺程序计算相对应的每种材料的用量，编制成焊材施工料单，供施工人员领取材料后施工。

（2）焊材施工料单的质量验收内容。

按照表4.63的内容对焊材施工料单进行质量验收。

表4.63　焊材施工料单的质量验收内容

验收项目	验收要求
格式	项目名称、工号、WBS、文件编号、标题、页眉、页脚、目录、页码、设计证书号、版次、说明及编校审等符合要求
内容	领取本门、工程名称及项目名称符合要求
	文件编号符合要求
	物料号、焊材名称、焊材牌号、规格、数量、批号及生产厂家符合要求

4.4　平台上部组块建造过程的质量验收

4.4.1　简介

平台上部组块通常包含结构、配管、涂装、机电仪及舾装保温等专业的施工工作，下面按照材料验收及施工过程质量验收分别进行论述。

4.4.2　材料验收

本章节主要是针对建造过程中主要使用的材料的质量验收。

1）结构专业材料验收

（1）主结构钢板的质量验收。

按照表4.64的内容对主结构钢板进行质量验收。

表4.64　主结构钢板的质量验收内容

验收项目	验收标准
产品质量证书	到货材料应具备材质证书
	材质证书内容应齐全，应至少包含钢板尺寸、炉批号，化学成分、热处理状态等信息
	材质证书所示化学成分、力学性能、热处理状态等应符合项目规格书及采办技术的要求
	材质证书类型应符合项目规格书的要求
产品标识	钢板标识应清晰、齐全，应至少包含生产厂家、材料等级和炉批号等信息
	钢板标识信息应与证书所示信息相符
外观	钢板表面应清洁，无油、脂等污染物
	钢板表面应无影响使用的裂纹、分层、夹杂等缺陷
	钢板不平度及镰刀弯符合GB/T 709及GB/T 712的要求
规格尺寸	钢板厚度可接受最大负偏差应符合项目规格书的要求
	钢板的长度、宽度符合采办技术规格书及采办料单的要求
材料存储	材料应保持干燥、整洁、无油污及其他有害物质

（2）H型钢材料的质量验收。

按照表4.65的内容对H型钢材料进行质量验收。

表4.65　H型钢材料的质量验收内容

验收项目	验收标准
产品质量证书	到货材料应具备材质证书
	材质证书内容应齐全，应至少包含型钢尺寸、炉批号、化学成分等信息
	材质证书所示化学成分、力学性能等应符合项目规格书及采办技术的要求
	材质证书类型应符合项目规格书的要求
产品标识	型钢标识应清晰、齐全，应至少包含生产厂家、材料等级、炉批号等信息
	型钢标识信息应与证书所示信息相符

（续表）

验收项目	验收标准
外观	型钢表面应清洁，无油、脂等污染物
	型钢外观应符合 GB/T 11263 标准的要求，表面应无影响使用的裂纹、分层和夹杂等缺陷
规格尺寸	型钢的规格尺寸应符合 GB/T 11263 标准的要求
	型钢的尺寸应符合项目规格书及采办料单的要求
材料存储	材料应保持干燥、整洁、无油污及其他有害物质

（3）结构无缝钢管材料的质量验收。

按照表 4.66 的内容对结构无缝钢管材料进行质量验收。

表 4.66　结构无缝钢管材料的质量验收内容

验收项目	验收标准
产品质量证书	到货材料应具备材质证书
	材质证书内容应齐全，应至少包含尺寸、炉批号、化学成分等信息
	材质证书所示化学成分、力学性能等应符合项目规格书的要求
	材质证书类型应符合项目规格书的要求
产品标识	钢管标识应清晰、齐全，应至少包含生产厂家、材料等级、炉批号等信息
	标识信息应与证书所示信息相符
外观	钢管表面应清洁，无油、脂等污染物
	钢管的内外表面不允许有影响使用的裂纹、结疤、离层等缺陷
规格尺寸	钢管规格尺寸应符合 GB/T 8162 标准的要求
	钢管长度应符合采办料单的要求
	钢管的直线度应符合采办料单的要求
材料存储	材料应保持干燥、整洁、无油污及其他有害物质

（4）格栅的质量验收。

按照表 4.67 的内容对格栅进行质量验收。

表4.67　格栅的质量验收内容

验收项目	验收标准
产品质量证书	到货材料应具备材质证书
	材质证书内容应齐全，应至少包含生产厂家、用钢牌号、型号规格、每批重量、锌层厚度等信息
	材质证书类型应符合项目规格书的要求
产品标识	标识信息应齐全，应至少包含生产厂代号、格栅型号、标准号及格栅编号等信息
	标识信息应与证书所示信息相符
外观	格栅应包装良好，表面应清洁，无油、脂等污染物
	格栅外观应满足YB/T 4001标准要求，应无影响使用的毛刺、锌层剥落等缺陷
规格尺寸	格栅规格尺寸应满足YB/T 4001标准的要求
材料存储	材料存储应保持干燥、整洁、无油污及其他有害物质

（5）特氟龙板的质量验收。

按照表4.68的内容对特氟龙板进行质量验收。

表4.68　特氟龙板的质量验收内容

验收项目	验收标准
产品质量证书	到货材料应具备材质证书
	材质证书内容应齐全，应至少包含摩擦系数、抗压强度，抗撕裂强度等信息
	材质证书类型应符合项目规格书的要求
产品标识	标识信息应与证书所示信息相符
外观	特氟龙板表面应清洁，无油、脂等污染物
	特氟龙板表面应完好、无损伤
规格尺寸	特氟龙板的长度、宽度尺寸偏差应符合项目规格书的要求
材料存储	材料应保持干燥、整洁，无油污及其他有害物质

2）油漆的质量验收

按照表4.69的内容对油漆进行质量验收。

表4.69　油漆的质量验收内容

验收项目	验收标准
油漆数量、规格及出厂合格证书	油漆数量、规格应符合采办料单的要求，出厂合格证书应齐全
	油漆证书应齐全，满足最新国际标准和行业标准的要求
油漆包装	油漆包装完好，无碰撞变形，无渗漏；应根据用途按类进行标识
油漆桶标签	油漆桶标签应至少包含生产批号、生产厂商名称、生产日期和颜色编号等信息

3）配管专业材料验收

（1）管线材料的质量验收。

按照表4.70的内容对管线材料进行质量验收。

表4.70　管线材料的质量验收内容

验收项目	验收标准
产品质量证书	到货材料应具备材质证书
产品质量证书	材质证书内容应齐全，应至少包含证书编号、产品名称、制造技术标准、材质级别、规格尺寸、制造方法、交货状态和数量等信息
	材质证书所示化学成分、力学性能等应符合项目规格书及产品的材料标准
	材质证书类型应符合项目规格书的要求
产品标识	标识信息应齐全，应至少包含管线材质、规格尺寸和炉批号等信息
	标识信息应与证书所示信息相符
外观	表面应清洁，无油、脂等污染物
	管线表面应无影响使用的裂纹、凹陷、机械划伤等缺陷
规格尺寸	管线管径、直线度等应符合项目规格书、采办技术要求及产品的制造标准要求，管线上任意一点的厚度不能低于壁厚偏差所允许的最小值
	管线长度应符合采办料单的要求
材料存储	材料应保持干燥、整洁、无油污及其他有害物质

（2）管件材料的质量验收。

按照表4.71的内容对管件材料进行质量验收。

表4.71　管件材料的质量验收内容

验收项目	验收标准
产品质量证书	到货材料应具备材质证书
	材质证书内容应齐全，应至少包含证书编号、产品名称、制造技术标准、材质级别、规格尺寸、制造方法、交货状态和数量等信息
	材质证书所示化学成分、力学性能数值等应符合采办技术的要求
	材质证书类型应符合项目规格书的要求
产品标识	标识信息应齐全，应至少包含管件材质、规格尺寸和炉批号等信息
	标识信息应与证书所示信息相符
外观	表面应清洁，无油、脂等污染物
	管件表面应无影响使用的裂纹、凹陷和机械划伤等缺陷
规格尺寸	管件尺寸、坡口形式等应符合规格书、采办技术要求及产品的制造标准，管件上任意一点的厚度不能低于壁厚偏差所允许的最小值
材料存储	材料应保持干燥、整洁、无油污及其他有害物质

（3）法兰材料的质量验收。

按照表4.72的内容对法兰材料进行质量验收。

表4.72　法兰材料的质量验收内容

验收项目	验收标准
产品质量证书	到货材料应具备材质证书
	材质证书内容应齐全，应至少包含证书编号、产品名称、制造技术标准、材质级别、规格尺寸、制造方法、交货状态和数量等信息
	材质证书所示化学成分、力学性能等应符合采办技术的要求
	材质证书类型应符合项目规格书的要求
产品标识	标识信息应齐全，应至少包含材质、规格尺寸和磅级等信息
	标识信息应与证书所示信息相符

（续表）

验收项目	验收标准
外观	法兰表面应清洁，无油、脂等污染物
	法兰类型及端面形式应符合采办料单的要求
	法兰面应完好无损伤
规格尺寸	法兰尺寸、坡口形式等应符合采办技术要求及产品制造标准
材料存储	材料应保持干燥、整洁、无油污及其他有害物质

（4）手动阀门的质量验收。

按照表4.73的内容对手动阀门进行质量验收。

表4.73　手动阀门的质量验收内容

验收项目	验收标准
产品质量证书	到货材料应具备材质证书
产品质量证书	产品质量证书内容应齐全，应至少包含证书编号、材质、规格尺寸等信息
	产品质量证书所示各项测试数值应符合采办技术的要求
	材质证书类型应符合项目规格书的要求
产品标识	阀门铭牌等标识信息应齐全
	标识信息应与证书所示信息相符
外观	阀门应完好无损坏，密封面、油漆应完好、无损坏
	手轮、手柄、销、键、锁开或锁关机构、铅封组件等应齐全
规格尺寸	阀门孔径尺寸应正确，尺寸公差应符合采办技术的要求
材料存储	阀门端口应有保护

4）机电仪专业材料验收

（1）静设备的质量验收。

按照表4.74的内容对静设备进行质量验收。

表4.74   静设备的质量验收内容

验收项目	验收标准
产品质量证书	检验测试报告、产品合格证书等应齐全
产品标识	设备标识、铭牌应完整、清晰
外观	表面涂层应无损坏，焊接外观应无缺陷
设备及附件完整性	设备应完整无损，附件应齐全、无遗漏
管嘴	规格、数量应与厂家图纸一致，法兰面应无损伤
气体保护压力	气体保护压力应与厂家到货资料一致
材料存储	应与设备保护程序要求一致

（2）动设备的质量验收。

按照表4.75的内容对动设备进行质量验收。

表4.75   动设备的质量验收内容

验收项目	验收标准
产品质量证书	检验测试报告、产品合格证书等应齐全
产品标识	设备标识、铭牌应完整、清晰
外观	表面涂层应无损坏，焊接外观应无缺陷
设备及附件完整性	设备应完整无损坏，附件应齐全、无遗漏
管嘴	规格、数量应与厂家图纸一致；法兰面应无损伤
规格型号	应与厂家资料一致
材料存储	应与设备保护程序要求一致

（3）灭火器的质量验收。

按照表4.76的内容对灭火器进行质量验收。

表4.76　灭火器的质量验收内容

验收项目	验收标准
产品质量证书	检验测试报告、产品合格证书等应齐全
产品标识	设备标识如名称、型号、灭火剂的种类、灭火种类等信息应完整、清晰
外观	灭火器的压把、阀体等金属件应完好无损坏；灭火器喷嘴应无变形、开裂、损伤等缺陷
规格型号	应与采办料单技术要求一致
材料存储	应与设备保护程序要求一致

（4）七氟丙烷系统（FM-200）的质量验收。

按照表4.77的内容对七氟丙烷系统（FM-200）进行质量验收。

表4.77　七氟丙烷系统（FM-200）的质量验收内容

验收项目	验收标准
产品质量证书	检验测试报告、产品合格证书及第三方认证证书应齐全
产品标识	设备标识如名称、型号、灭火剂的种类、灭火种类等信息应完整、清晰
外观	气瓶、阀等金属件应无变形、开裂、损伤等缺陷
规格型号	应与采办料单技术要求一致
材料存储	应与设备保护程序要求一致

（5）安全标识牌的质量验收。

按照表4.78的内容对安全标识牌进行质量验收。

表4.78　安全标识牌的质量验收内容

验收项目	验收标准
产品质量证书	产品合格证书应齐全
产品标识	设备标识（如字体颜色、大小、背景色等）信息应完整、清晰
外观	应完好无损坏
规格型号	应与采办料单技术要求一致
材料存储	应与设备保护程序要求一致

（6）填料函的质量验收。

按照表4.79的内容对填料函进行质量验收。

表4.79　填料函的质量验收内容

验收项目	验收标准
产品质量证书	防爆填料函应有防爆证书，非防爆填料函应有产品合格证书
产品标识	防爆填料函本体上标识应包含规格、厂家名称、防爆类型、设备组别、温度等级、防爆证书编号等信息且应清晰、准确；非防爆填料函本体上标识应包含规格、厂家名称等信息且应清晰、准确
外观	外观应无氧化、损伤等缺陷，部件应齐全、无遗漏
规格尺寸	应与采办料单技术要求一致
材料存储	应与厂家保护技术要求一致

（7）电缆的质量验收。

按照表4.80的内容对电缆进行质量验收。

表4.80　电缆的质量验收内容

验收项目	验收标准
产品质量证书	产品合格证书及防火等级证书应齐全
产品标识	外护套应包含制造标准、厂家名称、规格型号和长度等信息且应清晰、准确
外观	外护套应完好无损坏，电缆两端应加保护，应无明显挤压、变形
规格尺寸	应与采办料单技术要求一致
连续性和绝缘电阻测试	芯与铠、芯与芯、铠与屏蔽、分屏与总屏、分屏与分屏的绝缘电阻测量值应符合技术要求，线芯应连续，无断开
材料存储	应与厂家保护技术要求一致

（8）电伴热材料的质量验收。

按照表4.81的内容对电伴热材料进行质量验收。

表4.81　电伴热材料的质量验收内容

验收项目	验收标准
产品质量证书	产品合格证书及防爆证书应齐全
产品标识	伴热带外护套应包含厂家名称、防爆类型、设备组别、温度等级、规格型号和长度等信息，且信息应清晰、准确，电源盒、三通、尾端等设备铭牌信息应清晰、准确
外观	伴热带外护套应完好无损坏，伴热带两端应加保护，伴热带应无明显挤压、变形，电源盒、三通、尾端等设备应完好无损坏
规格尺寸	应与采办料单技术要求一致
连续性和绝缘电阻测试	芯与铠之间的绝缘电阻测量值应符合项目技术要求，线芯应连续、无断开
材料存储	应与厂家保护技术要求一致

（9）控制类阀门的质量验收。

按照表4.82的内容对控制类阀门进行质量验收。

表4.82　控制类阀门的质量验收内容

验收项目	验收标准
产品质量证书	检验测试报告、产品合格证书及防爆证书应齐全
产品标识	阀门流向标识应清晰、准确，阀门及阀门附件铭牌信息应与厂家资料一致
外观	阀门表面涂层应完好无损，法兰面应保护完好无损，电磁阀、定位器、限位开关外壳应完好无损
规格尺寸	应与采办料单技术要求一致
材料存储	应与厂家保护技术要求一致

（10）仪表管及阀件的质量验收。

按照表4.83的内容对仪表管及阀件进行质量验收。

表4.83　仪表管及阀件的质量验收内容

验收项目	验收标准
产品质量证书	检验测试报告及产品合格证书应齐全
产品标识	应包含厂家名称、规格和材质等信息且清晰、准确
外观	仪表管应无挤压、变形，表面应无污染，阀件螺纹应完好无损，部件应齐全、无遗漏，两端应封堵
规格型号	应与采办料单技术要求一致
材料存储	应与厂家保护技术要求一致

（11）电缆托架的质量验收。

按照表4.84的内容对电缆托架进行质量验收。

表4.84　电缆托架的质量验收内容

验收项目	验收标准
产品质量证书	材质证书及产品合格证书应齐全
外观	应无弯曲、变形、毛刺等缺陷，应无焊接缺陷
规格型号	应与采办料单技术要求一致
材料存储	应与厂家保护技术要求一致

（12）MCT的质量验收。

按照表4.85的内容对MCT进行质量验收。

表4.85　MCT的质量验收内容

验收项目	验收标准
产品质量证书	产品合格证书及防火等级证书应齐全
外观	MCT模块应无肉眼可见的老化、破损等缺陷，MCT框架、楔形压紧件、隔层板应完好无损，润滑脂应处于有效期之内，且无开盒、破损
规格尺寸	应与采办料单技术要求一致
材料存储	应与厂家保护技术要求一致

（13）电仪杂散料的质量验收。

按照表4.86的内容对电仪杂散料进行质量验收。

表4.86　电仪杂散料的质量验收内容

验收项目	验收标准
产品质量证书	产品合格证书应齐全
外观	电缆标识牌应无变形，设备标识牌字体颜色、背景颜色应与采办料单一致，电缆扎带应无挤压变形，接线端子绝缘护套应完好无损，紧固件螺纹应无损伤
规格尺寸	应与采办料单技术要求一致
材料存储	应与厂家保护技术要求一致

（14）灯具、插座以及接线盒的质量验收。

按照表4.87的内容对灯具、插座以及接线盒进行质量验收。

表4.87　灯具、插座以及接线盒的质量验收内容

验收项目	验收标准
产品质量证书	产品合格证书及防爆证书应齐全
产品标识	铭牌应包含厂家名称、电压等级、防护等级、规格型号等信息且信息应清晰、准确
外观	设备外壳、灯管应完好无损坏，进线孔应封堵，设备内部端子排应完好无损坏
规格型号	应与采办料单技术要求一致
材料存储	应与厂家保护技术要求一致

（15）蓄电池的质量验收。

按照表4.88的内容对蓄电池进行质量验收。

表4.88　蓄电池的质量验收内容

验收项目	验收标准
产品质量证书	产品合格证书及检验测试报告应齐全
产品标识	标识信息应清晰、准确

验收项目	验收标准
外观	外壳应完好无破损，正负极接线柱应无氧化
规格型号	应与采办料单技术要求一致
材料存储	应与厂家保护技术要求一致

（16）现场仪表的质量验收。

按照表4.89的内容对现场仪表进行质量验收。

表4.89　现场仪表的质量验收内容

验收项目	验收标准
产品质量证书	产品合格证书及防爆证书应齐全
产品标识	铭牌应完好无损，仪表位号应清晰、准确
外观	外壳、显示屏应完好无破损，阀组连接孔、仪表进线孔应封堵，法兰面应保护完好、无损坏
规格型号	应与采办料单技术要求一致
材料存储	应与厂家保护技术要求一致

（17）火气系统设备的质量验收。

按照表4.90的内容对火气系统设备进行质量验收。

表4.90　火气系统设备的质量验收内容

验收项目	验收标准
产品质量证书	产品合格证书及防爆证书应齐全
产品标识	铭牌应完好无损，仪表位号应清晰、准确
外观	外壳应完好无破损，进线孔应封堵
规格型号	应与采办料单技术要求一致
材料存储	应与厂家保护技术要求一致

（18）接线箱的质量验收

按照表4.91的内容对接线箱进行质量验收。

表4.91　接线箱的质量验收内容

验收项目	验收标准
产品质量证书	产品合格证书及防爆证书应齐全
产品标识	铭牌应包含厂家名称、电压等级、防护等级以及规格型号等信息且信息应清晰、准确
外观	设备外壳应完好无损坏，进线孔应封堵，设备内部端子排应完好无损坏
规格型号	应与采办料单技术要求一致
材料存储	应与厂家保护技术要求一致

（19）控制盘和操作台的质量验收。

按照表4.92的内容对控制盘和操作台进行质量验收。

表4.92　控制盘和操作台的质量验收内容

验收项目	验收标准
产品质量证书	应具备产品合格证书
产品标识	铭牌应包含厂家名称和规格型号等信息且信息应清晰、准确
外观	外壳应完好无损坏，内部端子排、电缆槽盒应完好无损坏，门应正常开合
规格型号	应与采办料单技术要求一致
材料存储	应与厂家保护技术要求一致

（20）盘柜的质量验收。

按照表4.93的内容对盘柜进行质量验收。

表4.93　盘柜的质量验收内容

验收项目	验收标准
产品质量证书	产品合格证书及检验测试报告应齐全
产品标识	铭牌应包含厂家名称、防护等级和规格型号等信息且信息应清晰、准确
外观	外壳应完好无损，内部端子排、电缆槽盒应完好无损，门应正常开合，电压表、电流表、频率表、功率表显示屏应完好无损

验收项目	验收标准
规格型号	应与采办料单技术要求一致
材料存储	应与厂家保护技术要求一致

（21）变压器的质量验收。

按照表4.94的内容对变压器进行质量验收。

表4.94　变压器的质量验收内容

验收项目	验收标准
产品质量证书	产品合格证书及检验测试报告应齐全
产品标识	铭牌应包含厂家名称、防护等级和规格型号等信息且信息应清晰、准确
外观	外壳应完好无损坏，接线柱应无氧化
规格型号	应与采办料单技术要求一致
材料存储	应与厂家保护技术要求一致

（22）海缆箱的质量验收。

按照表4.95的内容对海缆箱进行质量验收。

表4.95　海缆箱的质量验收内容

验收项目	验收标准
产品质量证书	产品合格证书、检验测试报告及防爆证书应齐全
产品标识	铭牌应包含厂家名称、防护等级、防爆类型和规格型号等信息且信息应清晰、准确
外观	外壳应完好无损坏，接线柱应无氧化
规格型号	应与采办料单技术要求一致
材料存储	应与厂家保护技术要求一致

（23）多相流量计的质量验收。

按照表4.96的内容对多相流量计进行质量验收。

表4.96　多相流量计的质量验收内容

验收项目	验收标准
产品质量证书	产品合格证书及防爆证书应齐全
产品标识	铭牌应完好无损坏，仪表位号应清晰、准确
外观	外壳、显示屏应完好无破损，阀组连接孔、仪表进线孔应封堵，法兰面应保护完好、无损坏，仪表管应无弯曲、变形等缺陷，仪表管连接应可靠
完整性	应齐全、无遗漏且与厂家资料一致
规格型号	应与采办料单技术要求一致
材料存储	应与厂家保护技术要求一致

（24）电仪散钢材的质量验收。

按照表4.97的内容对电仪散钢材进行质量验收。

表4.97　电仪散钢材的质量验收内容

验收项目	验收标准
产品质量证书	产品合格证书及材质证书应齐全
产品标识	炉批号信息应清晰、准确
外观	无肉眼可见的气泡、结疤、裂纹、折叠、夹杂和压入氧化铁皮等缺陷
规格型号	应与采办料单技术要求一致
材料存储	应与厂家保护技术要求一致

（25）通信设备的质量验收。

按照表4.98的内容对通信设备进行质量验收。

表4.98　通信设备的质量验收内容

验收项目	验收标准
产品质量证书	产品合格证书及防爆证书应齐全
产品标识	铭牌应完好无损坏，设备位号应清晰、准确
外观	外壳应完好无破损，进线孔应封堵

验收项目	验收标准
规格型号	应与采办料单技术要求一致
材料存储	应与厂家保护技术要求一致

（26）HVAC系统设备的质量验收。

按照表4.99的内容对HVAC系统设备进行质量验收。

表4.99　HVAC系统设备的质量验收内容

验收项目	验收标准
产品质量证书	检验测试报告、产品合格证书应齐全
产品标识	设备标识、铭牌应完整、清晰
外观	表面涂层应无损坏，焊接外观应无缺陷，风闸开度应与厂家资料一致
设备及附件完整性	设备应完整无损，附件应齐全、无遗漏
规格型号	应与采办料单技术要求一致
材料存储	应与厂家保护技术要求一致

（27）风管的质量验收。

按照表4.100的内容对风管进行质量验收。

表4.100　风管的质量验收内容

验收项目	验收标准
产品质量证书	产品合格证书应齐全
外观	表面涂层应无损坏，焊接外观应无缺陷
规格尺寸	应与采办料单技术要求一致
材料存储	应与设备保护程序要求一致

5）舾装保温专业材料验收

（1）岩棉、铝板的质量验收。

按照表4.101的内容对岩棉、铝板进行质量验收。

表4.101　岩棉、铝板的质量验收内容

验收项目	验收标准
产品质量证书	到货材料应具备产品质量证书
	产品质量证书内容应齐全，应至少包含生产厂家、材质、规格尺寸等信息
	产品质量证书类型应符合项目规格书的要求
材质成分	材质成分应符合设计要求及相应材料标准的要求
外观	铝板外观应无影响使用的破损、变形、裂纹等缺陷
	岩棉材料应干燥
规格型号	材料规格型号应符合采办料单的要求

（2）保温辅材的质量验收。

按照表4.102的内容对保温辅材进行质量验收。

表4.102　保温辅材的质量验收内容

验收项目	验收标准
产品质量证书	到货材料应具备产品质量证书
	产品质量证书内容应齐全，应至少包含生产厂家、材质和规格尺寸等信息
	产品质量证书类型应符合项目规格书的要求
材质成分	材质成分应符合设计要求及相应材料标准的要求
外观	外观应无影响使用的破损和变形等缺陷
	密封剂应处于有效期内
规格型号	材料规格型号应符合采办料单的要求

（3）舾装板的质量验收。

按照表4.103的内容对舾装板进行质量验收。

表4.103 舾装板的质量验收内容

验收项目	验收标准
产品质量证书	到货材料应具备产品质量证书
	产品质量证书内容应齐全，应至少包含生产厂家、材质和规格尺寸等信息
	产品质量证书类型应符合项目规格书的要求
产品标识	标识应清晰、明显
	标识信息应与证书所示信息相符
	标识所示防火等级应符合项目规格书及采办料单的要求
外观	外观应无影响使用的破损和变形等缺陷
	舾装板颜色应与采办技术要求一致
规格型号	材料规格型号应符合采办料单的要求

（4）门和窗的质量验收。

按照表4.104的内容对门和窗进行质量验收。

表4.104 门和窗的质量验收内容

验收项目	验收标准
产品质量证书	到货材料应具备产品质量证书
	产品质量证书内容应齐全，应至少包含生产厂家、材质和规格尺寸等信息
	产品质量证书类型应符合项目规格书的要求
产品标识	标识应清晰、明显
	标识信息应与证书所示信息相符
	标识所示防火等级应符合采办技术及规格书的要求
外观	外观应无影响使用的破损、变形等缺陷
	门窗颜色应与采办料单的要求一致
规格型号	材料规格型号应符合采办料单的要求
	五金配件应齐全且应与供货清单一致

（5）甲板敷料和地板材料的质量验收。

按照表4.105的内容对甲板敷料和地板进行质量验收。

表4.105 甲板敷料和地板的质量验收内容

验收项目	验收标准
产品质量证书	到货材料应具备产品质量证书
	产品质量证书内容应齐全，应至少包含生产厂家、材质和规格尺寸等信息
	产品质量证书类型应符合项目规格书的要求
产品标识	标识应清晰、明显
	标识信息应与证书所示信息相符
外观	产品包装应完好、无破损，材料应处于有效期内
规格型号	材料规格型号应符合采办料单的要求

（6）家具的质量验收。

按照表4.106的内容对家具进行质量验收。

表4.106 家具的质量验收内容

验收项目	验收标准
产品质量证书	到货材料应具备产品质量证书
	产品质量证书内容应齐全，应至少包含生产厂家、材质和规格尺寸等信息
	产品质量证书类型应符合项目规格书的要求
产品标识	标识应清晰、明显
	标识信息应与证书所示信息相符
外观	产品包装应完好、无破损
	颜色应与采办料单一致
规格型号	材料规格型号应符合采办料单要求
	附件应齐全

6）焊接材料的质量验收

按照表4.107的内容对焊接材料进行质量验收。

表4.107 焊接材料的质量验收内容

验收项目	验收标准
焊接材料材质证书	焊材材质证明书应包括的内容有牌号、批号、生产日期、生产制造标准、试验的实测数据和结果、第三方机构的认证签章
	检查材质证明书内容与合同要求一致性，试验数据、结果应满足规格书的要求
焊接材料批号	核对焊材包装上的牌号、批号、生产日期、焊材数量等信息与材质证明书、来料清单的一致性
	每种类型的焊条，焊丝和焊剂应根据其牌号或者厂家说明书进行存放以免混乱
	焊条、焊丝和焊剂根据用途按类进行标识
包装破损	所有的焊条都应避免药皮受到损伤
	包装破损后，应对焊条进行检查，检查药皮破损程度
	所有的卷状焊丝应检查发生弯曲、无序缠绕等问题
焊材有无受潮	所有焊条都必须储存在干燥的场所中
	和水接触后的焊条不允许使用
	焊条，焊丝和焊剂应存放于离地高0.3 m以上以使空气流通

4.4.3 结构专业建造过程的质量验收

结构专业按照建造工序主要包括结构管预制、组合梁预制、甲板片预制、散件预制和结构总装等主要阶段，各阶段的检验流程基本分为材料检验、组对检验、过程监控、外观检验及释放检验。结构专业检验流程如图4.54所示。

按照表4.108的内容对结构专业建造过程进行质量验收。

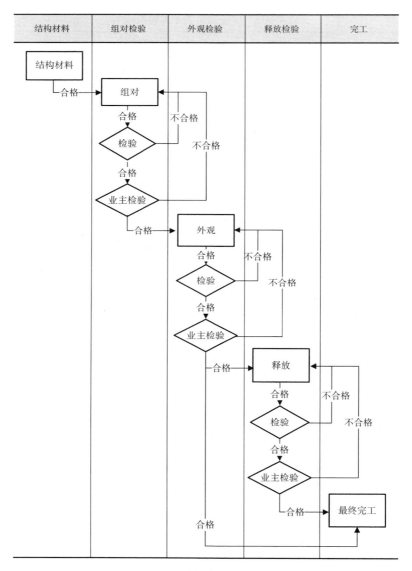

图4.54　结构专业检验流程

表4.108 结构专业建造过程的质量验收内容

验收项目	验收标准
材料	材料一般应带有出厂钢印，标识应清晰可见，所包含信息应与材质证书一致
	材料外观应完好、无损坏，应符合项目规格书的要求，材料规格（包括余料）应符合图纸的要求
	下料完成的杆件（包括余料）一般应按项目规格书的要求，完成原材料钢印转移，钢印应至少包含项目名称、杆件号、炉批号和材料等级等信息
组对	结构件长度应符合项目规格书、相关标准、建造程序及图纸的要求
	焊缝错边应符合项目规格书、相关标准及建造程序的要求
	管周长、直径应符合项目规格书、相关标准及卷管程序的要求
	管椭圆度应符合项目规格书、相关标准及卷管程序的要求
	管直线度应符合项目规格书、相关标准及卷管程序的要求
	相邻管段纵缝间距应符合项目规格书及相关标准的要求
	管内部加强环、压溃环等附件安装位置应与图纸一致
	组合梁组对尺寸应符合项目规格书、组合梁预制程序的要求
	立柱、拉筋接长的环焊缝错边应符合项目规格书及相关标准的要求
	节点段或立柱、拉筋安装时的中心线定位应符合项目规格书、建造程序及图纸的要求
	拉筋及立柱间管外壁延长线间最小间隙（GAP）值应符合项目规格书、建造程序及图纸的要求
	轨道梁尺寸及定位尺寸应符合项目规格书及图纸的要求
	主梁、次梁安装定位尺寸应符合项目规格书、建造程序、图纸的要求
	筋板和隔板的安装位置应符合项目规格书、建造程序及图纸的要求
	甲板及格栅的安装位置应符合项目规格书、建造程序及图纸的要求
	吊点的安装位置应符合项目规格书、建造程序及图纸的要求
	不同厚度的板拼接时，当厚度差超出图纸要求，应加工过渡面，过渡面的坡度应符合图纸的要求
	定位焊长度一般至少为50 mm，应具备合适间隔、厚度，定位焊两端应通过打磨呈现一定倾斜过渡，以利于后续焊接
	引弧板、熄弧板的材质、厚度及坡口形式应与相邻母材保持一致，弧板应具备足够的长度
	其他结构的安装位置应符合项目规格书、建造程序及图纸要求

（续表）

验收项目	验收标准
坡口形式	坡口形式应符合图纸及WPS的要求
	坡口面应平齐，不应有过凸或过凹现象
	坡口角度、间隙、钝边等应符合WPS的要求
	坡口表面应打磨清理干净，不应有氧化铁等杂质
堆焊验收	堆焊应按照结构堆焊程序，使用与母材相匹配的焊接工艺（WPS）进行
	焊后外观应符合AWS D1.1/D1.1M的要求，堆焊后尺寸应符合WPS或项目规格书的要求
	NDT探伤结果应符合程序要求（如需要）
焊接区域	焊接区域两侧25 mm范围（从最终焊缝焊趾处开始测量），不应有疏松的或厚的氧化皮、残渣、铁锈、潮湿、油脂和其他妨碍正常焊接或产生烟雾的外来物质
焊接过程控制	预热工作应符合预热控制程序及焊接工艺的要求
	预热温度应符合预热控制程序及焊接工艺的要求
	层间温度应符合预热控制程序及焊接工艺的要求
	电流电压值应符合焊接工艺的要求
	焊接速度应符合焊接工艺的要求
	层间清理应符合结构焊接程序的要求
	背部清根应符合结构焊接程序的要求
	保护气应符合焊接工艺的要求
	焊接区域挡风措施良好，风速应满足项目规格书及结构焊接程序的要求
	焊接摆宽应符合焊接工艺的要求
	焊接过程其他注意事项应符合焊接程序及焊接工艺（WPS）的要求
焊材存储及使用	焊材存储及领用应与焊材保管和控制程序要求一致
	焊材使用应符合焊接工艺（WPS）的要求
外观	应符合项目规格书及AWS D1.1/D1.1M的要求
焊后尺寸	结构件焊接完成后的尺寸应符合项目规格书、施工程序、图纸及相关标准的要求
焊接返修	焊接修复工作应与结构焊接修复程序的要求一致
	返修外观应符合AWS D1.1/D1.1M的要求
	NDT探伤结果应符合程序要求

验收项目	验收标准
调直	调直工作应与机械和热调直程序的要求一致
	调直后杆件尺寸应满足建造程序及图纸的要求
焊后热处理验收	热电偶数量、位置、保温棉包裹情况应符合结构焊后热处理程序的要求
	热处理曲线升温速率、保温时间、降温速率应符合结构焊后热处理程序的要求
释放	所有的杆件应按图纸要求安装完毕且位置正确
	整体外观和尺寸应符合图纸和建造程序的要求
	杆件边缘倒角应满足图纸及涂装程序的要求
	结构管被交位置应符合图纸的要求
	所有的无损检测工作均应完成
房间验收	房间墙皮定位位置、垂直度和直线度应符合项目规格书、建造程序及图纸的要求
	房间与房间、房间与外界的上方梁的过焊孔应根据项目规格书的要求进行封堵

4.4.4 涂装专业建造过程的质量验收

（1）涂装专业流程如图4.55所示。

（2）按照表4.109的内容对涂装专业建造过程进行质量验收。

表4.109 涂装专业建造过程的质量验收内容

验收项目	验收标准
样板实验	样板实验应完成、拉拔数值应符合项目规格书的要求
表面处理环境	相对湿度应低于85%或油漆厂商推荐
	钢材表面温度应至少高于露点温度3 ℃
	雨天、雾天等不应进行露天表面处理作业
表面处理等级	表面处理等级应符合项目规格书及涂装程序要求
粗糙度	表面粗糙度值应符合项目规格书、涂装程序对应的涂装系统配套的要求
	当表面处理要求为SSPC–SP11时，表面粗糙度值应不低于25 μm
表面盐分	表面盐分应低于50 mg/m² 或符合项目规格书及油漆厂商的要求
灰尘度	灰尘度应不超过ISO 8502–3 CLASS 2等级或符合项目规格书及油漆厂商的要求

（续表）

验收项目	验收标准
灰尘度	待涂表面应无肉眼可见的油、脂等污染物
油漆材料	油漆材料应处于有效期内
	油漆应无分层、胶结等现象
油漆施工环境	相对湿度应低于85%或油漆厂商推荐
	钢材表面温度应至少高于露点温度3 ℃
	雨天、雾天等不应进行露天油漆施工作业
漆膜外观检验	漆膜外观应符合项目规格书及涂装程序的要求
	漆膜表面应无任何油、脂等污染物
漆膜厚度	平均漆膜厚度及最小漆膜厚度应符合项目规格书及涂装程序的要求
	最大漆膜厚度应符合油漆厂商推荐
涂层附着力	油漆附着力应大于5 MPa或符合项目规格书、涂装程序及油漆厂商的要求
漏涂点	漏涂点应符合项目规格书及涂装程序的要求
镀锌杆件	锌层厚度应符合项目规格书的要求
	锌层表面应无杂质、锌灰、漏镀等缺陷
终检释放	释放区域油漆应全部完成
	油漆外观应符合项目规格书及涂装程序的要求
	涂层厚度应符合项目规格书及涂装程序的要求

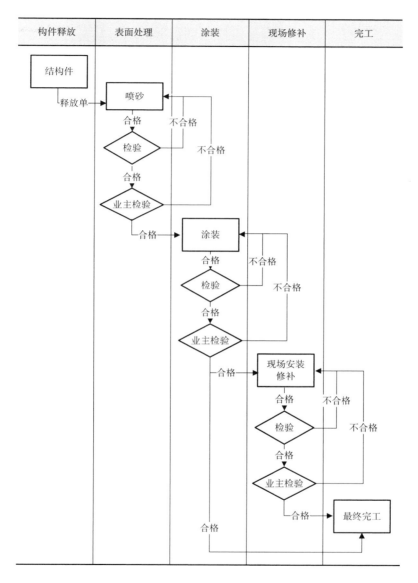

图4.55 涂装检验流程

4.4.5　配管专业建造过程的质量验收

配管专业检验流程如图4.56所示。

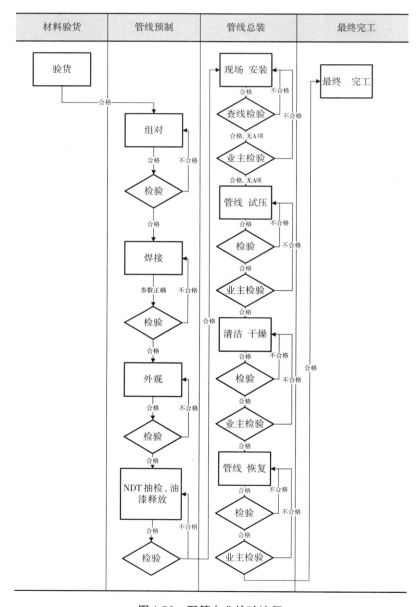

图4.56　配管专业检验流程

按照表4.110的内容对配管专业建造过程进行质量验收。

表4.110　配管专业建造过程的质量验收内容

验收项目	验收标准
材料确认	材料应带有出厂钢印，标识应清晰可见，所包含信息应与材质证书一致
	材料外观应完好、无损坏，应符合项目规格书的要求
组对	管线组对所使用材料应符合三维图的要求，并且完好无损坏
	装配尺寸及公差应符合三维图、项目规格书、管线建造程序及管线组对外观检验程序的要求
	母材表面处理、焊缝坡口角度、根部间隙、钝边尺寸等应符合焊接工艺（WPS）的要求，焊缝内外错边量应符合管线建造程序要求
焊接	焊前预热温度应符合项目规格书及所选用的焊接工艺（WPS）的要求
	在焊接过程中，焊道层间温度应符合项目规格书及所选用的焊接工艺（WPS）的要求
	焊接过程中的电流值应符合所采用的焊接工艺（WPS）的要求
	焊接过程中的电压值应符合所采用的焊接工艺（WPS）的要求
	焊接过程中的焊接速度应符合所采用的焊接工艺（WPS）的要求
	焊材选用应符合所采用的焊接工艺（WPS）的要求
	焊材存储及领用应符合焊材保管和控制程序的要求
	其他焊接注意事项应符合项目规格书及焊接工艺（WPS）的要求
外观	焊缝外观应符合项目规格书、管线组对外观检验程序及ASME B31.3中的相关要求
	焊后尺寸应符合项目规格书、管线组对外观检验程序及管线建造程序中的相关要求
无损检验（NDT）抽检	焊口外观检验完成后，应按照项目规格书要求，对焊口进行无损检验抽检（需要进行热处理的焊口应在热处理合格后进行无损检验），如出现无损检验不合格的焊口，应根据ASME B31.3中的相关要求进行追加
热处理	热电偶的数量及安装位置、保温棉包裹情况、升温速率、保温时间及降温速率等应符合管线焊后热处理程序的要求
管段涂装前释放检验	管段焊口外观检验结果应合格且报告齐全，管段焊口热处理（如需要）结果应合格且报告齐全，管段焊口无损检验结果应合格且报告齐全
	管段标识应正确且与放行清单一致

（续表）

验收项目	验收标准
管段涂装前释放检验	管段内部应无杂物
	法兰面水纹线应无损伤
	法兰面应保护良好
	管口应封堵良好
现场安装查线	管线焊口外观检验结果应合格且报告齐全，管线焊口热处理（如需要）应合格且报告齐全，无损检验结果应合格且报告齐全
	管线试压前，应根据三维图对相关管线进行整体检查，所有管线及其附件应按照三维图正确安装，未完成或安装不满足要求应列入尾项，尾项应分为A/B项，其中应在管线试压之前完成的列为A项，可在试压后完成的列为B项
管线试压	试压准备工作及试压过程应符合试压程序要求，试压介质、试压压力、稳压时间等应符合试压图要求，稳压时间内管线应无泄漏
清洁干燥	所有低点排放口应无积水流出，管线内部可视范围内应无积水及杂物
管线恢复	应按照三维图对管线系统进行检查，确保其达到完工状态

4.4.6　机械专业建造过程的质量验收

机械专业检验流程如图4.57所示。

1）静设备安装的质量验收

按照表4.111的内容对静设备安装进行质量验收。

表4.111　静设备安装的质量验收内容

验收项目	验收标准
底座预制	材料类型、预制尺寸应与预制图一致
	焊接应符合WPS要求且外观无焊接缺陷
底座定位	尺寸应与设备布置图一致
	焊接应符合WPS要求且外观无焊接缺陷
底座打孔	应符合设备布置图的要求
水平度及垂直度	使用全站仪或水平仪等仪器进行水平度及垂直度的测量，测量结果应符合技术要求

（续表）

验收项目	验收标准
设备安装	设备的安装朝向应与图纸一致
	地脚螺栓力矩值应与设计要求一致
接地安装	接地线规格、数量应与接地典型图一致

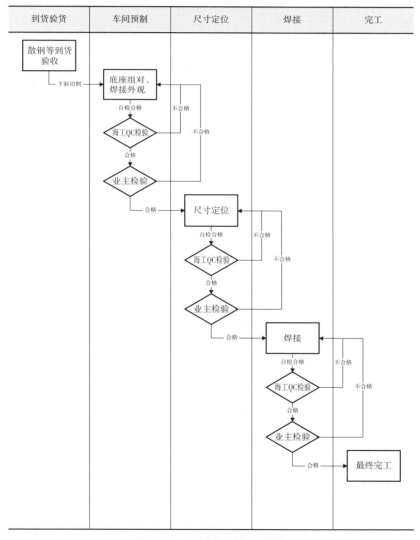

图4.57　机械专业检验流程

2）动设备安装的质量验收

按照表4.112的内容对动设备安装进行质量验收。

表4.112　动设备安装的质量验收内容

验收项目	验收标准
底座预制	材料类型、预制尺寸应与预制图一致
	焊接应符合WPS要求且外观无焊接缺陷
底座定位	尺寸应与设备布置图一致
	焊接应符合WPS要求且外观无焊接缺陷
底座打孔	应符合设备布置图的要求
水平度	使用全站仪或水平仪等仪器进行水平度的测量，测量结果应符合技术要求
设备安装	设备的安装朝向应与图纸一致
	地脚螺栓力矩值应与设计要求一致
	轴对中应符合厂家安装手册的要求
接地安装	接地线规格、数量应与接地典型图一致

3）透平发电机安装的质量验收

按照表4.113的内容对透平发电机安装进行质量验收。

表4.113　透平发电机安装的质量验收内容

验收项目	验收标准
底座定位	尺寸应与设备布置图一致
	焊接应符合WPS的要求且外观无焊接缺陷
铣板	水平度应符合厂家技术要求
设备安装	设备的安装朝向应与图纸一致
	地脚螺栓力矩值应与设计要求一致
	轴对中应符合厂家安装手册的要求
接地安装	接地线规格、数量应与接地典型图一致

4）灭火器安装的质量验收

按照表4.114的内容对灭火器安装进行质量验收。

表4.114　灭火器安装的质量验收内容

验收项目	验收标准
托架预制	材料类型、预制尺寸应与预制图一致
	焊接应符合WPS的要求且外观无焊接缺陷
托架安装	安装位置应参考消防设备布置图
	焊接应符合WPS要求且外观无焊接缺陷
灭火器安装	类型、规格、数量应与消防设备布置图一致

5）安全标识牌安装的质量验收

按照表4.115的内容对安全标识牌安装进行质量验收。

表4.115　安全标识牌安装的质量验收内容

验收项目	验收标准
支架预制	材料类型、预制尺寸应与预制图一致
	焊接应符合WPS的要求且外观无焊接缺陷
支架安装	安装位置应参考安全标识布置图
	焊接应符合WPS的要求且外观无焊接缺陷
安全标识牌安装	类型、安装形式应与安全标识布置图一致

4.4.7　电气、仪表专业建造过程的质量验收

电仪检验流程如图4.58所示。

1）托架安装的质量验收

按照表4.116的内容对托架安装进行质量验收。

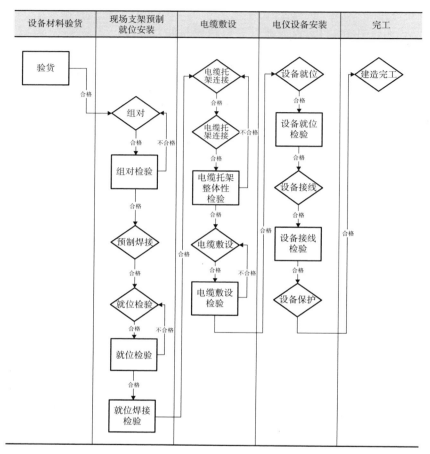

图 4.58　电仪检验流程

表 4.116　托架安装的质量验收内容

验收项目	验收标准
支架预制	材料类型、预制尺寸应与预制图一致
	焊接应符合 WPS 的要求且外观无焊接缺陷
支架定位	支架类型、定位尺寸应与支架定位图一致
	焊接应符合 WPS 的要求且外观无焊接缺陷
托架安装	托架及附件规格、托架布置、安装固定、接地跨接等应符合技术要求

2）电缆敷设与测试的质量验收

按照表4.117的内容对电缆敷设与测试进行质量验收。

表4.117　电缆敷设与测试的质量验收内容

验收项目	验收标准
电缆敷设	低压动力电缆和仪表电缆、通讯电缆分托架敷设间隔至少为150 mm
	高压电缆和仪表电缆之间间隔至少为500 mm
	动力电缆敷设最多2层，保持梯形或长方形敷设
	敷设的电缆应无扭曲、无交叉、无缠绕
	电缆敷设的弯曲半径应不小于电缆厂家提供的最小弯曲半径
电缆绑扎固定	电缆应使用不锈钢镀塑扎带绑扎牢靠
	水平敷设的电缆，扎带间距应不大于600 mm
	垂直敷设的电缆，扎带间距应不大于300 mm
连续性测试	电缆线芯中间应无断开情况
绝缘电阻测试	测量值应符合技术要求
耐压测试	测量值应符合技术要求

3）变压器、盘柜安装的质量验收

按照表4.118的内容对变压器、盘柜安装进行质量验收。

表4.118　变压器、盘柜安装的质量验收内容

验收项目	验收标准
底座预制	材料类型、预制尺寸应与预制图一致
	焊接应符合WPS的要求且外观无焊接缺陷
底座定位	定位尺寸应与定位图一致
	焊接应符合WPS的要求且无焊接缺陷
变压器、盘柜安装	类型、方向应与设备布置图一致
接线检查	接线位置应与接线端子图一致
	线芯布置应整洁、有序

（续表）

验收项目	验收标准
接线检查	电缆标示牌、线芯号、接线端子应符合技术要求
安装完整性	设备外壳应完好
	设备位号牌应齐全
	接地线应安装
	设备接线应完成

4）照明系统设备安装的质量验收

按照表4.119的内容对照明系统设备安装进行质量验收。

表4.119　照明系统设备安装的质量验收内容

验收项目	验收标准
支架预制	材料类型、预制尺寸应与预制图一致
	焊接应符合WPS的要求且外观无焊接缺陷
支架定位	定位尺寸应与灯具布置图一致
	焊接应符合WPS的要求且外观无焊接缺陷
设备安装	类型、方向应与灯具布置图一致
接线检查	接线位置应与接线端子图要求一致
	线芯布置应整洁、有序
	电缆标示牌、线芯号、接线端子应符合技术要求
安装完整性	设备外壳应完好
	设备位号牌应齐全
	接地线应安装
	设备接线应完成

5）电伴热安装与测试的质量验收

按照表4.120的内容对电伴热安装与测试进行质量验收。

表4.120　电伴热安装与测试的质量验收内容

验收项目	验收标准
保温前电伴热安装与测试	伴热带的规格型号、敷设应与伴热三维图和典型图一致
	伴热带设备（如电源盒、尾端和三通等）规格型号、位置应与伴热三维图一致
	绝缘电阻测量值应符合技术要求
保温后电伴热测试与警示标签安装	绝缘电阻测量值应符合技术要求
	伴热带、尾端等警示标识安装间距应与技术要求一致

6）MCT和护管的质量验收

按照表4.121的内容对MCT和护管进行质量验收。

表4.121　MCT和护管的质量验收内容

验收项目	验收标准
护管预制	材料类型、尺寸应与预制图一致
	焊接应符合WPS的要求且外观无焊接缺陷
护管定位	尺寸应与护管定位图一致
	焊接应符合WPS的要求且外观无焊接缺陷
MCT框架安装	开孔位置、尺寸应与MCT布置图一致
	焊接应符合WPS的要求且外观无焊接缺陷
电缆在MCT中的安装	穿MCT模块的电缆号、位置应与MCT排布图一致
护管封堵	电缆之间、外围电缆与护管间应充满堵料

7）仪表控制盘安装的质量验收

按照表4.122的内容对仪表控制盘安装进行质量验收。

表4.122　仪表控制盘安装的质量验收内容

验收项目	验收标准
底座预制	材料类型、预制尺寸应与预制图一致
	焊接应符合WPS要求且外观无焊接缺陷
底座定位	定位尺寸应与定位图一致
	焊接应符合WPS要求且无焊接缺陷
控制盘安装	类型、方向应与布置图一致
接线检查	接线位置应与接线端子图要求一致
	线芯布置应整洁、有序
	电缆号、线芯号、接线端子应符合技术要求
安装完整性	控制盘外壳应完好
	控制盘位号牌应齐全
	接地线应安装
	控制盘接线应完成

8）火气系统设备安装的质量验收

按照表4.123的内容对火气系统设备安装进行质量验收。

表4.123　火气系统设备安装的质量验收内容

验收项目	验收标准
支架预制	材料类型、预制尺寸应与预制图一致
	焊接应符合WPS要求且外观无焊接缺陷
支架定位	定位尺寸应与设备布置图一致
	焊接应符合WPS的要求且无焊接缺陷
设备安装	朝向应与设备布置图一致
	对射探头的对射路径应无任何阻挡
接线检查	接线位置应与接线端子图要求一致
	线芯布置应整洁、有序

验收项目	验收标准
接线检查	电缆号、线芯号和接线端子应符合技术要求
安装完整性	设备外壳应完好
	设备铭牌应齐全
	接地线应连接
	设备接线应完成

9）现场仪表设备安装的质量验收

按照表4.124的内容对现场仪表设备安装进行质量验收。

表4.124　现场仪表设备安装的质量验收内容

验收项目	验收标准
支架预制	材料类型、预制尺寸应与预制图一致
	焊接应符合WPS的要求且外观无焊接缺陷
支架定位	定位尺寸应与设备布置图一致
	焊接应符合WPS的要求且外观无焊接缺陷
仪表安装	离线仪表的标高、朝向应符合仪表连接（Hook up）图的要求，且应固定牢靠，便于人员操作
	在线仪表的安装应符合Hook up和P&ID图要求
接线检查	接线位置应与接线端子图要求一致
	线芯布置应整洁、有序
	电缆号、线芯号和接线端子应符合技术要求
安装完整性	设备外壳应完好
	设备铭牌应齐全
	仪表管连接应完成
	接地线应连接
	设备接线应完成

10）控制类阀门安装的质量验收

按照表4.125的内容对控制类阀门安装进行质量验收。

表4.125 控制类阀门安装的质量验收内容

验收项目	验收标准
阀门安装	流向标识应与P&ID图一致
	法兰连接应完成
接线检查	接线位置应与接线端子图要求一致
	线芯布置应整洁、有序
	电缆标示牌、线芯号、接线端子应符合项目规格书及程序的要求
安装完整性	设备外壳应完好
	设备铭牌应齐全
	接地线应连接
	设备接线应完成

11）仪表管安装的质量验收

按照表4.126的内容对仪表管安装进行质量验收。

表4.126 仪表管安装的质量验收内容

验收项目	验收标准
支架安装	支架类型、间距应与Hook up图一致
	焊接应符合WPS的要求且外观无焊接缺陷
仪表管敷设与安装	仪表管及阀件规格、仪表管坡度等应符合仪表管Hook up图的要求
	仪表管应使用仪表管卡固定；仪表管安装不应阻碍安全通道
	由壬、三通等接头连接处应使用生胶带密封，且应紧固牢靠，无松动

12）通信设备安装的质量验收

按照表4.127的内容对通信设备安装进行质量验收。

表4.127　通信设备安装的质量验收内容

验收项目	验收标准
支架预制	材料类型、预制尺寸应与预制图一致
	焊接应符合WPS的要求且外观无焊接缺陷
支架定位	定位尺寸应与通信设备支架定位图一致
	焊接应符合WPS的要求且外观无焊接缺陷
通信设备安装	通信设备的安装标高、朝向应与通信设备布置图一致
	通信设备应固定牢靠
接线检查	接线位置应与接线端子图要求一致
	线芯布置应整洁、有序
	电缆号、线芯号、接线端子应符合技术要求
光纤测试	光纤应连续，无断开
	衰减率应符合厂家技术要求
安装完整性	设备外壳应完好
	设备铭牌应齐全
	接地线应安装
	设备接线应完成

4.4.8　HVAC专业建造过程的质量验收

HVAC专业检验流程如图4.59所示。

1）风管预制的质量验收

按照表4.128的内容对风管预制进行质量验收。

表4.128　风管预制的质量验收内容

验收项目	验收标准
组对检验	材料类型、预制尺寸应与预制图一致
	焊接应符合WPS的要求且外观无焊接缺陷
焊接外观	焊接应符合WPS的要求且外观无焊接缺陷

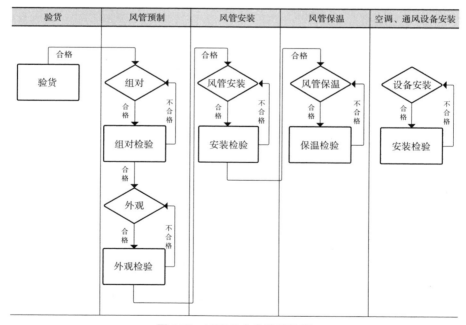

图4.59　HVAC专业检验流程

2）风管安装的质量验收

按照表4.129的内容对风管安装进行质量验收。

表4.129　风管安装的质量验收内容

验收项目	验收标准
支架预制	材料类型、预制尺寸应与预制图一致
	焊接应符合WPS的要求且外观无焊接缺陷
支架就位	支架类型、尺寸应与通风系统安装图一致
	焊接应符合WPS的要求且外观无焊接缺陷
风管、风管附件及通风设备安装	风管、风管附件及通风设备安装应与通风系统安装图一致

3）空调、通风设备安装的质量验收

按照表4.130的内容对空调、通风设备安装进行质量验收。

表4.130　空调、通风设备安装的质量验收内容

验收项目	验收标准
底座预制	材料类型、尺寸应与预制图一致
	焊接应符合WPS的要求且外观无焊接缺陷
底座就位	尺寸应与空调系统布置图一致
	焊接应符合WPS的要求且外观无焊接缺陷
空调设备安装	类型、方向应与空调系统布置图一致
接地安装	接地线规格应与接地典型图一致

4.4.9 舾装、保温专业施工的质量验收

舾装专业、保温专业检验流程如图4.60和图4.61所示。

按照表4.131的内容对舾装、保温专业施工进行质量验收。

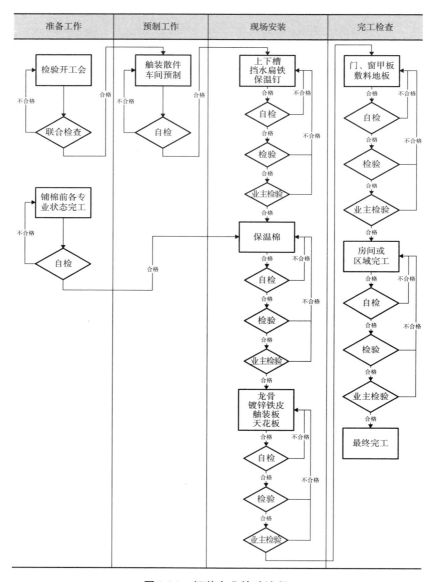

图 4.60　舾装专业检验流程

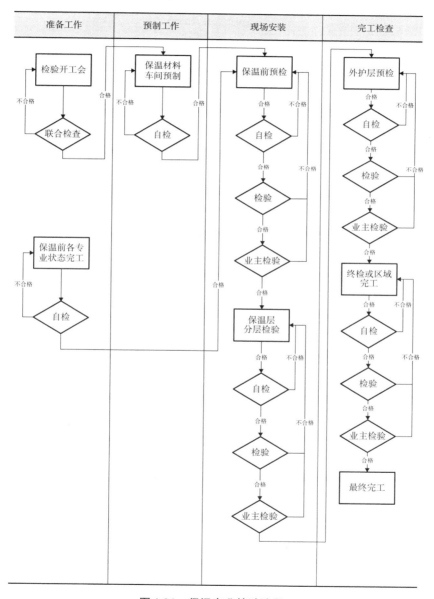

图 4.61　保温专业检验流程

表4.131 舾装、保温专业施工的质量验收内容

验收项目	验收标准
保温钉	应符合项目规格书、施工程序及图纸的要求
	保温钉的密度应符合图纸要求，一般不少于16个/m^2
	保温钉焊接应具备足够的焊接强度，一般向任意方向折45°，保温钉应不掉落，以检验保温钉的焊接强度
	保温钉安装应具备足够的长度，一般要求比保温层高出30~50 mm
龙骨	应符合项目规格书、施工程序及图纸的要求
	龙骨的定位尺寸及焊接应符合施工程序及图纸的要求
	龙骨支架应满焊
天地槽及挡水扁铁	应符合项目规格书、施工程序及图纸的要求
	天地槽及挡水扁铁的定位尺寸及焊接尺寸应符合施工程序及图纸的要求
	挡水扁铁应满焊，确保焊缝水密，外观应完好，无飞溅、毛刺等焊接缺陷
保温棉	应符合项目规格书、施工程序及图纸的要求
	保温棉的材质、防火等级及厚度应符合图纸的要求
	保温棉应使用压盖压紧，对于多层保温，各层的保温棉拼接缝应错开至少200 mm
	高防火等级区域应向低防火等级区域延伸350~500 mm，保温区域应向非保温区域延伸350~500 mm，穿过保温区域的管线和结构也应按典型图的要求进行保温
	拐角和接合处的保温棉外观应美观，不应有缺棉和少层的现象
舾装板	应符合项目规格书、施工程序及图纸的要求
	舾装板安装后的水平度及垂直度应符合项目规格书、施工程序及图纸的要求
	舾装板的材质、防火等级、规格及颜色应符合项目规格书、施工程序及图纸要求，舾装板应连接紧密，无松动、无缝隙
	舾装板的安装应与排版图和安装节点图一致
机械保护	应符合项目规格书、施工程序及图纸的要求
	机械保护搭接宽度应不小于20 mm
	机械保护安装高度及铆钉安装间距应符合图纸的要求
甲板敷料	甲板敷料的铺设水平度及厚度应符合项目规格书、施工程序及图纸的要求

验收项目	验收标准
地板	应符合项目规格书、施工程序及图纸的要求
	升高地板支架应调整到统一高度，保证升高地板安装后的水平度
	橡胶地板铺设前，甲板的平整度及清洁度应符合施工程序的要求
	地板的规格、颜色等应符合图纸的要求
	地板安装后应结实平整，不应有缝隙、不应翘起
门窗	应符合项目规格书、施工程序及图纸的要求
	门框和窗框的垂直度应符合项目规格书、施工程序及图纸的要求
	门窗的型号、尺寸和防火等级应符合项目规格书、施工程序及图纸的要求
	门的开向应符合图纸的要求
	门的附件应全部安装
	门和窗应满焊，焊缝外观应完好无缺陷
普通保温	应符合项目规格书、施工程序及图纸的要求
普通保温	保温棉应紧贴被保温面，所有连接处应严丝合缝无间隙，应使用钢带或铁丝捆扎紧实，保温棉厚度应符合图纸的要求
	外护层搭接处需轧骨，一般情况下搭接宽度不小于 50 mm，相邻两张外护板纵缝应错开不小于 30°，并应处于防止雨水倒灌的位置。密封胶应按照施工程序要求施工，对于垂直管段的保温层，应按施工程序要求决定是否安装支撑环
	垂直管段的外护层，应加装 "S" 形钢带支撑
	安装完成的外护层，应无凹陷和损坏
人防保温	应符合项目规格书、施工程序及图纸的要求
	支撑环与被保温面之间应使用防滑垫，支撑环应使用螺栓锁紧，并且无滑动，支撑环的高度应符合施工程序及项目规格书的要求
	相邻两支撑环的间距一般情况下应不大于 300 mm，具体以施工程序为准，且均匀分布
	冲孔不锈钢板应使用钢带捆扎在支撑环上，所有接缝搭接宽度应不小于 50 mm
	所有毛刺尖角均应打磨光滑

4.5 平台上部组块陆地完工验收

4.5.1 简介

陆地建造完工质量验收主要分陆地建造完工检查和陆地建造完工文件，其出发点和根本要求是确认陆地完工状态，最大限度减少海上施工工作量。

4.5.2 陆地建造完工检查

陆地建造完工后对平台上部组块的陆地完工状态进行检查和确认。检查发现的遗留项应完整、详细地记录在遗留项清单上，遗留项在移交前应全部关闭。通过陆地完工检查梳理须在海上完成工作的工作量及所需工机具、材料等。组块陆地建造完工状态如下。

（1）完成结构、配管、舾装、暖通、机械、电气、仪表、通信、涂装等专业陆地建造阶段工作，并已通过检查和验收。

（2）完成工艺、公用系统气密和水压试验，并通过检查和验收。

表4.132按照专业和系统对组块的陆地建造完工状态要求进行了详述。

表4.132　组块陆地建造完工状态要求

名称	设备名称	陆地完工状态
结构专业		组块甲板主结构建造完成
		挡风墙、冷放空管及支撑结构建造完成
		平台设施（如吊机、部分撬装设备及其他相关设备等）的支座和底座制造完成
		组块上所有附属结构，如栈桥、火炬臂、梯子、栏杆、管支架、电缆托架、格栅等辅助设施建造完成
		为满足装船固定，海上安装要求所需的各种支撑和其他附属结构建造完成，如吊点等
配管专业		管线的喷砂除锈、涂装、伴热保温及绝缘等工作完成
		完成所有管段（包括模块钻机过路管线）和支撑的预制
		所有管线（包括钻机模块过路管线、管件、阀门、弯头、丝扣、盲法兰等）的安装

名称	设备名称	陆地完工状态
配管专业		完成管线的检验、探伤、吹扫、清洁、水压、气压、气密试验和干燥等工作
舾装专业		按图纸和规格书的要求完成组块舾装全部工作
		救生艇架、救生艇及其相关附件安装完成
电仪专业		电缆敷设、连接完成
		接线、校线检查，陆地完成标识和绑扎
		绝缘检查
防腐专业		承包商负责按涂装规格书的要求对材料、平台结构、管线、设备底座等进行表面处理、喷漆、检查和试验完成，已获得第三方签署的报告
		镀锌格栅、踏步、栏杆等需喷颜色匹配的油漆，且已完成
安全、消防		消防管线的预处理、伴热保温等工作完成
		完成所有消防管线管段和支撑的预制
		所有消防管线的安装完成
		完成消防管线的检验、探伤、吹扫、清洁、水压、气密试验和干燥等工作
低压配电系统	正常低压配电盘	设备安装完成
		应急开关间及主开关间舾装完成
	应急低压配电盘	电缆连接及校线完成
UPS系统	UPS（柜体和电池）	设备安装完成
		应急开关间及主开关间舾装完成
		电缆连接完成
		电池间舾装完成，通风系统完成
照明及小功率配电系统	正常、应急照明小功率配电盘	设备安装完成
		应急开关间及主开关间舾装完成
	灯具及插座	电缆连接完成

名称	设备名称	陆地完工状态
电伴热系统	正常、应急电伴热配电盘、变压器	设备安装完成
		应急开关间及主开关间舾装完成
		电缆连接完成
	伴热带回路	电伴热回路完成
中压配电系统	中压配电盘、变压器	设备安装完成
		房间舾装完成
		电缆连接完成
导航系统	导航盘、导航灯、雾笛、障碍灯	设备安装完成
		房间舾装完成
		电缆连接完成
吊机	吊机	吊机安装完成
		立柱 NDT 实验完成
		内外部电缆敷设连接完成
		钢丝绳安装完成
发电机系统	发电机、日用罐及管线	设备安装完成
		管线连接试压吹扫完成
		电缆敷设、连接完成
公用气及仪表气系统	公用气、仪表气罐及外围用户空压机	设备安装完成
		清罐完成
		管线试压、吹扫完成
		电缆连接完成
开排系统	开排罐、开排槽、开排槽泵、开排泵开排管汇、地漏	设备安装完成
		部分管线试压、吹扫完成
		开排泵调平对中完成
		清罐完成
		电缆连接完成

（续表）

名称	设备名称	陆地完工状态
闭排系统	闭排罐、管汇、管线、闭排泵	设备安装完成
		部分管线试压、吹扫完成
		闭排泵调平对中完成
		清罐完成
		电缆连接完成
淡水系统	淡水罐及管线、淡水泵、钻井水泵	设备安装完成
		部分管线试压、吹扫完成
		淡水泵调平对中完成
		清罐完成
		电缆连接完成
HVAC系统	分体空调、中央空调、风机、风闸	设备安装完成
		空调冷凝管线安装完成
		冷凝管线抽真空实验、充氟完成
		电缆连接完成
		管线安装、试压、吹扫完成
救生系统	救生艇	艇架安装完成
		NDT实验完成
氮气系统	氮气接收罐、用户管线、氮气发生器	设备安装完成
		部分管线试压、吹扫完成
		清罐完成
		电缆连接完成
中控系统	PCS系统、ESD系统、PSD系统、FGS系统	设备安装完成
		电缆连接完成
FM-200系统	FM-200	设备安装完成
		管线连接试压吹扫完成
		电缆敷设、连接完成

（续表）

名称	设备名称	陆地完工状态
井口控制系统	井口控制盘	设备安装完成
		管线连接试压吹扫完成
		电缆敷设、连接完成
海水系统	海水提升泵	到货验收
		组块上管线连接试压吹扫完成
		组块上电缆敷设完成
	铜铝电解装置	组块上部分安装完成、外观检查
		组块上管线连接试压吹扫完成
		电缆敷设完成
	自动反冲洗滤器	安装完成、外观检查
		管线连接试压吹扫完成
		电缆敷设完成
	海水粗滤器	安装完成，管线连接试压吹扫完成
消防水系统	消防泵、篮式滤器、消防炮、软管站、雨淋阀	消防泵到货验收
		滤器、消防炮、软管站、雨淋阀等安装完成，外观检查
		管线连接试压吹扫完成
		组块上电缆敷设完成
		柴油机安装完成
生活污水处理系统	生活污水处理装置	设备安装完成
		管线连接试压吹扫完成
		电缆敷设、连接完成
柴油系统	柴油罐、柴油传输泵、柴油滤器、柴油用户	设备安装完成
		管线连接试压吹扫完成
		电缆敷设、连接完成
		清罐完成
		泵调平对中完成

名称	设备名称	陆地完工状态
化学注入系统	化学注入橇	设备安装完成
		管线连接试压吹扫完成
		电缆敷设、连接完成
		泵调平对中完成
原油生产系统	生产管汇、测试管汇、管线、测试加热器、多项流量计、清管球发射器	设备安装完成
		管线连接试压吹扫完成
		电缆敷设、连接完成
		泵调平对中完成
饮用水系统	饮用水罐、管线、饮用水滤器、饮用水泵	设备安装完成
		管线连接试压吹扫完成
		电缆敷设、连接完成
		泵调平对中完成
生活楼		完成所有系统的安装工作

4.5.3　陆地建造完工文件清单

平台上部组块陆地完工之后，陆地建造方需要按照下表提交业主完工文件，完工文件应在业主要求的时间内提交。建造阶段完工文件清单如表4.133所示。

表4.133　建造阶段完工文件清单

序号	完工文件目录	盖章原版	扫描版	电子版	备注
1	建造程序	○	○	○	
2	卷管程序	○	○	○	
3	组合梁预制程序	○	○	○	
4	称重程序	○	○	○	
5	重控程序（根据项目要求）	○	○	○	
6	管线预制和安装程序	○	○	○	

（续表）

序号	完工文件目录	盖章原版	扫描版	电子版	备注
7	管线试压和吹扫程序	o	o	o	
8	管线保温程序	o	o	o	
9	管线油洗程序（管线串油）	o	o	o	
10	设备保护程序	o	o	o	
11	设备安装程序	o	o	o	
12	电气安装程序	o	o	o	
13	仪表安装程序	o	o	o	
14	涂装程序	o	o	o	
15	防火漆施工程序	o	o	o	视项目要求
16	热喷铝施工程序	o	o	o	视项目要求
17	结构检验与试验计划	o	o		
18	结构材料检验与试验计划	o	o		
19	结构组对外观检验程序	o	o		
20	结构材料检验跟踪程序	o	o		
21	硬度测试程序	o	o		
22	管线检验与试验计划	o	o		
23	管线组对外观检验程序	o	o		
24	管线材料检验跟踪程序	o	o		
25	涂装检验与试验计划	o	o		
26	机械设备安装检验程序	o	o		
27	电气设备安装检验程序	o	o		
28	仪讯设备安装检验程序	o	o		
29	机械检验与试验计划	o	o		
30	电气检验与试验计划	o	o		
31	仪讯检验与试验计划	o	o		
32	舾装检验与试验计划	o	o		
33	保温检验与试验计划	o	o		

序号	完工文件目录	盖章原版	扫描版	电子版	备注
34	焊工资质报批	o	o		
35	重控报告	o	o	o	视项目要求
36	吊装计算报告	o	o	o	视项目要求
37	称重方案	o	o	o	视项目要求
38	吊装方案	o	o	o	视项目要求
39	管线高压气压方案	o	o	o	
40	设备吊装方案、侧装方案	o	o	o	视项目要求
41	结构图纸		o	o	
42	阳极图纸		o	o	
43	防火漆图纸		o	o	
44	三维图			o	
45	电伴热三维布置图		o	o	
46	电伴热的电源盒布置图		o	o	
47	结构外观报告	o			
48	结构热处理报告	o			
49	结构材料确认报告	o			
50	结构材料跟踪报告	o			
51	管线试压报告	o			
52	管线材料证书	o			
53	管线外观检验报告	o			
54	管线热处理检验报告	o			视项目要求
55	管线材料确认报告	o			
56	管线通径试验报告	o			视项目要求
57	喷砂报告	o			视项目要求，喷砂报告和盐分报告编制成一份文件
58	盐分报告	o			

（续表）

序号	完工文件目录	盖章原版	扫描版	电子版	备注
59	喷漆报告	o			
60	附着力报告	o			
61	漏涂点报告	o			
62	管线或设备保温终检报告	o			
63	电气与仪表检验试验报告	o			
64	动力电缆试验报告	o			
65	多芯仪表、控制电缆试验报告	o			
66	电伴热安装检验试验报告	o			
67	控制接线箱检验试验报告	o			
68	电缆桥架检验试验报告	o			
69	现场仪表与探头检验试验报告	o			
70	设备安装检验报告	o			
71	设备螺栓扭矩报告	o			
72	舾装检验报告	o			
73	保温检验报告	o			
74	无损检验人员资质	o	o		
75	尺寸控制程序	o	o		
76	渗透检验程序	o	o		
77	磁粉检验程序	o	o		
78	射线检验程序	o	o		
79	超声波检验程序	o	o		
80	相控阵检验程序				
81	无损检验报告	o	o		
82	尺寸测量检验报告	o	o		
83	理化试验报告	o	o		
84	无损检验图纸（nondestructive testing，NDT）	o	o		

序号	完工文件目录	盖章原版	扫描版	电子版	备注
85	结构焊接程序	o	o		
86	焊材保管和控制程序	o	o		
87	预热控制程序	o	o		
88	机械和热调直程序	o	o		
89	结构堆焊程序	o	o		
90	结构焊接修复程序	o	o		
91	结构焊后热处理程序	o	o		
92	焊接变形控制程序	o	o		
93	工艺管线焊接程序	o	o		
94	工艺管线焊接修复程序	o	o		
95	工艺管线焊后热处理程序	o	o		
96	铜镍合金和不锈钢焊接背部充气程序	o	o		

平台上部组块安装阶段的质量验收

5.1 概述

5.1.1 简介

本章的安装阶段质量验收指的是对组块海上安装设计及海上施工的质量验收。

在安装阶段，组块安装设计成果文件主要包括组块图纸、计算分析报告和安装施工程序，组块的安装过程主要包括组块的装船、运输和海上安装。安装设计的质量验收主要是对成果文件和施工过程的验收，通常由业主和业主指定的第三方进行验收。

安装文件设计质量验收程序：供业主征求意见（issued for comments，IFC）版安装设计成果文件提交给业主征求意见，业主审查后，将意见返回给安装设计，安装设计对意见进行回复，并根据意见对成果文件进行修改升版，征求业主无意见后，升为供业主审批（issued for approval, IFA）版，正式报业主审批，成果文件同时由业主发给业主指定的第三方进行审查，安装设计方负责对成果文件的第三方意见进行回复，成果文件由业主和第三方批准后，按照安装设计文件进行作业施工。

在安装施工作业过程中，业主和第三方全程参与和监督组块的装船、运输和安装施工流程。对设备现场布置、施工流程和安装结果进行验收。组块安装满足设计要求后，业主和第三方要签署阶段性和最终的完工确认报告。安装设计及施工流程如图5.1所示。

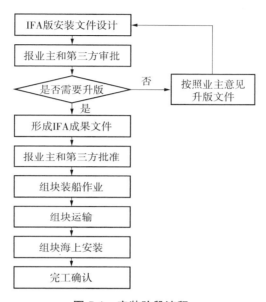

图 5.1　安装阶段流程

5.1.2　安装方法

1）装船方法

常用的组块装船方法有两种。一种方法是起重船吊装装船，另一种方法是拖拉滑移装船。

一般情况下在组块建造前就要根据组块尺度、重量和重心位置，陆地建造场地条件和可用起重船的技术性能，装组块的驳船的性能，决定组块的装船方法。

（1）吊装装船。吊装装船是指组块在陆地制造场地建造完成后，用起重船从场地吊起组块，然后放在运输驳船的垫墩上的过程，如图5.2所示。

（2）拖拉滑移装船。拖拉滑移装船是指组块在建造时，组块是放在滑道上面的滑靴上，装组块的运输驳船上放有与场地上滑道相对应的滑道，并且有足够的调载能力，满足组块上船时陆地滑道与船上滑道随时保持一样的高度，用

图 5.2　吊装装船

绞车拉动滑靴上的拖点，滑靴在滑道上滑移，慢慢将组块拖拉到驳船上设计的定点位置的过程。组块建造时在场地上需摆放滑道，在滑道上放滑靴，组块支撑点要落在滑靴上。同时要落实码头潮汐情况及拟选拖拉滑移装船的驳船尺度、该船的压载泵的排量、拖拉牵引装置的能力及码头区水深资料等，以满足滑移装船的要求。

组块滑移装船其适用的范围较广，尤其是大型组块结构已普遍采用，其主要考虑牵引装置能力和驳船调载能力、甲板承载能力等，如图5.3所示。

图 5.3　拖拉滑移装船

2）海上安装方法

（1）吊装安装方法。吊装安装方法是依据组块的重量、尺寸加上吊装索具的总高度，在主作业船的起吊吊重及吊高能力范围之内时，可以采用直接从驳船上起吊后，下放到导管架上的安装方法，如图5.4所示。

图 5.4　吊装安装方法

（2）浮托安装方法。该方法主要是组块的重量在现有起重船吊重能力范围之外，利用驳船，将组块的载荷由驳船转移到组块的安装方法，如图5.5所示。

图 5.5　浮托安装方法

5.1.3　海上作业船舶

根据组块的重量、尺度，桩的直径，最长桩的长度和重量，组块安装地点的环境条件和起重作业船的主要技术性能，适应作业的海域，选择起重作业船。该起重船甲板要有足够的面积，以便放发电机、空压机、电焊机、潜水设备和施工材料。

组块作业船舶的选择包括以下几方面。

（1）主作业浮吊船的选择要考虑船舶的吊高、吊重满足组块的起吊要求，同时，作业水深及作业环境参数在船舶允许的范围之内。

（2）吊装装船时装组块的驳船的选择一般要考虑驳船适航的海区，驳船甲板面积、载重量、排水量、吃水等要满足装组块的要求，甲板强度要能适合装组块。

（3）拖拉滑移装船时运输驳船选择要考虑驳船的适航海域、驳船甲板面积、强度、驳船的型深、吃水、以及压、排载泵的排量，一定要满足组块拖拉过程、压载或排载的调节要求，同时还要考虑滑移装船码头区域潮差与驳船压、排载的匹配。

（4）浮托船是组块浮托安装作业时选用的驳船。在选择组块浮托船时，要考虑组块的长度、重量和稳性要与浮托船匹配，还要考虑浮托船的调载能力能够满足海上退船的要求。

（5）调查船：能满足组块安装地点、水深、地貌调查任务，有一定精度的调查设备（水深测量仪、旁侧声纳或地层剖面仪）。

（6）拖轮：为主要作业船（起重船）拖航，抛、起锚并有一定的供油、水能力的三用工作船。它在正常拖航条件下，拖轮功率应足够大，应满足拖带起重船航速6~8节的要求，系桩拉力要满足拖航力的要求，并能为主作业船进行起抛锚作业。

为运输组块驳船配套的拖轮。它的拖力能使驳船的拖航速度达到6~8节，并在规范要求风流速下能保证前进速度为正，并有艏推进器，便于它傍拖驳船靠主作业船。

5.1.4　组块安装流程

以某油田的组块实际安装作业为例，整体介绍组块的安装工艺流程和施工作业方案。

1）结构物码头装船

组块拖拉装船前需先将栏杆、格栅等散件吊装至驳船甲板并完成固定。组块装船完成后驳船甲板的布置如图5.6所示。

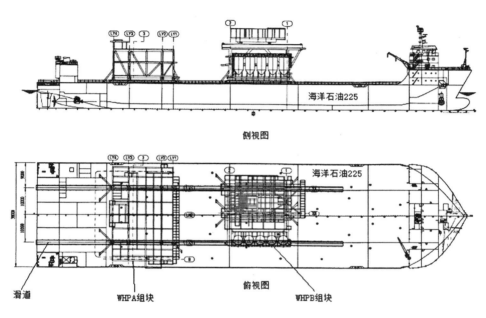

图 5.6　组块装船布置

（1）组块拖拉装船准备工作。

① 根据设计要求摆放陆地和船上滑道，并做焊接固定，滑道布置如图5.7所示。

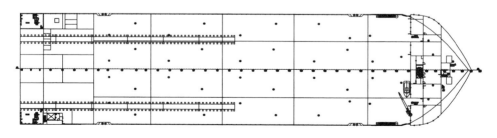

图 5.7　滑道布置示意

② 按照图纸设计布置系泊绞车并连接系泊缆。

③ 拖拉系统的布置如图5.8所示。

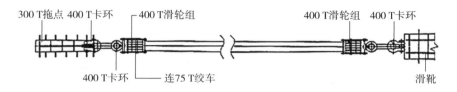

图 5.8　拖拉系统布置示意

④ 驳船水平测量系统的布置。其准备工作就绪后，还应具备以下条件。

a. 码头方面。

a）牵引设备准备完毕、调试完毕，施工人员到位。

b）陆地和船上的滑道要涂抹黄油以保证充分的润滑。

c）系泊系统检查无误。

d）保证拖拉路线无障碍物阻碍。

e）助推千斤顶做好启动助推的准备。

b. 驳船方面。

a）确保驳船调载系统满足作业条件。

b）保证拖拉系统工作正常。

c）滑道涂抹黄油保证其润滑。

d）准备好应急的调载泵、发电机、绞车等，用于突发事件。

e）对所有施工单位发出作业通知。

（2）拖拉作业主要工作及流程。

① 环境条件确认。为了安全起见，应时刻通过天气预报观察天气的变化，确保码头风速和波高在允许范围之内。若环境条件超出允许范围，应推迟作业时间。

② 组块拖拉步骤。

a. 组块拖拉至码头前沿。

b. 组块第一组滑靴拖拉至船上剩1 m时停下等待驳船调载，使船上滑道与码头滑道水平。

c.继续拖拉组块，当第一组滑靴重心上船后暂停拖拉，驳船调载，直至驳船完全承担第一组滑靴的压力为止。

d.继续拖拉组块，配合驳船的调载，使第一组滑靴上船时，驳船也恰好调载到设计值，第一组滑靴上船完成。

e.循环上述操作，直至组块拖拉至设计位置。

f.组块在驳船上的焊接固定。

g.检验合格后离港。

2）结构物海上安装

（1）环境条件的确认。海上施工期间，做好环境监测和天气预报信息接收工作，确保作业环境满足公司的相关规范。

（2）安装前准备工作。

① 提前预调查。

② 检查组块的固定情况，检查吊点是否有问题。

③ 检查吊机，应满足作业状态。

④ 落实人员和机具是否到位。

⑤ 检查是否存在吊装干涉问题。

⑥ 检查索具是否有划伤。

⑦ 吊装作业前，确保有48 h的天气窗口，并随时跟踪最新的天气情况。

⑧ 获得第三方颁发证件，获得业主的作业批准。

（3）组块海上安装步骤。主作业船在作业区抛锚就位。

① 组块施工时主作业船在平台西侧就位，抛8个工作锚，有3根工作锚缆需跨越海底管线。

② 驳船靠驳主作业船（见图5.9）。

③ 组块切割固定，组块挂平吊索具。

④ 起吊组块。

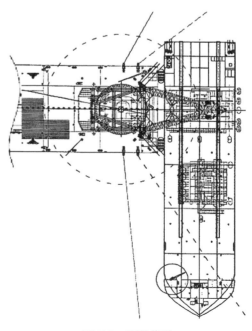

图5.9　驳船靠泊

⑤ 组块起吊到一定高度后，驳船在拖轮的协助下离开主作业船。

⑥ 组块吊装就位、焊接固定。

⑦ 组块附件安装。

⑧ 组块安装后调查。

⑨ 主作业船起锚复员。

5.2 平台上部组块安装阶段的基本规定、规范和标准

5.2.1 基本规定

1）组块安装设计管理

组块安装设计管理应有健全的质量管理体系和质量记录文件。

2）安装阶段质量验收方

安装阶段的设计文件和施工成果通常由业主和业主指定的第三方及海事保险进行验收。根据组块的结构特点，海上施工流程和业主的要求，通常将验收项分为重点验收项目和一般验收项目。

3）安装过程质量验收阶段划分

按照组块安装流程，组块安装阶段的质量验收可划分为安装设计成果文件验收、安装过程验收和安装完工验收三部分。其中安装设计文件验收主要包括安装程序、图纸及计算内容的设计与审批，安装过程验收主要包括组块装船（含装船固定）、拖航运输和海上安装作业三部分。完工验收主要是业主根据规范和合同的要求，对组块的安装完工状态及各个关键节点进行确认验收。

4）安装设计文件的验收

初版的安装设计文件需提交给业主征求意见，业主审查后，将意见返回安装设计方，安装设计方对意见进行回复，并根据意见对设计文件修改升版，提交业主供业主审批，设计文件同时由业主发给业主指定的第三方及海事保险进行审核，安装设计方负责对设计文件的第三方及海事保险意见进行回复，设计文件由业主和业主指定的第三方批准后，在文件上加盖业主和第三方的批准章，批准后的文件发给施工方，用于施工。

5）组块安装过程验收

组块的安装过程，分为装船、运输和海上安装三个板块。

在组块装船过程中，要对装船方式的选取（吊装、拖拉）、装船准备以及现场海况的监测进行确认，确保装船方案可行。在装船完毕后要对装船位置和固定方式进行确认，确保与设计保持一致，并通过业主和海事保险的批准。

在拖航运输前，要对船舶稳性及拖航分析进行检验和确认，得到中国船级社（china classificaion society，简称CCS）颁发的适拖证书和海事保险的批准（如果驳船能自航则不用CCS签发适拖证书）。

海上安装前，要对安装计划、作业工况、施工流程以及应急程序进行联检确认，规避海上施工风险，确保方案可行。在安装关键节点处，请业主及第三方进行关键点的签字确认，包括组块安装结束海底探摸结果、组块坐标、方向角、水平标高等。

6）组块安装完工验收

组块完工验收，是指业主联合第三方，根据规范和合同的要求，对组块的最终安装结果进行检验和确认。完工验收包括组块的最终定位报告、最终水平度监测报告、最终标高测量报告、焊接与检验报告等。

5.2.2　规范和标准

（1）《API RP 2A–WSD 海上固定平台规划、设计和建造的推荐作法—工作应力设计法》

（2）《DNV GL 海上作业与担保》

（3）《ABS海上结构物安装及分级标准》

（4）《DNV 环境条件和环境载荷》

（5）《渤海海域钢质固定平台结构设计规则》

（6）《环境条件和环境载荷指南》

（7）《海洋石油钢丝绳检验和检查要求》

（8）《钢结构设计规范》

（9）《船舶与海上设施法定检验规则》

（10）《海上移动平台入级与建造规范》

（11）《海上固定平台安全规则》

（12）《移动式近海钻井装置建造入级规则（*Rules for Building and Classing Mobile Offshore Drilling Units*)》

（13）《海上设施建造和分类规则（*Rules for Building and Classing Offshore*

Installation）》

（14）《海上作业计划和实施规则（*Rules For Planning And Execution Of Marine Operations*）》

（15）《ANSI/A WS D1.1 钢结构焊度规范（*Structural Welding Code-Steel*）》

（16）《API RP 2P 浮式钻井系统锚泊分析（*Analysis of spread mooring systems for floating drilling units*）》

5.3　平台上部组块安装设计成果文件的质量验收

5.3.1　简介

海上安装是海洋平台建设的重要阶段，具有高成本、高风险的特点。安装设计是确保组块安全高效施工的关键，对安装设计文件的验收是组块安全高效施工的保障。组块的安装设计是根据船舶和设备的能力、海况条件，按照规格书和相关标准规范进行的施工设计，主要包含程序设计、图纸设计和计算分析。安装设计成果文件清单及验收如表5.1所示。

表 5.1　安装设计成果文件清单及验收

工程划分			验收项目	验收单位		
工程阶段	安装过程	分类		承包商	第三方	业主
安装阶段	预调查阶段	海底预调查	预调查报告	o	o	o
	安装设计阶段	组块安装设计程序	组块设计基础	o	o	o
			组块装船程序	o	o	o
			组块运输程序	o	o	o
			组块安装程序	o	o	o
			组块安装设计文件目录	o		
			驳船码头系泊图	o	o	o

工程划分			验收项目	验收单位		
工程阶段	安装过程	分类		承包商	第三方	业主
安装阶段	安装设计阶段	组块装船图纸	组块装船步骤图	○	○	○
			组块装船固定图	○	○	○
			滑道布置图	○		
			拖拉设备布置图	○		
			码头船舶就位图	○		
			组块索具固定图	○		
		组块运输图纸	拖航布置图	○		
		组块安装图纸	海上安装船舶就位图	○	○	○
			组块吊装索具设计图	○	○	○
			组块海上吊装图	○	○	○
			浮托待机图	○	○	○
			浮托进船图	○	○	○
			浮托对接图	○	○	○
			浮托退船图	○	○	○
		船舶计算报告	船舶稳性分析报告	○	○	○
			船舶运动响应分析报告	○	○	○
			船体强度分析报告	○	○	○
			组块装船调载分析报告	○	○	○
			局部结构强度有限元校核报告	○		
		组块计算报告	组块起吊分析报告	○	○	○
			组块运输分析报告	○	○	○
			组块装船固定分析报告	○	○	○
			组块吊装索具设计报告	○	○	○

（续表）

工程划分			验收项目	验收单位		
工程阶段	安装过程	分类		承包商	第三方	业主
安装阶段	安装设计阶段	组块计算报告	浮托待机计算报告	o	o	o
			浮托进船报告	o	o	o
			浮托对接报告	o	o	o
			浮托退船报告	o	o	o
	施工作业阶段	组块装船	海事保险批准	o	o	o
			装船设备布置工作	o	o	o
			系泊检验工作	o	o	o
			天气及海况监测	o	o	o
			潮汐检测	o	o	o
			调载能力检验工作	o	o	o
			吊装索具预布工作	o	o	o
			装船固定焊接工作	o	o	o
			装船调载	o	o	o
			索具检验工作	o		
			装船固定材料检验工作	o		
			装船布置检验	o		
			驳船水平度检验工作	o		
			驳船、陆地滑道高度差测量	o		
			组块附件装船	o		
		组块运输	避风环境条件监测工作	o	o	o
			海事保险批准	o	o	o
			驳船拖带设备检验工作	o	o	o
			航行计划编制工作	o	o	o
			组块状态检测工作	o		

工程划分			验收项目	验收单位		
工程阶段	安装过程	分类		承包商	第三方	业主
安装阶段	施工作业阶段	组块运输	探出结构排查工作	o		
			航行动态记录	o		
		组块海上安装	锚泊检查工作	o	o	o
			起吊前索具检查工作	o	o	o
			海事保险批准	o	o	o
			作业工况校核	o	o	o
			结构物干涉监测	o	o	o
			组块后调查	o	o	o
			准备工作检验	o		
			天气监测工作	o		
			跨距核实	o		
			焊缝角度监测	o		
	完工验收	结构	组块最终定位报告	o	o	o
			组块最终水平度测量报告	o	o	o
			组块最终标高测量报告	o	o	o
		材料	焊接与检验报告	o	o	o
		调查	组块后调查报告	o	o	o
		安装阶段完工文件	业主确认的现场完工书及遗留项目	o		o

5.3.2　施工程序

1）组块拖拉装船程序

（1）概述。

组块拖拉装船是将运输船舶上的滑道与陆地滑道对接并且利用绞车将组块拖

拉至运输船指定位置的装船方法。组块拖拉装船程序应包括组块主尺度、建造场地资料、运输船舶资料、拖拉装船工作内容与工作步骤、拖拉所需设备与物料清单、施工准备、环境条件、应急方案、后续工作和系泊计算等。

（2）组块拖拉装船程序的质量验收内容。

组块拖拉装船程序验收时应注意方案的可行性与数据的准确性，确保拖拉装船工作能按程序安全有效地完成。

按照表5.2的内容对组块拖拉装船程序进行质量验收。

表 5.2　组块拖拉装船程序的质量验收内容

验收项目	验收要求
程序	所包含的工作内容及结构物信息正确
	装船施工流程正确、完善
	编制所依照的规范、标准正确
拖拉	拖拉绞车、拉力千斤顶等主要设备的选择合理
	拖拉力计算正确
	拖拉滑轮组、卡环及助推千斤顶等机具设备符合要求
拖拉	是否需要回拖设备，回拖设备要满足要求
系泊	系泊力计算正确
	系泊系统满足要求
驳船能力	驳船调载能力满足装船要求
	装船前检查项目完善、合理
	驳船的主尺度和调载能力信息正确
其他	装船方案所依托的装船计算已经完成，结果满足装船要求
	场地水文信息正确
	作业的环境限制条件选取正确
	应急方案完善、合理
	结构物装船后施工内容正确、合理

2）组块运输程序

（1）概述。

组块运输程序应包括运输驳船上货物的尺度数据、运输日程、运输船资料、运输准备工作、公司第三方和海事保险等对运输工作的要求和应急方案等。若运输船舶为非自航船舶，还应计算与之配合的拖轮的系柱拖力。

（2）组块运输程序的质量验收内容。

按照表5.3的内容对组块运输程序进行质量验收。

表 5.3　组块运输程序的质量验收内容

验收项目	验收要求
程序	程序所包含的工作内容正确
	程序编制所依照的规范、标准正确
	完成运输程序所依托的稳性、运输以及固定计算分析，结果满足要求
	装载方案合理、装载的结构物信息正确
计算	拖轮、驳船信息正确
	拖航计算正确，选用的拖轮合理
拖航	应急方案完善、合理
	拖航、航行前固定检查、索具检查以及驳船预压载等方案完善、合理
	拖航的限制环境条件选择正确
	拖航、航行的批准、操作流程正确、合理
	拖航、航行的信息记录、通信系统以及天气预报等方案完善、合理

3）组块安装程序

（1）概述。

组块安装程序可以指导作业船舶进行组块的海上安装工作。因此，安装程序应包含组块尺度数据、安装工作内容、运输和作业船舶资料、安装工作所需设备和物料、安装步骤、抛锚作业内容、系泊分析、准备工作、误差要求范围、环境条件以及后续工作等内容。

（2）组块安装程序的质量验收内容。

按照表5.4的内容对组块安装程序进行质量验收。

表 5.4　组块安装程序的质量验收内容

验收项目	验收要求
程序	程序所包含的工作内容及结构物信息正确
	程序编制所依照的规范、标准正确
	浮托步骤、吊装步骤描述正确
	作业流程合理、全面
资源	项目基本信息与船舶资源匹配且合理
	施工机具、设备的规格和数量配置合理
安装要求	组块就位位置误差、方位角误差、水平度误差满足规格书的要求
	组块标高与设计文件一致或得到业主方确认
	作业的环境限制条件正确,满足规范、规格书、作业船舶规范的要求

5.3.3　施工图

本章节主要针对组块安装设计图纸进行验收,组块安装设计图纸至少应包括装船方式的示意图、装船固定图纸和海上安装方式的示意图等。

1)结构物吊装图纸

(1)概述。

结构物吊装图纸是描述结构物吊装方案的图纸,应对吊装形式、吊装所用索具卡环和吊点形式等有详细的描述,以便指导索具预挂扣和海上吊装等工作。

(2)结构物吊装图纸的质量验收内容。

按照表5.5的内容对结构物吊装图纸进行质量验收。

表 5.5　结构物吊装图纸的质量验收内容

验收项目	验收要求
船舶能力	浮吊船与驳船的吃水合理
	船舶之间碰球选择合理

验收项目	验收要求
船舶能力	在设计跨距下，结构物的重量（包含索具和动态放大系数）满足浮吊船的吊重能力
	在设计跨距下，通过手算的方式，核算从水面到浮吊船吊钩的高度，校核该吊高，需满足浮吊船的吊高能力
结构物	被吊物牵引缆的连接方式正确
	结构物重心位置准确，设计跨距正确
	被吊物与固定结构物之间的安全距离满足规范的要求（除组块套井口要求距离大于1.5 m，其余结构之间距离均须大于3 m）
	结构物吊装时若需要旋转，需标注清楚旋转方向和角度

2）船舶就位图（海上）

（1）概述。

船舶就位图描述了船舶在海上施工时的位置以及锚泊系统的布置情况。应注意锚泊系统不要影响已有管线、就位位置方便施工、锚缆长度符合规范等。

（2）船舶就位图（海上）的质量验收内容。

按照表5.6的内容对船舶就位图（海上）进行质量验收。

表5.6　船舶就位图（海上）的质量验收内容

验收项目	验收要求
锚泊	抛锚的锚缆长度设计合理（满足规范的要求，锚缆长度大于10倍作业水深）
	跨越已有海底设施的锚缆设计满足规范要求（原则上，跨越管线情况，锚点距离管线距离不小于200 m；不跨越管线情况，锚点距离管线距离不小于150 m）
	跨越已有海底设施的锚缆，增加浮筒的设计合理，需有相应的悬链线计算
组块就位	组块的定位坐标与最新版详设文件一致或由业主确认
	组块的定位坐标标示正确（例如以几何中心或者特定的一口井来定位）
	油田厂址的真北、平台北、主风向、主流向标记清楚、正确
浮吊	浮吊就位方式（艉靠或者侧靠平台）合理

3）船舶就位图（码头）

（1）概述。

码头的船舶就位图与海上的船舶就位图类似，不同的是还需要考虑码头水深等的影响。

（2）船舶就位图（码头）的质量验收内容。

按照表5.7的内容对船舶就位图（码头）进行质量验收。

表 5.7　船舶就位图（码头）的质量验收内容

验收项目	验收要求
船舶资源	浮吊、驳船与码头之间的系泊设计合理
	核实码头水深满足浮吊、驳船的吃水要求
	浮吊、驳船的就位方式满足结构物装船的轴线要求
	浮吊、驳船的就位方式（艉靠或者侧靠码头）合理
	浮吊、驳船如需在港池内抛锚，需核实抛锚角度及长度设计是否合理

4）拖航布置图

（1）概述。

拖航布置图用来描述非自航运输驳船拖航的情况。主要包括拖带设备、结构物布置以及拖航阻力计算等信息。

（2）拖航布置图的质量验收内容。

按照表5.8的内容对拖航布置图进行质量验收。

表 5.8　拖航布置图的质量验收内容

验收项目	验收要求
船舶资源	驳船的拖带设备规格（龙须链、拖力眼板、过桥缆等）标注齐全，并与证书一致
	校核拖航阻力计算，图纸中需标明对拖带拖轮的技术要求（最小系柱拖力等）
	核实标注的驳船拖航吃水与稳性计算报告一致
结构物	结构物是否探出驳船舷侧，如有需要标注探出距离

5）结构物索具布置图

（1）概述。

结构物索具布置图描述结构物装船及运输过程中索具的布置。对于一些组块还应设计相应的索具平台。验收时要考虑索具的布置形式是否便于施工、固定方式是否可靠等。

（2）结构物索具布置图的质量验收内容。

按照表5.9的内容对结构物索具布置图纸进行质量验收。

表 5.9　结构物索具布置图的质量验收内容

验收项目	验收要求
索具平台	索具平台的大小、形式等设计合理
	索具平台的固定位置、固定形式符合要求
撑杆	撑杆或吊装框架的摆放、固定合理
索具布置	索具的布置顺序与配扣计算一致
	索具放置位置、形式合理，便于施工，挂扣时不与其他结构干涉
	索具绑扎、固定形式牢固、合理

6）结构物装船固定图

（1）概述。

结构物装船固定应确保支撑构件强度足够，分布位置无其他结构干涉，不妨碍装船和吊装工作等。

（2）结构物装船固定图的质量验收内容。

按照表5.10的内容对结构物装船固定图纸进行质量验收。

表 5.10　结构物装船固定图的质量验收内容

验收项目	验收要求
结构布置	结构物位置合理
	结构物与其他结构物或驳船固定设施的安全距离满足要求（不小于 3 m）
	滑道位置布置合理，拖点位置满足装船的要求
	结构物轴线方向与陆地建造方向一致

（续表）

验收项目	验收要求
结构布置	结构物轴线方向满足海上安装要求
固定选材	支撑管材和板材选择合理
	支撑管材的位置选择合理
干涉检验	结构物装船、滑移下水路径上确认无干涉物体
	确认结构物探出驳船的距离，且满足靠泊、吊装要求
	确定固定支撑与电缆护管、灌浆管线等结构不干涉
焊接检验	焊肉高度与材料厚度匹配
	焊接形式、符号合理，焊接位置有足够空间供施工人员操作
	检验方式与焊接方式对应并满足规范的要求

7）结构物装船步骤图

（1）概述。

结构物装船步骤图可以用来指导结构物陆地装船工作。应对陆地装船中几个关键性的节点进行详细的描述，确保装船工作安全高效地进行。

（2）结构物装船步骤图纸的质量验收内容。

按照表5.11的内容对结构物装船步骤图纸进行质量验收。

表 5.11　结构物装船步骤图的质量验收内容

验收项目	验收要求
结构物	结构物的装船轴向正确
	结构物滑靴形式与建造方案一致
	结构物最终拖拉位置与设计装船固定位置一致、合理
调载	结构物装船调载步骤与调载报告一致，步骤数量不要冗余或不足
	结构物装船调载等待位置与调载报告一致、合理
	码头水深能够满足驳船调载要求
滑道	陆地滑道探出量合理

8）拖拉设备布置图

（1）概述。

拖拉设备布置图是针对拖拉装船工作的图纸。应包含拖拉设备摆放位置、拖拉钢丝绳和卡环信息、拖拉滑轮组信息、助推设备和拖点承载能力等内容。另外还应注意拖拉到位后定滑轮与动滑轮之间的距离满足要求。

（2）拖拉设备布置图的质量验收内容。

按照表5.12的内容对拖拉设备布置图纸进行质量验收。

表 5.12 拖拉设备布置图的质量验收内容

验收项目	验收要求
绞车	拖拉绞车布置位置合理，不和结构物干涉
	拖拉绞车配重方式及能力满足拖拉要求
	拖拉绞车钢丝绳长度满足拖拉距离的要求
	绞车拖拉能力满足拖力要求，是否需要增加启动助推设备
拖拉机具	结构物最终就位时，动滑轮和定滑轮之间的最小距离满足要求
	拖点的拖拉能力满足拖拉要求，需经过计算校核
	拖点的焊接固定形式合理
	拖拉卡环和滑轮组配套，跟拖点匹配

9）系泊图

（1）概述。

系泊图应考虑陆地装船时风、浪、流的影响，选用合适的系泊缆以合理的角度固定运输船舶。系泊图中应包含系泊用的卡环、绞车以及系泊缆配重等的详细信息。

（2）系泊图的质量验收内容。

按照表5.13的内容对系泊图进行质量验收。

表 5.13   系泊图的质量验收内容

验收项目	验收要求
系泊设备	系泊设备的配重（缆桩承载力）满足系泊要求
	系泊设备的卡环、滑轮组规格满足系泊要求
系泊缆	系泊缆长度、破断力（安全系数大于 3 倍）满足要求
	系泊缆角度、缆桩位置的选择合理

10）滑道布置图

（1）概述。

滑道布置图是陆地装船时运输船舶上滑道的布置情况的示意图。应包含每一节滑道的具体参数、滑道在船上布置的位置以及固定筋板的情况等信息。

（2）滑道布置图的质量验收要求。

按照表5.14的内容对滑道布置图进行质量验收。

表 5.14   滑道布置图的质量验收内容

验收项目	验收要求
滑道固定	滑道固定筋板规格和固定形式满足要求
	滑道固定筋板数量正确
	滑道固定筋板位置合理
滑道布置	结构物轴线间距和滑道间距匹配
	滑道需布置在强结构位置
滑道数量	滑道数量足够，能满足拖拉距离

11）浮托图

（1）概述。

浮托图需考虑浮托作业的限制环境条件以及运输船总体布置计划，并且结合船舶运动分析和系泊分析，确定系泊绞车规格和数量，并以此进行临时导缆桩、带缆桩的选择与设计。并描述了预进船、进船、对接、后对接以及退船各个阶段的主要工作，确保组块安全地从驳船转移至导管架上。

（2）浮托图的质量验收内容。

按照表5.15的内容对浮托图进行质量验收。

表5.15　浮托图的质量验收内容

验收项目	验收要求
浮托待机图	锚系设计能力经过浮托工况计算校核
	锚系与导管架、海底管线等结构或船舶不存在潜在干扰
	锚系布置便于海上靠泊施工等
	锚点位置与海底已存在结构物间隙满足规范及施工要求
	船舶浮托待命位置与导管架间距有足够安全距离
浮托进船图	系泊缆与海底已存在结构物间最小间隙满足规范及施工要求
	浮托各阶段的锚缆路径变动情况描述清楚
	浮托进船节点描述全面，如距离 300 m，距离 50 m，过导管架 1 轴线、对接位置、退船位置等
	浮托间隙描述正确
浮托对接图	桩腿对接缓冲器（leg mating unit，LMU）与组块插尖之间的对接状态正确描述，包括载荷转移过程中 LMU 橡胶的压缩变形情况等
	浮托间隙描述正确
浮托退船图	DSU 与组块底甲板之间的分离状态正确描述，包括载荷转移过程中 DSU 橡胶的压缩变形情况等
	浮托间隙描述正确

5.3.4　计算报告

本章节主要针对组块安装设计计算报告进行验收，组块安装设计计算报告应至少包括驳船运输稳性计算、固定计算、装船调载计算、起吊分析计算，结构物配扣计算、船体强度计算、钢桩或隔水套管打桩和自由站立计算等。

1）船舶稳性计算报告

（1）概述。

船舶稳性计算报告是运输船舶在运输结构物过程中的稳性分析。用于验证运输方案的可行性。

（2）船舶稳性计算报告的质量验收内容。

按照表5.16的内容对船舶稳性计算报告进行质量验收。

表 5.16　船舶稳性计算报告的质量验收内容

计算类型	验收项目	验收要求
船舶稳性计算	船舶装载货物的重量、重心、受风面积准确	与装船图纸一致
	完整稳性计算	结果满足规范要求（GMT > 1.0 m、面积比 > 1.4、稳性范围 > 36°／40°）
	破舱稳性计算	结果满足规范要求（GMT > 1.0 m、面积比 > 1.0）
	总纵强度计算	UC 值小于 1.0，剪力值小于船舶允许剪力值
	稳性结算结果	曲线拟合正确
	空船重量、重心、进水点、型线、压载舱布置等数据	与最新图纸一致
	船舶首吃水、横倾、纵倾	与船舶规格书一致
	压载舱水量布置	布置合理，且满足船舶要求

2）船舶运动响应计算报告

（1）概述。

船舶运动响应计算报告描述了船舶载重状态下的运动情况，即对风、浪、流等外力作用下的响应。

（2）船舶运动响应计算报告的质量验收内容。

按照表5.17的内容对船舶运动响应计算报告进行质量验收。

表 5.17　船舶运动响应计算报告的质量验收内容

计算类型	验收项目	验收要求
船舶运动响应	舱室压载设置	与输出文件一致
	有义波高设置	与规格书一致
	波浪参数（波谱、周期范围）	计算正确

计算类型	验收项目	验收要求
船舶运动响应	运输结构物在船上的位置校核	与最新设计图纸相符
	RAO曲线拟合	输出正确
	运动响应输出的参考点选取	选取正确且满足要求
	结构惯性载荷响应输出参考点	选取正确且满足要求
	附加质量和阻尼参数	选取正确且满足要求
	响应结果统计	与输出文件一致
	船舶航行状态（吃水、倾角）	与最新稳性报告一致

3）船体强度分析报告

（1）概述。

船体强度分析报告是对装载了组块或其他货物情况下，船体是否能保持稳定的分析，用于验证装船方案的可行性。

（2）船体强度分析报告的质量验收内容。

按照表5.18的内容对船体强度分析报告进行质量验收。

表5.18　船体强度分析报告的质量验收内容

计算类型	验收项目	验收要求
船体强度分析	结构物布置图及主腿、斜撑位置	与最新装船图一致
	管插板形状、尺寸及材料	属性正确并与最新装船图一致
	管插板最大杆件	内力选取正确
	船体模型施加载荷及边界	设定正确
	船体应力值选取	满足规范的要求、应力分布合理
	管插板模型施加载荷及边界	设定正确
	船体、管插板	应力图正确
	结构物运输支反力	与最新运输报告一致
	结构物拖拉支反力	与最新调载报告一致
	主腿、斜撑杆件内力	与最新运输报告一致

4）复杂结构物有限元计算报告

（1）概述。

复杂结构物有限元计算报告是针对结构复杂的物体进行的应力计算，验证在给定条件下结构物强度是否满足要求。

（2）复杂结构物有限元计算报告的质量验收内容。

按照表5.19的内容对复杂结构物有限元计算报告进行质量验收。

表5.19　复杂结构物有限元计算报告的质量验收内容

计算类型	验收项目	验收要求
有限元计算	安全系数	选取正确
	材料属性	设置正确
	应力值结果	满足规范要求
	von Mises 应力图	计算正确
	模型、载荷及边界处理	边界条件选取及计算正确

5）结构物起吊分析报告

（1）概述。

结构物起吊分析报告是对结构物起吊工作可行性的验证，在确保载荷满足要求的同时还应考虑各节点各杆件的UC值小于1.0。

（2）结构物起吊分析报告的质量验收内容。

按照表5.20的内容对结构物起吊分析报告进行质量验收。

表5.20　结构物起吊分析报告的质量验收内容

计算类型	验收项目	验收要求
结构物起吊分析	模型坐标系	与最新重控报告一致
	模型各节点坐标	与最新版的详设图纸一致
	各杆件特性（几何尺寸，力学参数）	与最新版详设图纸一致
	主结构载荷（自重）	与最新重控报告一致
	附属结构和专业载荷模拟载荷	与最新重控报告一致
	总的重量重心	与最新重控报告一致

计算类型	验收项目	验收要求
结构物起吊分析	吊绳模拟	参数选取合理、模拟正确
	吊高设计	与配扣图纸匹配
	吊点、弹簧，撑杆或框架	边界条件选取正确
	吊绳力	输出正确、合理
	支座反力、弹簧力	输出正确、合理
	模型杆件	K_x，K_y 系数修正正确
	模型节点	偏移正确
	组合工况	系数选取正确
	杆件 UC 值	小于 1.0
	节点冲剪校 UC 值	小于 1.0
	节点位移	结果合理（x、y 方向应小于 15 cm）

6）结构物运输分析报告

（1）概述。

结构物运输分析报告是对结构物在运输过程中运动响应的分析和运动载荷的校核，用以判断载货船和固定形式是否能满足运输要求。

（2）结构物运输分析报告的质量验收内容。

按照表5.21的内容对结构物运输分析报告进行质量验收。

表 5.21　结构物运输分析报告的质量验收内容

计算类型	验收项目	验收要求
结构物运输分析	环境条件（设计拖航风速）	与规格书一致
	运输计算摇摆中心	坐标设定正确
	运输基本工况	描述正确
	运输组合工况	组合正确
	结构物轴向	位置正确
	运输载荷	结果合理

（续表）

计算类型	验收项目	验收要求
结构物运输分析	节点最大变形	结果合理
	各支点反力	结果合理
	杆件应力强度	UC < 1.0
	节点冲剪	UC < 1.0
	运输分析结论	描述正确
	运动幅值和响应加速度	与规格书一致
	结构运输模型杆件	特性正确
	运输模型边界条件	设置合理

7）结构物装船调载分析报告

（1）概述。

结构物装船调载分析报告是分析并给出在结构物拖拉装船作业中，运输驳船应采用的调载方案的报告。计算时考虑的环境条件应包含当地码头潮汐。

（2）结构物装船调载分析报告的质量验收内容。

按照表5.22的内容对结构物装船调载分析报告进行质量验收。

表 5.22　结构物装船调载分析报告的质量验收内容

计算类型	验收项目	验收要求
结构物装船调载分析	结构物支点及反力	计算正确
	码头标高，滑道信息	与最新设计图一致
	拖拉各步吃水范围及适用潮高	计算正确
	计划工期内潮汐	与最新潮汐表一致
	计划工期内装船可行性	描述正确
	计划装船日期现场调载方案	计算正确、合理
	船舶吃水计算	与潮高对应
	装船时船舶稳性	校核正确

计算类型	验收项目	验收要求
结构物装船调载分析	调载分析结论	描述正确
	压载系统	按规范的要求进行了储备
	船舶抗潮能力	估算正确
	回拖系统	根据需求，检验是否需要增加

8）装船固定分析报告

（1）概述。

装船固定分析报告是对结构物在驳船上固定所用筋板和斜撑等的强度校核，用于判断结构物固定方案的可行性。

（2）装船固定分析报告的质量验收内容。

按照表5.23的内容对装船固定分析报告进行质量验收。

表 5.23　装船固定分析报告的质量验收内容

计算类型	验收项目	验收要求
装船固定分析	固定筋板位置、数量、尺寸、材质及焊接形式	与最新装船固定图纸一致
	主腿与脚靴固定筋板	校核正确（拉、压、水平剪切、竖直剪切、弯曲、压弯组合、焊缝校核等）
	脚靴与滑靴固定筋板	
	滑靴与滑道固定筋板	
	斜撑整体校核	输出结果正确
	选用的杆件内力	计算正确、与运输分析结果一致
	选用的节点支反力	计算正确、与运输分析结果一致
	运动幅值和加速度等设计参数	与最新结构运输分析报告一致

9）浮托相关计算报告

（1）概述。

进船、对接和退船分析的目的是论证组块在安装现场从驳船转移到下部结构上的安全性。组块、下部结构以及装船支撑框架的强度必须有一定的富余量以满足进船、对接以及退船作业时的冲击载荷。为完成浮托安装作业，所选主作业驳船应具有合适的强度、稳性、调载能力以及可用吃水范围，并且需确定浮托安装的限制性设计载荷、运动响应、海况以及可操作性。

（2）浮托相关计算报告的质量验收内容。

按照表5.24的内容对浮托相关计算报告进行质量验收。

表 5.24　浮托相关计算报告的质量验收内容

计算类型	验收项目	验收要求
浮托相关计算	浮托进船报告	船舶参数描述正确
		输入模型审核
		有义波高与规格书一致
		波浪参数（波谱，周期范围）计算正确
		运输结构物在船上的位置与设计图纸相符
		吃水状态与进船要求一致
		锚系分布（浮筒数量，位置，锚的坐标）与设计对应
		舱室压载和输出文件一致
		锚位置与海底欲存结构物间隙满足规范的要求
		锚位置与海底已存结构物最小间隙满足规范的要求
		系泊缆受力和锚抓力满足规范的要求
		进船每步停靠位置与设计相符
		横荡与纵荡护舷碰撞力满足规格书的要求
		LMU与底部间隙和运动范围（垂向及水平）满足规格书的要求
	浮托对接报告	船舶参数描述正确
		模型输入文件审核
		舱室压载和输出文件一致
		有义波高与规格书一致
		波浪参数（波谱，周期范围）计算正确

计算类型	验收项目	验收要求
浮托相关计算	浮托对接报告	每步载荷转移吃水状态是否与要求一致
		锚系分布（浮筒数量，位置，锚的坐标）与设计对应
		锚位置与海底已存结构物水平间距满足规范的要求
		系泊缆与海底已存结构物最小垂直距离满足规范的要求
		系泊缆受力和锚抓力满足要求
		横荡与纵荡护舷碰撞力满足规格书的要求
		LMU、桩腿分离缓冲装置（deck separation unit，DSU）碰撞力满足规格书的要求
	浮托退船报告	船舶参数描述正确
		输入模型审核
		有义波高与规格书一致
		波浪参数（波谱，周期范围）计算正确
		吃水状态与退船要求一致
		舱室压载和输出文件一致
		锚位置与海底欲存结构物间隙满足要求
		锚系分布（浮筒数量，位置，锚的坐标）与设计对应
		锚位置与海底已存结构物最小间隙满足规范的要求
		系泊缆受力和锚抓力满足规格书的要求
		退船每步停靠位置与设计相符
		横荡与纵荡护舷碰撞力满足规格书的要求
		DSU 与组块底部间隙和运动范围（垂向及水平）满足规格书的要求

10）配扣计算报告

（1）概述。

配扣计算报告用以校核吊装方案确定的卡环和索具是否满足要求。同时还应注意结构物重心重量是否满足规范要求。

（2）配扣计算报告的质量验收内容。

按照表5.25的内容对配扣计算报告进行质量验收。

表 5.25　配扣计算报告的质量验收内容

计算类型	验收项目	验收要求
配扣计算	结构物重量、重心	与起吊计算一致（若无起吊计算需与重控报告或称重结果一致）
	结构物重心位置	满足规范规定的"十字阴影"范围内
	索具吊高设计	吊高设计合理，满足索具与水平夹角最小60°的要求
	索具长度	满足 ±0.25% 的要求
	单根吊绳力	不允许超出单个钩齿受力要求，钩齿之间的受力比值不得超过 1.5
	卡环销轴直径	与吊点孔直径匹配
	卡环开口宽度	与吊点宽度匹配，与索具直径匹配
	卡环弓高	充分容纳吊点与索具
	索具破断力	满足安全系数大于 4 倍的要求
	卡环吨位	满足受力要求
	索具与钩头连接	连接形式正确（不允许背扣的形式）
	索具长度	经过拉力试验测试后的实际长度
	多钩吊装时	不允许单钩超重

5.4　组块安装过程的质量验收

5.4.1　简介

组块安装过程的验收，分为组块装船、组块运输和组块安装过程的验收。

5.4.2　装船过程的质量验收

1）概述

组块装船方式分为吊装装船和拖拉装船两种。装船过程中有许多关键节点，为了控制装船过程的作业风险，保证装船作业的质量，则需要对组块装船工艺进行严格的质量控制。

2）装船过程的质量验收内容

按照表5.26的内容对组块装船过程进行质量验收。

表 5.26 装船过程的质量验收内容

验收项目		验收要求
准备	海事保险	组块装船前，项目组取得海事保险发放装船作业证书之后，方可进行装船作业
	装船设备	所有装船设备调试完好，证书在有效期内
	系泊检验	系泊要利用码头地锚及缆桩的位置实施，系泊缆破断力要求不小于安全工作载荷的 3 倍
	天气及海况	满足设计文件的要求
	潮汐检测	码头潮汐变化要求能够满足组块 24 h 连续拖拉装船作业时间
	调载能力	驳船要有一定的抗潮能力，满足 DNV 和 GL Noble Denton 规范的要求
	吊装索具	对于吊装装船的组块，要核实垫堆摆放位置、吊装索具破断力、吊高及重心位置，并确保在吊机旋转半径下无障碍物干涉
	索具检验	对组块装船所使用的索具的证书，需进行检验
	装船固定材料检验	装船固定材料按设计要求准备，证书齐全
	装船布置检验	拖点摆放到位，滑道摆放到位，陆地拖拉间距与驳船滑道间距一致
装船及固定	装船调载	实测潮水，和潮汐表进行比较，对调载计算进行调整
	焊接要求	满足焊接规范及规格书的要求
	驳船水平度	拖拉装船过程要保证驳船的水平度，一般由检验人员利用测量工具观测指导调载
	驳船、陆地滑道高度差	组块拖拉时陆地滑道与驳船滑道高度变化范围 ±25 mm，两个滑道间距误差范围 ±10 mm，滑道面平整度误差要求 ±2 mm，两块滑道接口处填平打磨处理，平缓过渡
	组块附件装船	对组块需装船的附件数目、摆放空间进行核实，确保有足够的空间进行装船作业

5.4.3　运输过程的质量验收

1）概述

组块运输主要指从出货码头到油田作业区的货驳拖带航行活动，影响运输作业的因素主要是海况条件，为了保证运输过程的安全，需提高作业质量。

2）运输过程的质量验收内容

按照表5.27的内容对组块运输过程进行质量验收。

表 5.27　运输过程的质量验收内容

验收项目	验收要求
避风环境条件	按照规格书和相关规范的要求，满足避风要求的环境极限条件
海事保险	组块运输出港前，需在取得海事保险发放的运输作业证书之后，方可进行运输作业
驳船拖带设备检验	驳船的拖带设备规格（龙须链、拖力眼板、过桥缆等）要与设计匹配，并得到中国船级社颁发的适拖证书
航行计划	组块运输作业前，自航驳或者拖带拖轮需制定航行计划，并提交项目组；项目组需根据航行计划，跟踪驳船航行动态，以应对突发情况
组块状态检测	拖航过程中，重点注意组块的状态，并及时汇报
探出结构	结构探出驳船舷侧超出 5 m，并远距离运输的需要在探出结构上安装航行障碍灯
航行动态	项目组需要求船舶每天向调度汇报航行动态

5.4.4　现场安装过程的质量验收

1）概述

吊装和浮托的组块海上安装有所不同，但不管哪种安装形式，海上安装的风险点有很多，很多项目都出现过问题，有的是技术层面，有的是管理方面。受作业环境的影响，组块海上安装本身就含有高风险、高成本的行业特点，既要能够管控风险又能保质保量地完成组块海上安装对项目的运行至关重要。行业本身的特点也对质量控制方面提出了更高的要求，因此，把握质量关的需求要求项目必须在整个海上安装过程中对作业质量进行全面严格的控制。

2）现场安装过程的质量验收内容

按照表5.28的内容对现场安装过程进行质量验收。

表 5.28　现场安装过程的质量验收内容

验收项目		验收要求
索具检查		吊装前复查索具布置应与设计位置一致
锚泊检查		抛锚作业跨管线锚缆的浮筒设计要考虑动态过程，初始就位状态及最终就位状态，浮筒设计要经过悬链线方程计算核实
海事保险		海事保险检查完毕，颁发证书
作业工况		组块海上安装的作业环境条件要满足规格书及规范的要求
结构物干涉监测		在起吊和下放作业之前，要检查索具以及导管架顶端没有干涉组块就位的结构
组块后调查		组块后调查，需潜水员或 ROV 下水观测并拍录像各主腿情况、井口区有无施工废料等情况，并提交潜水调查报告和潜水录像
组块吊装、浮托安装	准备工作检验	带缆合理，充分，跳板、栈桥搭设安全，有安全网，脚手架搭设完毕、牢固，切割固定设备准备完毕，气源充足，索具挂钩完毕，拖缆连接完毕
	天气监测	建立风、浪、流、潮监测系统，确认表面流速、流向可接受
	跨距核实	核实现场吊装跨距，尽量避免极限工况吊装作业
浮托相关	天气状况	确认 72 h 气象预报，作业天气窗口，表面流速、流向可接受
		根据现场潮位，确认浮托安装潮位窗
	驳船状态核实	确认调载系统准备以及锚系统状态良好
	干扰检查	确认浮托船舶调载到应有吃水，检查并清理一切障碍，确认无结构干扰，驳船进入导管架槽口，检查 DSF 与组块间的固定切割情况，确保无干扰并满足浮托进度要求
	进退船间隙	根据现场潮位测量修正理论潮汐表，通过视频监控系统及肉眼观察组块插尖与 LMU 之间间隙是否满足继续进船要求（插尖跨越）
		组块插尖跨越 LMU，直至各插尖与相对应 LMU 对齐。完成组块对接作业，继续压载浮托船舶至退船吃水状态

5.5 组块安装完工验收

5.5.1 完工检验

组块在施工过程中，需要进行一系列的阶段性完工和最终完工报告的签署，从而阶段性的验收及确认组块的完工状态。

5.5.2 完工文件

1）组块最终位置报告

应具有相应资质证书的定位承包商承担组块安装定位任务，组块安装定位应包括如下内容。

（1）根据业主和技术规格书的要求，由具有资质的人员编制"组块定位和导航操作程序"。现场操作必须是具有相应资质的定位工程师和大地测量工程师。

（2）组块安装最终定位报告的内容包括给出组块设计要求的坐标和方位，给出组块最终定位结果的坐标和方位，给出组块最终定位结果是否满足设计要求的结论。

2）组块最终水平度测量报告

组块安装水平度测量是由具有相应测量资质证书的承包商承担，通常是由负责组块安装检验的检验人员承担。

（1）现场测量人员应具有相应的资质证书。

（2）组块安装最终水平度测量报告的内容包括给出组块设计要求的误差；给出组块各测点的相对标高；甲、乙双方以及第三方的签字确认。

3）组块最终标高测量报告

组块安装后标高的测量是由具有相应测量资质证书的承包商承担，通常使用重物块或者回音测深仪进行测量。

（1）现场测量人员应具有相应的资质证书。

（2）组块安装就位后，进行组块标高测量。组块标高测量应根据业主或技术规格书的要求进行。

（3）组块标高测量，标高起算为基准海平面。

（4）组块最终的测量标高应满足设计的要求。

（5）组块最终标高测量报告应有业主签字确认。

4）组块焊接与检验报告

组块在海上起吊、就位和对接等过程中，需要进行焊接和检验，通常是由有相应资格的公司和持有相应资质证书的人员进行焊接和检验。承包商根据合同及合同附件的要求编制焊接和检验程序，待业主和第三方批准后执行。

焊接和检验报告应满足合同及合同附件的要求，检验报告的内容通常包括喷砂检验报告、涂漆检验报告、外观检验报告、超声波探伤检验报告和磁粉检验报告等。检验报告的格式都有各自的标准格式。以上报告的内容通常包括项目名称、检验类型、材质、检验部位、采用标准、检验结果的报告及结论、检验员签字、承包商、业主、第三方共同签字确认、满足业主和技术规格书的其他检验要求。

5）组块入级合格证书

组块海上安装，必须由具有资质证书的检验人员检验，满足业主或技术规格书的要求，并得到第三方的确认后，向业主提供一套完整的报告（组块最终定位报告、组块最终标高测量报告、组块最终水平度测量报告及业主确认的现场完工报告等）和相关资料。由业主向有资格签发组块入级证书的机构提出申请，获得组块入级合格证书。

6）业主确认的现场完工书及遗留项目

承包商应按照合同和技术规格书的要求进行组块安装，在完成组块海上吊装、就位、对接及其他附件安装等一系列工作后，应向业主提供完工报告待业主确认。完工报告包括业主名称、承包商名称、工程名称、合同号；完工报告的描述；业主、承包商双方签字确认；业主在完工报告中的其他要求。

平台上部组块调试阶段的质量验收

6.1 概述

6.1.1 简介

调试阶段的质量验收指的是对组块调试成果文件、单机设备和设备系统调试的质量验收。

在调试阶段，组块调试成果文件主要包括用于指导现场调试的程序和重要设备的调试方案。单机设备的调试分为陆地和海上调试两部分，是为了检验各单机设备的性能是否满足设计要求。设备系统调试是为了验证整个工艺系统的性能是否满足设计要求。

调试阶段对成果文件和调试过程的验收，通常由业主和业主指定的第三方进行验收。

6.1.2 平台上部组块调试流程

以某油田的组块实际调试作业为例，调试流程如图6.1所示。

6.2 平台上部组块调试阶段的基本规定、规范和标准

6.2.1 基本规定

按照调试顺序，调试阶段的质量验收内容分为调试文件质量验收、单机设备调试质量验收和设备系统调试质量验收三部分。不同功能或不同类型平台所使用的设备不同，需要验收的成果文件和验收项应予以区分和选择。

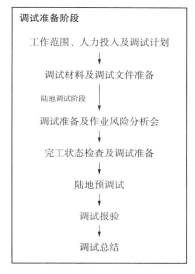

图 6.1　平台组块调试流程

6.2.2　规范和标准

（1）《API Std 616 石油、化工和天然气行业燃气透平》

（2）《GB／T 15736—1995 燃气轮机辅助设备通用技术要求》

（3）《GB 50243—2002 通风与空调工程施工质量验收规范》

（4）《GB 11800—89 船用防爆轴流通风机》

6.3　平台上部组块调试成果文件的质量验收

6.3.1　简介

调试文件包括调试程序和调试方案，它是项目在调试阶段的重要指导文件，也是调试工作顺利进行的参考与依据，调试程序的编制以调试大纲为基础，同时参考厂家资料与设备规格书，并有效结合现场调试工作的先后顺序，从设备调试前的风险分析，到设备的状态检查，再到后续的预调试、调试以及报验环节力求做到全面覆盖，不但包含了对调试工作各个环节的详细阐述，而且对相应环节可能出现的问题及解决方法提供了可靠的参考。因此在调试文件的验收过程中，要特别注意从调试程序的合理性、高效性以及可靠性几个方面去展开对调试程序的验收工作。

6.3.2　调试程序

按照表6.1的内容对调试程序进行质量验收。

表 6.1　调试程序的质量验收内容

图纸类型	验收项目	验收要求
调试程序	参考标准	准确参考国内、国际相关标准
	编制基础	应与调试大纲要求一致
	具体参数、数据要求	应与厂家资料一致
	调试工作具体要求	依照调试大纲的要求，并与其一致
	消耗品的规格与用量	应参考厂家资料具体要求
	调试工作具体步骤	参考厂家设备测试步骤，并与其一致

6.3.3　调试方案

按照表6.2的内容对调试方案进行质量验收。

表 6.2　调试方案的质量验收内容

图纸类型	验收项目	验收要求
动力专业调试方案	船舶推进主机调试方案	满足设计规格书和相关标准规范的要求
		依照调试大纲，确定调试流程图
		确认各辅助系统的调试工作，满足主机需求
		应充分考虑调试工作开展时，各项安全工作的处置及应急预案
	主发电机组调试方案	满足设计规格书和相关标准规范的要求
		依照调试大纲，确定调试流程图
		确认各辅助系统的调试工作，满足主机需求
		应充分考虑调试工作开展时，各项安全工作的处置及应急预案
	燃气透平天然气压缩机组调试方案	满足设计规格书和相关标准规范的要求
		依照调试大纲，确定调试流程图
		确认各辅助系统的调试工作，满足压缩机需求

图纸类型	验收项目	验收要求
动力专业 调试方案	燃气透平天 然气压缩机 组调试方案	确认管线的惰化及巡检工作
		应充分考虑调试工作开展时，各项安全工作的处置及应急预案
	惰气发生器 调试方案	满足设计规格书和相关标准规范的要求
		依照调试大纲，确定调试流程图
		确认各辅助系统的调试工作，满足惰气发生器的启机需求
		应充分考虑调试工作开展时，各项安全工作的处置及应急预案
	锅炉 调试方案	满足设计规格书和相关标准规范的要求
		依照调试大纲，确定调试流程图
		确认各辅助系统的调试工作
		应充分考虑调试工作开展时，各项安全工作的处置及应急预案
机械专业 调试方案	吊重 试验方案	满足设计规格书和相关标准规范的要求
		依照调试大纲，确认吊重试验所需的配重方案
		检查、确认吊机各系统的调试工作
		应充分考虑调试工作开展时，各项安全工作的处置及应急预案
	单点液压系 统调试方案	满足设计规格书和相关标准规范的要求
		依照调试大纲，确定调试流程图
		确认各辅助系统的调试工作
		应充分考虑调试工作开展时，各项安全工作的处置及应急预案
	高压泥浆泵 调试方案	满足设计规格书和相关标准规范的要求
		依照调试大纲，确定调试流程图
		确认各辅助系统的调试工作
		应充分考虑调试工作开展时，各项安全工作的处置及应急预案

（续表）

图纸类型	验收项目	验收要求
机械专业调试方案	电动天然气压缩机组调试方案	满足设计规格书和相关标准规范的要求
		依照调试大纲，确定调试流程图
		确认各辅助系统的调试工作
		应充分考虑调试工作开展时，各项安全工作的处置及应急预案
电气专业调试方案	35 kV以下中压电气系统送电方案	满足设计规格书和相关标准规范的要求
		依照调试大纲，确定送电流程图
		确认电气隔离锁定方案
		应充分考虑调试工作开展时，各项安全工作的处置及应急预案
工艺专业调试方案	系统气密试验方案	满足设计规格书和相关标准规范的要求
		依照调试大纲，确定调试流程图
		确认各管线系统的施工工作
		应充分考虑气密工作开展时，各项安全工作的处置及应急预案
	工艺系统水循环调试方案	满足设计规格书和相关标准规范的要求
		依照调试大纲，确定调试流程图
		确认各辅助系统的调试工作
		应充分考虑调试工作开展时，各项安全工作的处置及应急预案

6.4 平台上部组块单机设备调试的质量验收

6.4.1 简介

单机设备调试是对单台套或者单橇设备的独立调试，包含静态设备各类检查。动态设备通过上电、加注运行介质进行设备的实际运行测试，测试设备额定工况下的各种参数是否满足设计要求的过程。按阶段，可以分为陆地调试和海上调试两个阶段。

6.4.2　陆地调试

按照表6.3的内容对单机设备陆地调试进行质量验收。

表 6.3　单机设备陆地调试的质量验收内容

图纸类型	验收项目	验收要求
透平发电机调试	完整性检查	有合格的安装检验报告，与各类图纸一致
	启机运行各项功能试验	功能试验满足设计的要求
	机组安保功能测试	安保功能测试正常
	柴油模式下的负载试验	柴油模式负载运行能力满足设计的要求
	与中控系统的联合调试	与中控系统通信正常
	遗留问题	调试文件签字确认，遗留问题部分或全部解决完成
柴油发电机调试	完整性检查	有合格的安装检验报告，与各类图纸一致
	启机运行各项功能试验	功能试验满足设计的要求
	机组安保功能测试	安保功能测试正常
	单机或机组的负载试验	负载运行能力满足设计的要求
	与中控系统联合调试	与中控系统通信正常
	遗留问题	调试文件签字确认，遗留问题部分或全部解决完成
电动吊机调试	完整性检查	有合格的安装检验报告，与各类图纸一致
	启动运行各项功能试验	功能试验满足设计的要求
	吊机负重试验（满载、超载下的起升、下降、变幅、回转等）	吊重能力满足设计的要求
	遗留问题	调试文件签字确认，遗留问题部分或全部解决完成
柴油吊机调试	完整性检查	有合格的安装检验报告，与各类图纸一致
	启动运行各项功能试验（含柴油机安保功能测试）	功能试验满足设计的要求
	吊机负重试验（满载、超载下的起升、下降、变幅、回转等	吊重能力满足设计的要求

（续表）

图纸类型	验收项目	验收要求
柴油吊机调试	遗留问题	调试文件签字确认，遗留问题部分或全部解决完成
空压机调试	完整性检查	有合格的安装检验报告，与各类图纸一致
	启动运行各项功能试验	功能试验满足设计的要求
	安保功能试验	安保功能满足设计的要求
	遗留问题	调试文件签字确认，遗留问题部分或全部解决完成
氮气发生橇调试	完整性检查	有合格的安装检验报告，与各类图纸一致
	启动运行各项功能试验	功能试验满足设计的要求
	遗留问题	调试文件签字确认，遗留问题部分或全部解决完成
中央空调调试	完整性检查	有合格的安装检验报告，与各类图纸一致
	功能测试	功能试验满足设计的要求
	遗留问题	调试文件签字确认，遗留问题部分或全部解决完成
分体空调调试	完整性检查	有合格的安装检验报告，与各类图纸一致
	功能测试	功能试验满足设计的要求
	遗留问题	调试文件签字确认，遗留问题部分或全部解决完成
风机调试	完整性检查	有合格的安装检验报告，与各类图纸一致
	功能测试	功能试验满足设计的要求
	遗留问题	调试文件签字确认，遗留问题部分或全部解决完成
风闸调试	完整性检查	有合格的安装检验报告，与各类图纸一致
	功能测试	功能试验满足设计的要求
	中控信号反馈测试	与中控通信正常
	遗留问题	调试文件签字确认，遗留问题部分或全部解决完成

图纸类型	验收项目	验收要求
电动消防泵调试	完整性检查	有合格的安装检验报告，与各类图纸一致
	安保功能测试	安保功能满足设计的要求
	启动运行各项功能测试	各项功能测试正常
柴油消防泵调试	完整性检查	有合格的安装检验报告，与各类图纸一致
	柴油机安保功能测试	安保功能满足设计的要求
	柴油机启动运行各项功能测试	各项功能测试正常
喷淋阀调试	完整性检查	有合格的安装检验报告，与各类图纸一致
	功能模拟测试	各项功能测试正常
海水提升泵调试	完整性检查	有合格的安装检验报告，与各类图纸一致
	柴油机启动运行各项功能测试	各项功能测试正常
防海生物装置调试	设备及主要部件出厂合格证书、出厂实验报告、第三方认证书	具有完整的厂家资料
	设备安装情况检查	具有合格的安装检验报告
	部分功能测试	各项功能测试正常
自动反冲洗装置调试	设备及主要部件出厂合格证书、出厂实验报告、第三方认证书	具有完整的厂家资料
	设备安装情况检查	具有合格的安装检验报告
	部分功能测试	各项功能测试正常
污水处理装置调试	设备及主要部件出厂合格证书、出厂实验报告、第三方认证书	具有完整的厂家资料
	设备安装情况检查	具有合格的安装检验报告
	部分功能测试	各项功能测试正常
	遗留尾项	调试文件签字确认，遗留问题部分或全部解决完成
化学注入装置调试	完整性检查	有合格的安装检验报告，与各类图纸一致
	启动运行功能测试	各项功能测试正常

（续表）

图纸类型	验收项目	验收要求
化学注入装置调试	流量测试	流量测试满足设计的要求
	遗留尾项	调试文件签字确认，遗留问题部分或全部解决完成
压力容器调试	设备及主要部件出厂合格证书、出厂实验报告、第三方认证书	具有完整的厂家资料
	设备安装情况检查	具有合格的安装检验报告
	遗留尾项	调试文件签字确认，部分或全部尾项关闭
常压容器调试	设备及主要部件出厂合格证书、出厂实验报告、第三方认证书	具有完整的厂家资料
	设备安装情况检查	具有合格的安装检验报告
	遗留尾项	调试文件签字确认，部分或全部尾项关闭
离心泵调试	设备及主要部件出厂合格证书、出厂实验报告、第三方认证书	具有完整的厂家资料
	设备安装情况检查	具有合格的安装检验报告
	功能测试	各项功能测试正常
	遗留尾项	调试文件签字确认，部分或全部尾项关闭
容积泵调试	设备及主要部件出厂合格证书、出厂实验报告、第三方认证书	具有完整的厂家资料
	设备安装情况检查	具有合格的安装检验报告
	功能测试	各项功能测试正常
	遗留尾项	调试文件签字确认，部分或全部尾项关闭
注水泵调试	设备及主要部件出厂合格证书、出厂实验报告、第三方认证书	具有合格的安装检验报告
	设备安装情况检查	具有完整的厂家资料
	功能测试	各项功能测试正常
	遗留尾项	调试文件签字确认，部分或全部尾项关闭

图纸类型	验收项目	验收要求
燃料气装置调试	设备及主要部件出厂合格证书、出厂实验报告、第三方认证书	具有完整的厂家资料
	设备安装情况检查	具有合格的安装检验报告
	部分功能测试	各项功能测试正常
救生艇调试	设备及主要部件出厂合格证书、出厂实验报告、第三方认证书	具有完整的厂家资料
	设备安装情况检查	具有合格的安装检验报告
	救生艇机、艇架的负重试验	救生艇机的起重、刹车、下放功能正常，负重能力满足设计的要求，救生艇架强度满足设计的要求
	救生艇机的功能试验	各项功能测试正常
	遗留问题	部分或全部遗留问题关闭
热介质装置调试	设备及主要部件出厂合格证书、出厂实验报告、第三方认证书	具有完整的厂家资料
	设备安装情况检查	具有合格的安装检验报告
	部分功能测试	各项功能测试正常
冷库调试	设备及主要部件出厂合格证书、出厂实验报告、第三方认证书	具有完整的厂家资料
	设备安装情况检查	具有合格的安装检验报告
	功能测试	各项功能测试正常、能力满足设计的要求
	尾项遗留	调试文件签字确认，部分或全部尾项关闭
UV消毒柜调试	设备及主要部件出厂合格证书、出厂实验报告、第三方认证书	具有完整的厂家资料
	设备安装情况检查	具有合格的安装检验报告
	功能测试	各项功能测试正常、能力满足设计的要求
	尾项遗留	调试文件签字确认，部分或全部尾项关闭

（续表）

图纸类型	验收项目	验收要求
CO$_2$、 FM–200 消防装置 调试	设备及主要部件出厂合格证书、出厂实验报告、第三方认证书	具有完整的厂家资料
	设备安装情况检查	具有合格的安装检验报告
	逻辑测试	逻辑启停功能正常
	尾项遗留	调试文件签字确认，部分或全部尾项关闭
中控系统 （FGS、ESD、 PCS）调试	设备及主要部件出厂合格证书、出厂实验报告、第三方认证书	具有完整的厂家资料
	设备安装情况检查	具有合格的安装检验报告
	回路测试	回路测试合格
	逻辑测试	逻辑测试能够实现因果动作
	尾项遗留	调试文件签字确认，部分或全部尾项关闭
井口 控制盘调试	设备及主要部件出厂合格证书、出厂实验报告、第三方认证书	具有完整的厂家资料
	设备安装情况检查	具有合格的安装检验报告
	回路测试	回路测试合格
	逻辑测试	逻辑测试能够实现因果动作
	尾项遗留	调试文件签字确认，部分或全部尾项关闭

6.4.3　海上调试

按照表6.4的内容对单机设备海上调试进行质量验收。

表6.4　单机设备海上调试的质量验收内容

图纸类型	验收项目	验收要求
透平发电机调试	陆地调试工作完成情况	陆地调试工作已完成
	双燃料切换功能	双燃料切换功能实现
	与PMS系统的联合调试	与PMS系统联调功能完成

（续表）

图纸类型	验收项目	验收要求
透平发电机调试	与中控系统的联合调试	与中控联调功能运行正常
	遗留问题	遗留问题解决完成
柴油发电机调试	陆地调试工作完成	陆地调试工作已完成
	与中控系统联合调试	与中控联调功能正常
	遗留问题	遗留问题解决完成
电动吊机调试	陆地调试工作完成	陆地调试工作已完成
	与中控系统联合调试	与中控联调功能正常
	遗留问题	遗留问题解决完成
柴油吊机调试	陆地调试工作完成	陆地调试工作已完成
	与中控系统联合调试	与中控联调功能正常
	遗留问题	遗留问题解决完成
空压机调试	陆地调试工作完成	陆地调试工作已完成
	与中控系统联合调试	与中控联调功能正常
	遗留问题	遗留问题解决完成
氮气发生橇调试	陆地调试工作完成	陆地调试工作已完成
	与中控系统联合调试	与中控联调功能正常
	遗留问题	遗留问题解决完成
中央空调调试	设备及主要部件出厂合格证书、出厂实验报告、第三方认证书	具有完整的合格证书
	设备安装情况检查	具有合格的安装检验报告
	功能测试	制冷、制热、通风等功能满足设计的要求
分体空调调试	设备及主要部件出厂合格证书、出厂实验报告、第三方认证书	具有完整的合格证书
	设备安装情况检查	具有合格的安装检验报告
	功能测试	制冷、制热、通风等功能满足设计的要求

（续表）

图纸类型	验收项目	验收要求
风机调试	设备及主要部件出厂合格证书、出厂实验报告、第三方认证书	具有完整的合格证书
	设备安装情况检查	具有合格的安装检验报告
	功能测试	噪音、振动、风量满足设计的要求
风闸调试	设备及主要部件出厂合格证书、出厂实验报告、第三方认证书	具有完整的合格证书
	设备安装情况检查	具有合格的安装检验报告
	功能测试	开关动作、信号反馈功能正常调试文件签字确认
电动消防泵调试	设备及主要部件出厂合格证书、出厂实验报告、第三方认证书	具有完整的合格证书
	设备安装情况检查	具有合格的安装检验报告
	功能测试	泵运行噪声、振动、压力等参数满足设计的要求
柴油消防泵调试	设备及主要部件出厂合格证书、出厂实验报告、第三方认证书	具有完整的合格证书
	设备安装情况检查	具有合格的安装检验报告
	功能测试	泵运行噪声、振动、压力等参数满足设计的要求
喷淋阀调试	设备及主要部件出厂合格证书、出厂实验报告、第三方认证书	具有完整的合格证书
	设备安装情况检查	具有合格的安装检验报告
	功能测试	阀门开关动作及信号反馈功能满足设计的要求
海水消防泵调试	设备及主要部件出厂合格证书、出厂实验报告、第三方认证书	具有完整的合格证书
	设备安装情况检查	具有合格的安装检验报告

图纸类型	验收项目	验收要求
海水消防泵调试	功能测试	泵运行噪声、振动、压力等参数满足设计的要求
防海生物装置调试	设备及主要部件出厂合格证书、出厂实验报告、第三方认证书	具有完整的合格证书
	设备安装情况检查	具有合格的安装检验报告
	功能测试	设备各参数满足设计的要求
自动反冲洗装置调试	设备及主要部件出厂合格证书、出厂实验报告、第三方认证书	具有完整的合格证书
	设备安装情况检查	具有合格的安装检验报告
	功能测试	设备运行噪音、振动、压力等参数满足设计的要求
污水处理装置调试	设备及主要部件出厂合格证书、出厂实验报告、第三方认证书	具有完整的合格证书
	设备安装情况检查	具有合格的安装检验报告
	功能测试	设备运行各项参数满足设计的要求
化学注入装置调试	设备及主要部件出厂合格证书、出厂实验报告、第三方认证书	具有完整的合格证书
	设备安装情况检查	具有合格的安装检验报告
	功能测试	注入泵流量、压力满足设计的要求
压力容器调试	设备及主要部件出厂合格证书、出厂实验报告、第三方认证书	具有完整的合格证书
	设备安装情况检查	具有合格的安装检验报告
常压容器调试	设备及主要部件出厂合格证书、出厂实验报告、第三方认证书	具有完整的合格证书
	设备安装情况检查	具有合格的安装检验报告
离心泵调试	设备及主要部件出厂合格证书、出厂实验报告、第三方认证书	具有完整的合格证书

（续表）

图纸类型	验收项目	验收要求
离心泵调试	设备安装情况检查	具有合格的安装检验报告
	功能测试	泵运行噪音、振动、压力满足设计的要求
容积泵调试	设备及主要部件出厂合格证书、出厂实验报告、第三方认证书	具有完整的合格证书
	设备安装情况检查	具有合格的安装检验报告
	功能测试	泵运行噪音、振动、压力满足设计的要求
注水泵调试	设备及主要部件出厂合格证书、出厂实验报告、第三方认证书	具有完整的合格证书
	设备安装情况检查	具有合格的安装检验报告
注水泵调试	功能测试	泵运行噪音、振动、压力满足设计的要求
燃料气装置调试	设备及主要部件出厂合格证书、出厂实验报告、第三方认证书	具有完整的合格证书
	设备安装情况检查	具有合格的安装检验报告
	功能测试	功能满足设计的要求
救生艇调试	设备及主要部件出厂合格证书、出厂实验报告、第三方认证书	具有完整的合格证书
	设备安装情况检查	具有合格的安装检验报告
	功能测试	艇航行各项功能正常，载重能力满足设计的要求
热介质装置调试	设备及主要部件出厂合格证书、出厂实验报告、第三方认证书	具有完整的合格证书
	设备安装情况检查	具有合格的安装检验报告
	功能测试	设备运行正常、温控能力满足设计的要求

图纸类型	验收项目	验收要求
冷库调试	设备及主要部件出厂合格证书、出厂实验报告、第三方认证书	具有完整的合格证书
	设备安装情况检查	具有合格的安装检验报告
	功能测试	制冷效果及自动控制运行功能满足设计的要求
UV 消毒柜调试	设备及主要部件出厂合格证书、出厂实验报告、第三方认证书	具有完整的合格证书
	设备安装情况检查	具有合格的安装检验报告
	功能测试	运行各功能正常，出水水质满足设计的要求
CO_2、FM-200 消防装置调试	设备及主要部件出厂合格证书、出厂实验报告、第三方认证书	具有完整的合格证书
	设备安装情况检查	具有合格的安装检验报告
	逻辑测试	逻辑动作能力的实现正常、功能满足设计的要求
中控系统（FGS、ESD、PCS）调试	设备及主要部件出厂合格证书、出厂实验报告、第三方认证书	具有完整的合格证书
	设备安装情况检查	具有合格的安装检验报告
	逻辑测试	逻辑自动控制功能正常、信号显示正常
井口控制盘调试	设备及主要部件出厂合格证书、出厂实验报告、第三方认证书	具有完整的合格证书
	设备安装情况检查	具有合格的安装检验报告
	逻辑测试	逻辑控制功能正常，状态信号反馈正常
高压盘调试	设备及主要部件出厂合格证书、出厂实验报告、第三方认证书	具有完整的合格证书
	设备安装情况检查	具有合格的安装检验报告

（续表）

图纸类型	验收项目	验收要求
高压盘调试	母排安装检查	具有母排安装报告，内含扭矩测试报告
	综保测试	综保测试报告
	耐压测试	耐压测试报告
	FAT 遗留问题	遗留问题解决完成
高压变压器调试	设备及主要部件出厂合格证书、出厂实验报告、第三方认证书	具有完整的合格证书
	设备安装情况检查	具有合格的安装检验报告
	耐压测试	耐压测试报告
	FAT 遗留问题	遗留问题解决完成
中压盘调试	设备及主要部件出厂合格证书、出厂实验报告、第三方认证书	具有完整的合格证书
	设备安装情况检查	具有合格的安装检验报告
	母排安装检查	具有母排安装报告，内含扭矩测试报告
	综保测试	综保测试报告
	耐压测试	耐压测试报告
	FAT 遗留问题	遗留问题解决完成
中压变压器调试	设备及主要部件出厂合格证书、出厂实验报告、第三方认证书	具有完整的合格证书
	设备安装情况检查	具有合格的安装检验报告
	耐压测试	耐压测试报告
	FAT 遗留问题	遗留问题解决完成
低压盘调试	陆地调试工作完成	陆地调试工作已完成
	功能测试	功能测试正常
	遗留问题	遗留问题解决完成

（续表）

图纸类型	验收项目	验收要求
低压变压器调试	陆地调试工作完成	陆地调试工作已完成
	遗留问题	遗留问题解决完成
导航调试	陆地调试工作完成	陆地调试工作已完成
	遗留问题	遗留问题解决完成
UPS 调试	陆地调试工作完成	陆地调试工作已完成
	遗留问题	遗留问题解决完成
照明小功率调试	陆地调试工作完成	陆地调试工作已完成
	遗留问题	遗留问题解决完成
照明（灯具及焊接插座）调试	灯具及焊接插座安装检查	安装就位报告
电伴热调试	电伴热敷设完成	安装报告

6.5　平台上部组块设备系统调试的质量验收

6.5.1　简介

设备系统调试是联合系统内的各单机和撬进行系统的整体联合运行测试，记录系统运行参数，检验系统运行的状态及处理能力是否满足设计的要求。包括工艺系统、公用系统和消防救生系统的调试。

6.5.2　工艺系统调试

1）工艺系统完整性检查
按照表6.5的内容对工艺系统完整性检查进行质量验收。

表 6.5　工艺系统完整性检查的质量验收内容

图纸类型	验收项目	验收要求
工艺系统完整性检查表格	管线流程走向	与最新版 P&ID 相符
	系统内设备、管线	按照管道系统吹扫与清洗程序进行，并达到项目要求的规范和程序合格标准，查看相关记录
	各种阀门、仪表的安装和位置	符合有关设计技术规范和最新 P&ID
	压力、温度、流量计、液位计、变送器、爆破片膜片、流量计、液位计、安全阀	方向正确且符合最新 P&ID
	压力、温度、流量计、液位计、变送器、安全阀是否标定	按要求进行标定，有标定证书且在有效期限内
	所有垫片	符合设计图纸标准及要求
	8 字盲板及插板	方向正确符合最新 P&ID
	单管试压时遗留的盲板、螺栓	无遗留的试压盲板，螺栓紧固按照法兰管理要求进行挂牌和登记
	滤器	内部洁净，滤芯规格满足设计规范的要求
	放空口盲板、丝堵、管帽	按最新 P&ID 要求检查，安装齐全
	各仪表电源、气源	与最新版 P&ID、单线图相符
	高空、死角处的阀门	能方便操作
	各种阀门手柄或手轮	齐全并能灵活操作
	各种换热器	方向正确符合最新 P&ID
	各种容器（罐、塔、分离器等）	已完成开盖检查，确认容器内部构件齐全，内部结构安装合理，流程吹扫后容器内无杂物，垫片符合要求，参见清罐程序、报告及相关调试表格

2）工艺系统水循环

按照表6.6的内容对工艺系统水循环进行质量验收。

表6.6　工艺系统水循环的质量验收内容

图纸类型	验收项目	验收要求
工艺系统水循环调试方案	水循环程序	满足设计调试大纲的要求
	水循环表格	满足设计调试大纲的要求
	水循环方案	满足调试程序及表格的要求，满足现场实际操作的可行性，通过调试专家的审查要求
	系统压力和气密试验	试验完毕，试验满足设计技术文件及规范的要求，流程完整性检查完成
	水循环图纸、流程	满足批准的技术文件要求
	水源供应，气源供应，气源介质及其压力	符合通过审批程序及方案
	临时软管连接	按方案内容要求连接完成
	温度，压力（压差），液位仪表	调校完成，显示良好，功能正常
	流量仪表	额定工况下运行，对比检查流量仪表的计量与中控系统的显示一致
	调节器和调节阀	进行回路和全行程运行，功能验证无误，并能在额定工况下稳定运行
	各种手动阀门	在额定工况下，开启及关闭操作灵活，开启通畅，关闭严密
	检测开关（报警和关断）	在模拟运行工况下的试验检查
	现场控制盘	按设备调试大纲进行严格调试
	控制仪表	在量程范围内检查试验，检查输入、输出信号
		整定各种参数
		与执行机构的全量程调试一致
	中控系统与现场仪表的联合调试	满足现场仪表与中控系统的逻辑控制功能
	报警显示盘功能试验	满足设计规格书中对功能显示的要求

（续表）

图纸类型	验收项目	验收要求
工艺系统水循环调试方案	分布式控制系统（distributed control system，DCS）或其他中控系统功能试验	满足系统因果逻辑图的功能要求
	可编程控制器（programmable logic controller，PLC）系统功能试验	满足规格书中的逻辑控制功能
	火气探测系统功能试验	满足火气系统因果逻辑图的功能要求
	计量仪表系统	检查试验现场计量与中控显示的瞬时流量、累计流量对比

6.5.3　公用系统调试

按照表6.7的内容对公用系统调试进行质量验收。

表 6.7　公用系统调试的质量验收内容

图纸类型	验收项目	验收要求
公用系统调试	压缩空气系统	确认系统内管线、阀门、仪表、电缆及各附属设备的完整性检查
		确认各附属设备的单机试验及性能试验满足设计文件的要求
		确认各仪表的现场及中控显示一致，确认各阀门能正常动作
		确认空压机的自动启停功能满足设计要求
		确认单机调试的调试表格中的系统遗留项已完成整改
	海水系统	确认系统内管线、阀门、仪表、电缆及各附属设备的完整性检查
		确认各附属设备的单机试验及性能试验满足设计文件的要求
		确认各仪表的现场及中控显示一致，确认各阀门能正常动作
		确认海水提升泵的自动启停功能及主备切换等满足设计要求
		确认单机调试的调试表格中的系统遗留项已完成整改
	淡水系统	确认系统内管线、阀门、仪表、电缆及各附属设备的完整性检查
		确认各附属设备的单机试验及性能试验满足设计文件的要求

图纸类型	验收项目	验收要求
公用系统调试	淡水系统	确认各仪表的现场及中控显示一致，确认各阀门能正常动作
		确认淡水泵的自动启停功能满足设计的要求
		确认单机调试的调试表格中的系统遗留项已完成整改
	柴油系统	确认系统内管线、阀门、仪表、电缆及各附属设备的完整性检查
		确认各附属设备的性能试验满足设计文件的要求
		确认各仪表的现场及中控显示一致，确认各阀门能正常动作
		确认柴油泵的自动启停功能满足设计的要求
		确认单机调试的调试表格中的系统遗留项已完成整改
	平台吊机	确认系统内管线、阀门、仪表、电缆及各附属设备的完整性检查
		确认各附属设备的性能试验满足设计文件的要求
		确认各仪表的现场及中控显示一致，确认各阀门能正常动作
		确认平台吊机的安保功能满足设计要求
		确认单机调试的调试表格中的系统遗留项已完成整改
	惰气发生系统	确认系统内管线、阀门、仪表、电缆及各附属设备的完整性检查
		确认各附属设备的性能试验满足设计文件的要求
		确认各仪表的现场及中控显示一致，确认各阀门能正常动作
		确认惰气发生器的自动启停功能满足设计要求
		确认单机调试的调试表格中的系统遗留项已完成整改
	生活污水处理系统	确认系统内管线、阀门、仪表、电缆及各附属设备的完整性检查
		确认各附属设备的性能试验满足设计文件的要求
		确认各仪表的现场及中控显示一致，确认各阀门能正常动作
		确认生活污水处理系统的处理能力满足设计要求
		确认单机调试的调试表格中的系统遗留项已完成整改
	热介质系统	确认系统内管线、阀门、仪表、电缆及各附属设备的完整性检查
		确认各附属设备的性能试验满足设计文件的要求

（续表）

图纸类型	验收项目	验收要求
公用 系统调试	热介质 系统	确认各仪表的现场及中控显示一致，确认各阀门能正常动作
		确认热介质循环泵的自动启停功能满足设计的要求
		确认单机调试的调试表格中的系统遗留项已完成整改

6.5.4　消防救生系统调试

消防救生系统调试分为消防系统调试和救生系统调试两部分，验收时须由项目参与各方共同见证。

1）消防系统调试

平台上的消防设施主要是消防水系统和气体灭火系统，各系统调试的质量验收内容如下。

（1）消防水系统调试。

按照表6.8的内容对消防水系统调试进行质量验收。

表 6.8　消防水系统调试的质量验收内容

图纸类型	验收项目	验收要求
消防水 系统调试	消防水程序	满足设计技术文件及规范的要求
	消防水表格	满足设计技术文件及规范的要求
	系统压力和气密试验	试验完毕，试验满足要求，流程完整性检查完成
	消防水系统图纸、流程	满足设计技术文件及规范的要求
	压力，流量，探头	调校完成，显示良好，功能正常
	消防泵	确认系统内管线、阀门、仪表、电缆及各附属设备的完整性检查
		确认各附属设备的性能试验满足设计文件的要求
		确认各仪表的现场及中控显示一致，确认各阀门能正常动作
		确认消防泵性能满足设计的要求
		确认单机调试的调试表格中的系统遗留项已完成整改

（续表）

图纸类型	验收项目	验收要求
消防水系统调试	雨淋阀	确认系统内管线、阀门、仪表、电缆及各附属设备的完整性检查
		确认各附属设备的功能满足设计规范的要求
		确认各仪表的现场及中控显示一致，确认各阀门能正常动作
		确认雨淋阀的功能满足设计的要求
		确认单机调试的调试表格中的系统遗留项已完成整改
	逻辑功能	确认雨淋阀手动启动、火灾自动启动、火灾盘手动启动功能
		确认消防管网失压，消防泵启动功能
	喷淋范围	满足设计技术规范的要求
	喷射距离	满足设计技术规范的要求
	遗留问题	项目各参与方共同确认

（2）气体灭火系统调试。

按照表6.9的内容对气体灭火系统调试进行质量验收。

表 6.9 气体灭火系统调试的质量验收内容

图纸类型	验收项目	验收要求
气体灭火系统调试	程序	满足调试大纲、技术规格书、数据表和厂家资料及规范的要求
	表格	满足调试大纲、技术规格书、数据表和厂家资料及规范的要求
	系统图纸	满足设计技术文件及规范的要求
	探头	调校完成、显示良好、功能正常、满足设计技术及规范的要求
	设备规格及摆放位置	满足设计技术规范的要求，如技术规格书、数据表、设备布置图等

（续表）

图纸类型	验收项目	验收要求
气体灭火系统调试	逻辑功能	满足设计技术规范的要求，如仪表系统因果图要求的逻辑功能
	覆盖距离及范围	满足设计技术及规范的要求
	遗留问题	项目参与各方共同确认

2）救生系统调试

按照表6.10的内容对救生系统调试进行质量验收。

表 6.10　救生系统调试的质量验收内容

图纸类型	验收项目	验收要求
救生系统调试	程序	满足调试大纲、技术规格书、数据表和厂家资料及规范的要求
	表格	满足调试大纲、技术规格书、数据表和厂家资料及规范的要求
	系统图纸	满足设计技术文件及规范的要求
	艇架功能	满足设计要求的强度、其中起艇机的起升、下放功能和刹车功能的各性能参数满足设计的要求
	救生艇功能	救生艇脱钩、挂钩、载荷、航行、喷淋和充电试验满足设计规范的要求
	遗留问题	项目参与各方共同确认

平台上部组块工程案例

7.1 组块设计案例

7.1.1 简介

海上平台上部组块是海洋石油平台生产的核心设施，作为功能、规划及方案制订的前期单位，设计单位经过多年积累，已经形成较为完善的设计技术体系和技术能力，然而每个工程项目都有其特定性，项目过程中经常会发现一些特殊的问题，本章通过选取典型案例，对工程设计中经常犯的错误进行总结，供同业人员借鉴，以避免错误的再次出现。

7.1.2 平台上部组块火炬臂优化设计案例

1）情况介绍

海上油气开发是高风险、高成本工程，在保证海上生产设施安全的前提下，有效控制成本是国内海洋工程开发努力的方向，目前海上油田开发已形成油田群规模开发模式，并形成平台、浮式生产设施和陆地终端通过海管互联的海上及水下设施群，该模式的优点是可以利用海上中心处理平台等已建处理设施，降低处理及外输成本，如图7.1所示。

某项目油田开发新建井口平台，在前期设计阶段井口平台的放空臂长度为25 m、倾角45°，受平台布置方向和海管路由影响，25 m长的放空臂影响海管膨胀弯施工，因此放空臂只能在陆地分体建造，并在海上单独吊装。海洋石油工程实施过程中主要三大环节：设计、建造和安装。其中安装工作由于需要动用船舶资源，安装费用相当昂贵，海上井口平台同船采用吊装方案，每增加一天，都将

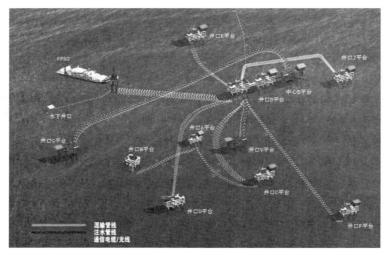

图 7.1　油田群开发示意

造成上百万的花费。因此安装方提出，如能将放空臂长度优化，缩短放空臂长度，该放空臂可与组块一体建造安装，可节省大量工程费用。

2）解决措施

该平台从井口到外输海管入口关断阀均按最大关井压力全压设计，未设置堵塞工况压力泄放阀（没有大股气体放空），在正常生产时，平台没有气体排放。

井口平台放空臂泄放源包括测试、生产管汇泄压管线，测试流量计泄压管线和混输海管发球筒火灾 PSV。

井口平台原油生产及外输流程示意如图 7.2 所示。

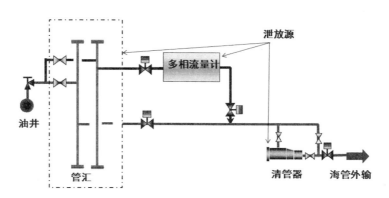

图 7.2　井口平台原油生产及外输流程示意

根据泄放源对管道放空进行泄放分析。

（1）确定合理的泄放速率。

假设条件包括估算泄放时间，考虑生产操作方便，要求原油管线在半小时内完成泄压操作；估算总泄放量，根据配管专业的管线长度估算（见表7.1），平台上部组块原油管线总容积约为30 m³（已考虑1.5倍系数），假设生产关断时，原油管线中一半体积为伴生气（根据HYSYS模拟结果，生产物流中实际气相分数小于10%），得出总共需要泄放的气体量为388 m³。

表 7.1　原油管线尺寸及长度统计

系统	尺寸 /in[①]	长度 /m
原油系统	4	800
	10	24
	14	18
	20	54

① 扩散分析：DNV PHAST软件确定放空扩散和H_2S扩散量，按《SY T 6137—2005 含硫化氢的油气生产和天然气处理装置作业的推荐作法》中"几乎所有工作人员长期暴露都不会产生不利影响的某种有毒物质在空气中的最大浓度。硫化氢的阈限值为15 mg/m³（10 ppm）"考虑。

② 辐射强度分析：FLARESIM计算放空工况意外点燃的辐射强度，按API 521准则，间歇放空工况意外点燃，平台上感受点辐射强度小于4.73 kW/m²。

③ 放空气组分按HYSYS模拟。

（2）软件核算。

① 平台泄放速率约为0.2 kg/s，流速16.57 m/s（放空头缩径2 in）。

② FLARESIM核算结果满足要求，主要感受点辐射强度不超4.73 kW/m²；

③ PHAST核算结果，显示可燃气体和H_2S均未扩散至危险区。

综上，若控制泄放速率低于0.2 kg/s时，井口平台放空臂可以优化至20 m以内，使得工程具备整体吊装条件。

---

① 1英寸（in）=2.54 cm。

3）经验教训

（1）随着海洋油田开发，工程经验的不断积累，精细化设计已经成为海洋工程实施的必然选择。

（2）针对施工需求和成本控制需求，设计优化和细化应依据规范，做好系统设计分析工作，对设计方案及技术调整可行性做出科学判断，保证质量，并满足工程施工需求，降低成本。

7.1.3　平台上部组块实验室危险区划分案例

1）过程介绍和记录

某油田项目中，平台实验室由基本设计阶段的非危险区（电气房间区域）移动到了危险区——中层甲板井口区的危险区内。

在危险区划分图设计阶段，根据规范要求将化验室区域划分为非危险区。同时对化验室内的相关设备的防爆等级在图纸中进行了说明，如图7.3所示。

第三方对危险区审图提出意见，由于化验室被危险区包围，要求化验室配备自闭式气密门，化验室内保持正压通风，并且当化验室内通风量下降时能够提供报警，以保证化验室内的非危险区划分。由于审图意见提出在详细设计后续阶段，化验室的相关配套设计和设备采办已经完成，为关闭该审查意见，引起项目设计变更。

2）原因分析

（1）实验室的位置在设计的不同阶段有所调整，但是危险区的划分没有根据实验室的具体位置调整而进行修改。

（2）对危险区和非危险区之间的分隔以及必要的保护措施没有完全落实。

3）解决措施

接受第三方审查意见，采取如下解决措施。

（1）为化验室配备自闭式气密型门。

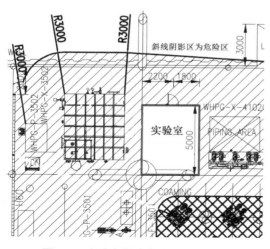

图 7.3　实验室周边危险区划分示意

（2）为化验室新增正压通风系统，机械送风＋机械排风。

（3）设置压差传感器，通风设备失压时，在人员值班地点发出报警。

4）经验教训

（1）详细设计阶段需要充分核查，详设成果需要基于基本设计成果开展设计，涉及方案变动需要进行专题审查。

（2）每个项目都有自身的特点，在项目运行中应避免形成思维定式，对设计方案应进行全面的审查和判断。

7.1.4　平台上部组块吊机休息臂阻碍直升机起降案例

1）过程介绍和记录

某项目实施过程中，设计人员发现平台南北两侧吊机钢丝绳超高，进入直升机210°的抵离无障碍扇区内。同时现场反映，在安装北侧吊机时发现吊机钩头部分与生活楼直升机甲板下中转小平台干涉，导致吊机无法安装。如图7.4和图7.5所示。

2）原因分析

南北两侧吊机钢丝绳超高原因：

（1）由于钻采生产平台（drilling and production platform，DPP）平台吊机安装位置较高，结构基座高12 m。设计时核实了吊机吊臂对直升机甲板的影响，但忽略了细小的钢线绳对直升机的影响。

（2）南侧吊机休息臂支撑由最初设计时的西侧改到东侧，修改后未对其影响进行重新校核。

北侧吊机与生活楼碰撞原因：

（1）吊机最终选型为靠档厂家的成熟产品，吊臂比原设计长3 m。

（2）设计时只考虑了生活楼本体，没有考虑生活楼外悬的小平台，导致碰撞。

3）解决措施

将吊机休息臂移到其他位置，以达到《小型航空器商业运输运营人合格审定规则》的相关规定。

4）经验教训

《小型航空器商业运输运营人合格审定规则》为强制性规定，必须遵守。平台布置时需全面考虑各个设备及结构物，保证规定的范围内无阻挡。

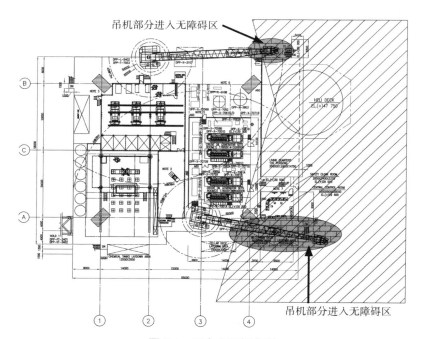

图 7.4   平台上甲板布置

图 7.5   干涉位置示意

7.1.5 平台上部组块主变压器进线方式调整案例

1）过程介绍和记录

某项目平台变压器间有 6.3 kV 和 0.4 kV 两台主变压器，6.3 kV 高压侧进线方式为侧进线，后调整为顶部进线。

2）原因分析

平台变压器间两台主变压器布置位置如图 7.6 所示。

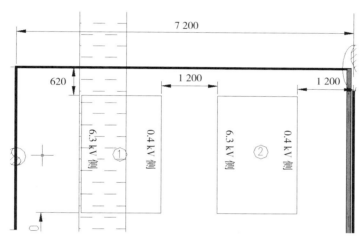

图 7.6　原主变压器布置

变压器侧面（北侧）距离房间墙皮为 620 mm。原设计采用侧部进线，中压电缆从变压器上方中压托架引出，从变压器侧面（北侧）进线。设计时由于没有考虑到进线中压电缆实际尺寸约为 90 mm（外径），弯曲半径约为 850 mm，变压器进线位置距墙皮距离不满足要求，变压器中压电缆沿托架引下后无法进入变压器。

3）解决措施

经研究，将变压器进线方式修改为顶部进线，将原进线开孔进行封堵，这样进线空间可满足电缆弯曲半径要求，修改后的图纸如图 7.7 所示。

4）经验教训

在进行高、中压电缆和低压大截面积电缆接线时应充分考虑电缆弯曲半径。设计中应考虑托架及设备的布局是否合理，设备进线位置是否能使电缆顺利进线。

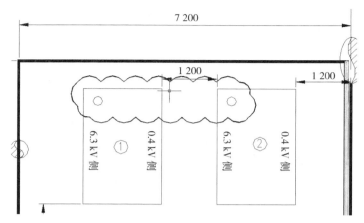

图 7.7　调整后主变压器布置

7.1.6　平台上部组块吊机振动相关问题原因分析及解决措施案例

1）过程介绍和记录

随着设计公司业务的不断增加，设计安全在整个项目中显得尤为重要。对于模块结构设计，吊机振动是近期比较凸显的问题。某项目收到工程项目组反馈，在吊机调试过程中，出现比较明显的振动情况，要求对吊机立柱现有支撑体系进行相应的加强。由于吊机调试时，项目已进入后期，振动的出现以及后期的加强工作客观上会对项目进度造成比较大的影响。因此，吊机的振动问题亟待深入分析及探讨，以确定相应加强方案及后续项目可采取的预防和控制措施，规避项目风险。

模块部针对吊机振动问题，对一些典型项目进行系统梳理，从中查找规律，以期为后续吊机立柱的设计及相关推荐做法的推出提供理论和实践依据，从而规避后续的项目风险，保障设计及生产安全。

此次吊机资料的收集涵盖了渤海、东海、南海海域的9个项目，17个平台，共28台吊机的相关信息。

涉及的吊机参数范围包括：

（1）吊机吊装能力：从5 t/14 m～60 t/25m。

（2）吊机底座直径：从1 410～4 040 mm。

（3）吊机立柱高度：从2~22.5 m。

（4）吊机支撑层数：2~4层。

（5）顶甲板以上的支撑形式包括无斜撑、单向撑和双向撑。

2）原因分析

产生吊机振动的原因是多方面的，受条件限制，暂不考虑以下因素，仅从现场反馈进行分析研究避免振动的结构加强措施。

（1）吊机多为国产吊机，一般出厂质量相对国际产品略差。

（2）吊机振动数据厂家一般无法提供，吊机振动分析未得到准确结果。

（3）缺乏吊机振动检测装置，基本依靠操作者的感受判断。

通过图7.8~图7.13，可以看出吊机振动与甲板支撑层数、甲板以上支撑形式及吊机立柱变形间的关联关系比较明显。吊机振动与最大作业弯矩及立柱高度和立柱应力比（unity check，UC）间的关联关系较弱。

3）解决措施

结合以上原因分析，针对典型项目振动发生的情况进行针对分析并给出相应的解决措施。

（1）典型情况一。

问题原因：由于结构形式所限，吊机立柱支撑层数偏少，产生振动分析的平台多数为2层支撑。

导致结果：吊机立柱支撑层数较少会造成生根点处基础偏弱。

解决措施：具备条件的情况下，尽量保证立柱支撑层数≥3层。

（2）典型情况二。

问题原因：吊机立柱高度多数在10 m以上，且从顶甲板以上均未设置斜撑。

导致结果：顶甲板以上吊机立柱为悬臂结构，立柱柔性变大。

解决措施：建议高度大于6 m的吊机立柱至少设置单向支撑以增大立柱刚度，对于高度大于12 m的立柱至少推荐设置双向支撑或利用临近结构设置水平支撑，如生活楼、钻井支持模块（drilling support module，DSM）等。

（3）典型情况三。

问题原因：负载情况下变形较大，立柱高度与水平变形的比值小于200。

导致结果：负载调试及后期操作使用过程中在动力载荷作用下容易发生振动。

解决措施：严格对吊机立柱变形进行控制，立柱的高度与变形之间比值最小

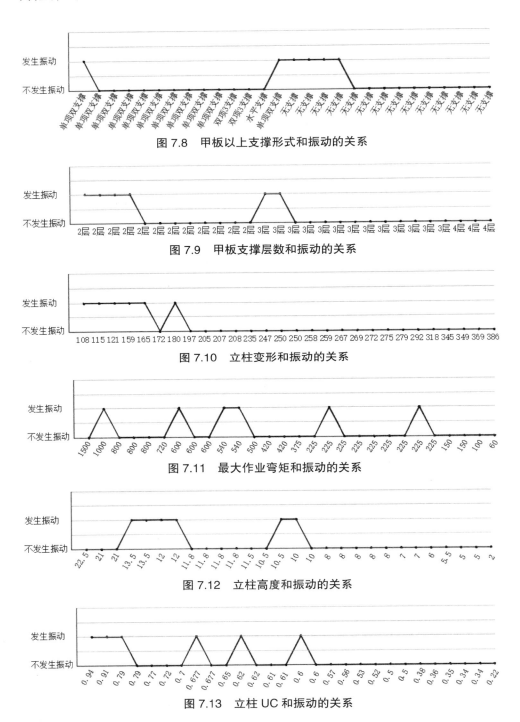

图 7.8　甲板以上支撑形式和振动的关系

图 7.9　甲板支撑层数和振动的关系

图 7.10　立柱变形和振动的关系

图 7.11　最大作业弯矩和振动的关系

图 7.12　立柱高度和振动的关系

图 7.13　立柱 UC 和振动的关系

应控制在200以上，推荐值为240以上。

（4）典型情况四。

问题原因：负载情况下吊机立柱UC较大。

导致结果：由于吊机为动载设备，UC较大可能给吊机满载调试带来隐患，对后期操作时的疲劳问题也有一定的影响。

解决措施：建议将吊机立柱最大UC控制在0.8以下。

4）经验教训

吊机是海洋平台上必备的设施，是平台进行正常生产的基础保障。吊机结构受到的载荷大而且集中，吊机发生振动会威胁到整个平台的安全性，造成平台吊机将无法使用，且吊机结构的后期加强工作会对项目造成很大的影响，甚至是难以实施。在以后项目的吊机结构设计时要尽可能避免以上4种典型情况。如果实在难以避免，也要具体问题具体分析，做好足够的论证分析工作确保吊机结构的安全。

7.1.7 平台上部组块直升机甲板布置案例

1）过程介绍和记录

南海某天然气处理综合平台设有120人生活楼和飞机甲板。其中安装有飞机甲板的生活楼布置在平台的上层甲板，同时在上层甲板还布置有12套透平驱动压缩机和3套透平驱动主机，共15套透平机组，布置如图7.14所示。

从布置图中能够看出，飞机甲板的布置满足中国民航总局第67号令《民用直升机海上平台运行规定》和《海上固定平台安全规则》，但是这些规范中描述高温烟气对直升机起降是否有影响，仅从平面布置无法直观判断飞机甲板布置是否合理。

2）原因分析

若判断透平机组排出的烟气对飞机起降的影响，就需要结合风向、风频来进行定量风险分析（quantitative risk analysis，QRA），按以上透平机组布置位置，当风向为西北风（风频为0.81%/年）、西风（风频为2.39%/年）或北风（风频为3.78%/年）时，主机和压缩机排出的高温烟气造成直升机甲板上空空气温度升高，超过环境温度2 ℃，由此使直升机旋翼升力下降，发动机输出功率下降，影响直升机安全起降。定量风险分析结果显示，此布置单机组的分析结果已经超过了允许范围，由此分析，15套透平机组的排烟组合工况的危险等级会更高。

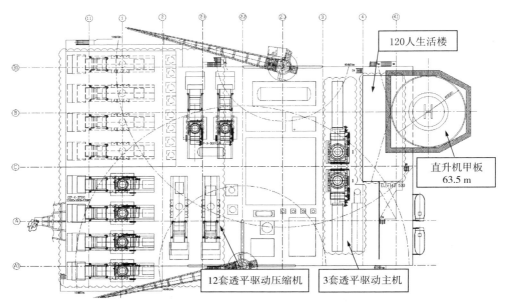

图 7.14　飞机甲板布置示意

3）解决措施

QRA 是根据英国健康安全环保（health safety environment，HSE）部门的海上直升机平台设计导则 CAP 437，在直升机起降的飞行区域附近，温度升高最大值不能超过 2 ℃。在 CAP 437 中，"对于直升机平台上方的高度，考虑提供直升机起降的平台上方所需要的空间"，在建议中特别提出"距离平台上方的高度应符合 30 英尺①加上轮子到飞机回转轴的高度，再加上一个回转轴的直径。根据以上规范的要求，结合荔湾 3–1 项目，飞机甲板位于海图基准面以上 63.5 m，则在 63.5 ~74 m 之间气体温度不能高于环境温度 2 ℃，因此透平机组的烟管的高度不能低于 74 m，但是这样也增加了烟囱及其支架的重量，而且烟囱对吊机的安全操作也存在隐患，为此优化布置，尽量降低飞机甲板及烟囱的标高，将生活楼降为 3 层并且直接布置在主甲板上，最终使飞机甲板标高设为海图基准面以上 55.5 m，烟管标高设置为 69.5 m。布置如图 7.15 所示。

① 1 英尺=0.304 8 m。

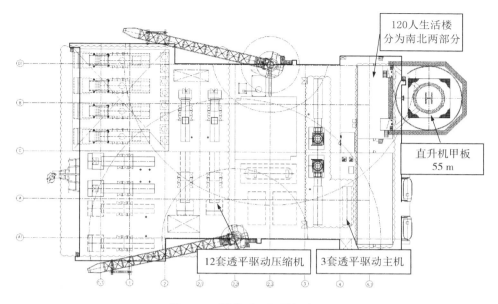

图 7.15　调整后飞机甲板布置

4）经验教训

（1）通过该类平台直升机甲板布置设计及安全可靠性校核，明确对于多透平机组平台上的直升机甲板设计，除采用中国民航总局第67号令《民用直升机海上平台运行规定》和《海上固定平台安全规则》之外，还应遵循CAP 437规范。

（2）对于布置多台透平机组的海上平台的飞机甲板设计，需要考虑透平烟气对直升机起降的影响，要进行烟气扩散分析定量风险分析，分析结果要满足CAP 437规范的要求，以保证直升机起降安全。

7.1.8　平台上部组块中控室噪音超标的案例

1）过程介绍和记录

南海某油田平台投产后，出现中控室和电仪间噪音超标的情况。具体数值如表7.2所示。

表 7.2　各房间噪音值

	中控室噪音 设计值 ≤ 62 dB（A）	电仪间 设计值 ≤ 67 dB（A）
A 机运行	73	65
B 机运行	61	74

2）原因分析

噪音超标原因一般有以下几点。

（1）房间背景噪音过大。

该平台中控室分为机柜区和操作区两个房间，中间采用一道玻璃墙隔断。如图7.16所示。

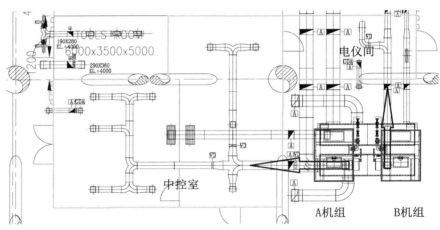

图 7.16　房间及空调机组相对位置

中控室（操作区）背景噪音主要由机柜区产生，盘柜散热风扇运行噪音约为 72~74 dB（A），同时在操作区内还有无线电台等噪音源［62 dB（A）/1 m］，导致中控室背景噪音过高；而电仪间由于没有天花板，风管噪音明显，且该房间与中控室相通，中控室背景噪音也传导至该房间。

（2）送、回风口风速超标。

通风栅处设计风速一般不超过 2 m/s。

各空调房间送风干管均设计有手动调节风闸，但实际开度均为最大，导致各房间送风量超过设计风量；中控室回风口实际面积仅为原设计面积的 33%，导致回风口风速过高，噪音超标。

现场实测两个噪音最大的风口处，风速分别为2.2 m/s和4.8 m/s。

（3）机组内部噪音的传导。

该平台采用间接冷却式空调系统，室外机组为空气处理单元（air handing units，AHU），内部运转部件为风机，噪音主要由高速气流产生。

两台AHU一台使用一台备用，通过静压箱连接。从布置图（见图7.16）可以看出，中控室送风管在静压箱上的开口靠近A机，电仪间的送风口靠近B机，所以会产生A机运行中控室噪音大、B机运行电仪间噪音大的情况。

（4）气流传输过程中产生的二次噪音。

二次噪音主要出现在变径、弯头等气流突变的地方。

3）解决措施

针对以上原因，整改时采取了以下措施。

（1）更换消音器。

将中控室和电仪间原消音风管，更换为带消音内核的消音器，消音内核可起到导流扩散风向的作用，最大限度降低噪音［降噪指标：10~15 dB（A）］。

（2）送风口改造。

将两房间送风格栅，更换为静音型布风器（见图7.17），其内部为迷宫形，通过增加声波反射次数，使噪音逐步衰减；同时该布风器调节阀位于进风口，可在出风口面积不变的情况下，实现风量独立调节，解决现场反应的过冷问题；布风器与风管采用柔性软连接，减小风道震动传递，施工方便。

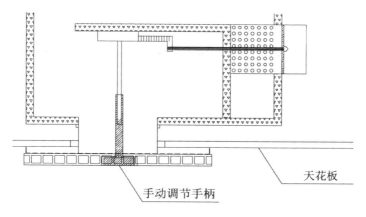

图 7.17　静音型布风器

（3）回风口改造。

将两房间回风口，更改为带静压箱的回风格栅（见图7.18），其中中控室回风口增加至2个，从而扩大回风过流面积，减小风速；回风路径也得到了有效延长，进一步减弱回风噪音。

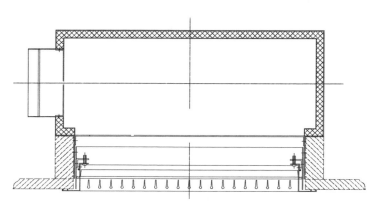

图 7.18　带静压箱的回风格栅

（4）合理调节风闸开度。

风管和布风器改造完成后，需合理调节送风干管处风闸开度及各布风器的调节阀，使房间送风量达到设计风量要求。

改造完成后，中控室的噪音值为58 dB/1 m，设计值≤62 dB（A），电仪间的噪音值为60 dB/1 m，设计值≤67 dB（A），符合设计要求，降噪效果明显。

4）经验教训

（1）中控机柜区与人员办公区分隔，应尽量采用隔音效果较好的结构墙皮。

（2）规划设计之初，应使人员办公室远离空调机组等噪音源。

（3）建造完工后，空调系统的调试效果应予以足够重视。

（4）对于噪音要求较高的房间，可考虑加装消音器。

（5）合理选择末端送、回风装置，带静压箱的回风格栅、静音型布风器，在此次改造中降噪效果明显，建议推广使用。

7.1.9　平台上部组块井口控制逻辑动态分配技术应用案例

1）过程介绍和记录

　　为减少井口井槽布置变化对平台建造和井口回接的不利影响，降低电潜泵变频器故障给生产造成的停产损失，同时为响应"降本增效"的号召，在渤海某油田上设置井口控制逻辑动态分配技术方案。

　　2）原因分析

　　在平台建设项目设计初期了解到如下信息。

　　（1）油田每个井口平台的井口数量多达60口左右，分层布置。

　　（2）钻机模块打井，分批打井分批投产的作业方式。

　　（3）井口回接时，因井口井槽布置变化，而需要重新设计井口回接的设计文件和中控组态。

　　（4）电潜泵变频器故障时，需要更换至备用变频器，同时还需要请中控厂家人员出海服务，导致单井停产时间过长。

　　根据以往常规项目的经验，其中第三个问题提到的井口井槽布置变化同样会给建造阶段带来诸多不利影响。因此，决定依托该平台建设项目，以解决上述问题为出发点研究寻找切实可行的解决方案。

　　3）解决措施

　　（1）将井口控制逻辑划分为"井控模块控制逻辑"和"电潜泵变频器控制逻辑"，并进行模块化设计。"X"为油井数量，每个井口对应X个井控模块逻辑和X个电潜泵变频器控制逻辑，即每个井口可以有X^2个井口控制逻辑的对应关系。如图7.19所示。

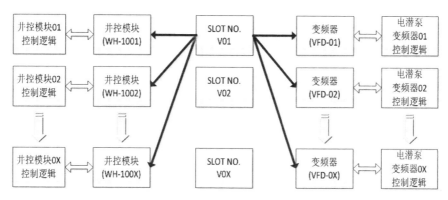

注：井口模块控制逻辑内的仪表位号应与井控模块号保持一一对应的关系

图7.19　井口控制逻辑模块对应关系

（2）在中控组态时，将所有的井控模块控制逻辑和电潜泵变频器控制逻辑进行动态的切换链接，来实现 X^2 个井口控制逻辑的对应关系，这样就可以满足井控模块与变频器的实际匹配情况。

（3）举例说明。

① 变频器故障。

图7.20为V05井正常生产时的状况，此时V05井使用的是井控模块WH-1001和变频器VFD-05，当变频器V05故障时，应用该技术后，只需采取下述2个步骤即可快速恢复生产。

步骤1：现场将V05的动力电缆从接线箱JB-05接至JB-06（JB-06与VFD-06已连接，图中未画出），如图7.21所示。

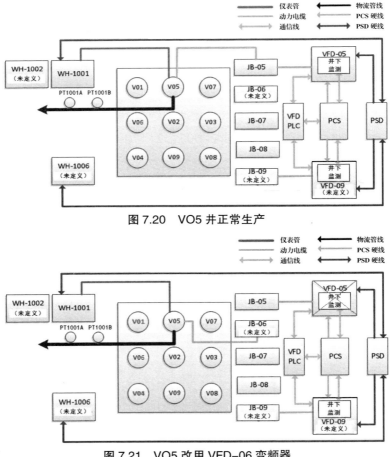

图 7.20　VO5 井正常生产

图 7.21　VO5 改用 VFD-06 变频器

步骤2：在中控的逻辑切换画面上将VFD-05改为VFD-06，如图7.22所示。

当上述2个步骤完成后，井口画面的参数以及控制逻辑将自动更新，如图7.23所示。

图 7.22　VFD-05 改为 VFD-06 画面逻辑切换

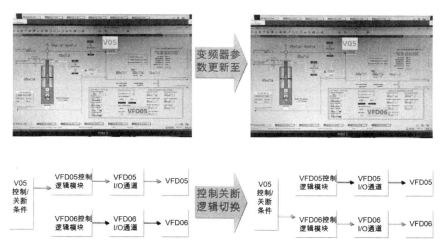

图 7.23　V05 井画面参数及控制逻辑自动更新

② 井口井槽布置变化。

假设图7.20为井口井槽布置未变化的初始状态，此时按照就近方便操作维护的原则，V01井按计划应使用井控模块WH-1002，变频器VFD-06。当井口井槽布置发生改变，如图7.24所示，V01与V04互换位置。

此时若要打V01井，按照就近方便操作维护的原则，V01井需要改用井控模块WH-1006,变频器VFD-09，如图7.24所示。应用该技术后，无须重新组态中控逻辑，只需在中控逻辑切换画面上匹配对应关系即可满足生产需求，如图7.25所示。

中控画面逻辑切换完成后，V01井的画面参数及控制逻辑将自动更新，如图7.26所示。

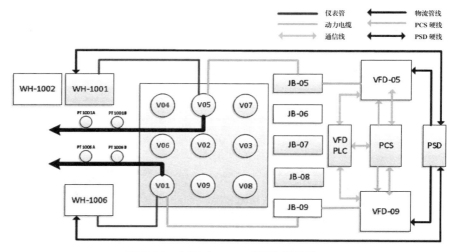

图 7.24　V01 与 V04 对换位置的情况

WELL NO.	SLOT NO.	VFD NO.		WELL NO.	SLOT NO.	VFD NO.
WH-1002	V01	VFD-06		WH-1006	V01	VFD-09

图 7.25　井口模块与变频器画面逻辑切换

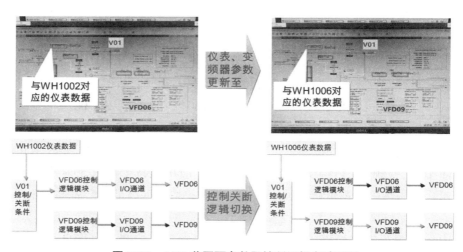

图 7.26　V01 井画面参数及控制逻辑自动更新

4）经验教训

（1）在后续项目中采用井口控制逻辑动态分配技术，无论井口模块如何调换，只要按照此原则安装仪表，现场就无须重新调整相关电缆的敷设和接线，中控系统的逻辑组态也无须变动，减少了后期调整的施工费用与施工工期。

（2）可清晰地指导现场施工人员进行井口回接的仪表安装工作，同时便于中控操作和现场生产人员的日常操作维护。

7.1.10 无人平台中控系统优化方案设计方案案例

1）过程介绍和记录

某国外项目新建一座无人井口平台，经与国外业主沟通，为实现生产效益与经济效益的最大化，业主请设计工程师对无人平台中控系统进行方案优化，通过对中控系统整体架构的优化配置以及软硬件的合理选择，以达到能耗最低，降本增效的目标。

2）原因分析

根据总体开发方案（overall development，ODP）数据分析，平台采用热传导发电机（thermo electric generator，TEG）加太阳能电池板（solar panel）的联合供电方式，中控系统及现场仪表整体功耗严格受限（不能超过800 W）；中控系统机柜位于非安全区的电气仪表房间中，需要同时满足规范的最低要求（二区气体组分 IIA，温度等级 T3）的防爆要求和 IP 65 的防护要求；电气仪表房间（E&I room）空间较为狭小，密布诸多专业的设备，不能满足太多电缆直接接入中控机柜。

3）解决措施

（1）本方案中设置独立的基于 PLC、PCS、SIS、FGS，其中 SIS 系统和 FGS 系统共用一套硬件。而常规项目中 PCS 和 SIS、FGS 系统一般都是基于 DCS 的控制系统。一般来说 PLC 系统的功耗要远远小于数字控制系统（DCS 系统）的功耗，如选用基于 PLC 系统的一个输出（DO）通道为 24 VDC × 0.05 A = 1.2 W，而基于 DCS 系统的一个 DO 通道为 24 VDC × 0.5 A = 12 W。

（2）三系统的控制器和 I/O 卡件都采用非冗余设计，仅供电模块和控制网通信模块采用冗余设计，而常规项目中 PCS 系统的控制器、供电模块和控制网通信模块都采用冗余设计，只有 I/O 卡件采用非冗余设计。SIS、FGS 系统的控制器、I/O 卡件、供电模块和控制网通信模块均采用冗余设计，通过对系统硬件配置的合理优化，不仅减少了控制系统的功耗，节省了费用，可靠性并未降低。

（3）采用人机接口（human machine interface, HMI）触摸屏代替了传统的操作员站和工程师站，仅此一项就可以减少功耗300 W左右。例如通过有人或者无人状态的选择。在无人状态下，可以自动关闭一些不必要的耗电设备，减少待机状态下功耗，如HMI触摸屏在无人操作的情况下可以延时自动关闭。

（4）PCS和SIS、FGS系统在E&I room中分别设置一个中控机柜，两个中控机柜本身要求满足IP65的防护等级，材质选择为316SS不锈钢。系统的控制器和卡件本身具有Ex n（无火花）的防爆认证，能够满足二类危险区（Zone 2）的防爆要求。柜内的开关、接线端子和保险等附件都需要满足Zone 2的防爆要求，系统整体取得第三方（BV）满足Zone 2的证书。用于井口控制盘的远程输入输出端口柜（I/O柜）位于一类危险区（Zone 1），因此采用316SS的Ex d（隔爆）和IP 65隔爆型接线箱，而其他的远程I/O柜位于Zone 2，因此采用316SS的Ex e和IP 65增安型接线箱，就满足了海洋环境下苛刻的工况。常规项目中PCS、SIS和FGS系统的控制器和卡件由于放置于出于安全区的中控室内，本身不要求防爆和防护的认证要求。

（5）PCS和SIS、FGS系统采用远程I/O柜的整体控制方案，将现场PCS的I/O信号和非关键的SIS、FGS的I/O信号接入附近的远程I/O柜中。对于SIS、FGS系统中比较关键的报警点和关断点采用直接硬线接入的直接输入输出端口（Direct I/O）方案。该方案体现了分散与集中控制的原则，既降低了机柜本身的大小，又满足了E&I room空间较为狭小，密布诸多专业的设备，不能满足太多电缆直接接入中控机柜的限制条件。常规项目中PCS和SIS或FGS系统一般不采用远程I/O柜的整体控制方案，只有个别项目将现场PCS和ESD系统的I/O信号接入附近的远程I/O柜中，且SIS系统并不区分关键信号与非关键信号。

（6）PCS系统要求安全完整性等级SIL 2，SIS、FGS要求最低SIL 2。常规项目中PCS系统一般无SIL要求，SIS、FGS系统一般要求为SIL 2或SIL 3。将PCS系统的安全完整性等级与SIS、FGS系统相同（SIL 2），提高了整个系统的安全等级。

（7）无人平台中控系统优化的方案制定后，优先完成了中控系统的能耗计算报告（690.65 W），达到了整个控制系统功耗不超过800 W的目标，得到了业主乃至生产方的赞赏和认可。

4）经验教训

（1）该设计方案解决了无人平台中控系统功耗严格受限以及防爆防护要求等

难题，通过对控制系统卡件采用非冗余设计，不仅可以降低功耗，也可以减少硬件的配置，降低工程成本。同时也为后续边际油田和简易无人平台的开发做出一些探索性的工作。

（2）本工程项目作为海外项目，提升了在严格受限条件下无人平台中控系统的优化方案设计能力，并且该方案得到了外方业主的认可，展现了中国设计工程师在国际项目中解决问题的能力。

7.1.11　平台上部组块原油主机支撑结构的设计案例

1）过程介绍和记录

目前，海上平台上部组块部分项目组块上布置了原油发电主机，需要有结构专业工程师为其设计底座支撑。原油主机厂家为卡特彼勒公司（Caterpillar，CAT）。根据机械设备专业的主机安装设计，每台原油主机通过其两排垫板定位于结构梁上，每排有10块垫板，两排垫块的间距为2 450 mm。此外，由于原油主机的安装精度要求较高，因此在主机安装至组块结构梁上之前，通过临时支撑点进行调平。同时主机在安装及在位运转时，通过设置在4个角上的限位块进行定位，如图7.27所示。

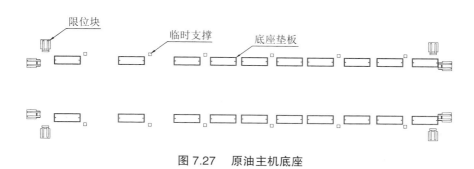

图 7.27　原油主机底座

为避免结构梁受到主机压力发生失稳，同时为了增强结构抵抗主机振动影响的能力，需要在结构梁主要受力点处设置结构筋板进行加强。

但目前各个项目中，对于主机支撑结构设计时所考虑的出发点有所不同，其设计的原油主机的支撑结构形式也不尽相同。

2）原因分析

某油田群项目组块在进行主机支撑结构设计时，更多地考虑到了结构梁的受力情况。考虑到4台主机共有80块底座垫板，数量较多且较为密集，在间隔大约2 m以内的垫板下方设置双侧通长的结构筋板。同时，考虑到主机在完成安装前，全部重量均有临时支撑处承受，因此，在临时支撑点也设置了通长的双侧筋板。这些通长筋板在结构节点附近，可利用节点筋板取代，以减少筋板数量。对于定位于梁翼缘板范围以外的主机限位块，除了增加梁的翼缘宽度外，也设置了单侧的半高结构筋板，如图7.28所示。

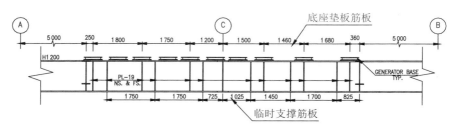

图 7.28　平台组块主机支撑筋板布置

尽管进行了优化，但组块的4台主机下方仍然设置了各类筋板（共194块），其中通长筋板为186块，半高筋板为8块。

组块在设计两道主机支撑梁内部的小梁时，将2 450 mm的空间内设置了2道小梁，小梁的间距为850 mm和800 mm，较为密集，如图7.29所示。

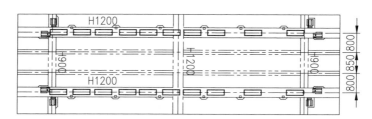

图 7.29　平台组块主机支撑小梁布置

核查其他项目，原油主机与该平台组块型号相同，主机的支撑和安装形式也完全相同。但该项目在进行主机支撑结构设计，考虑较多的则是主机振动影响。考虑每个垫板都作为节点设计，这样在每个底座垫块下方都设置了3道双侧筋板。临时支撑下方筋板设置为半高形式，限位块下方的筋板则存在通长和半高2种形式。如图7.30所示。

4台主机的底座垫板下方则一共设置了480块通长筋板，临时支撑下方设置了96块半高筋板，限位块下方设置了32块通长筋板和32块半高筋板。筋板总量

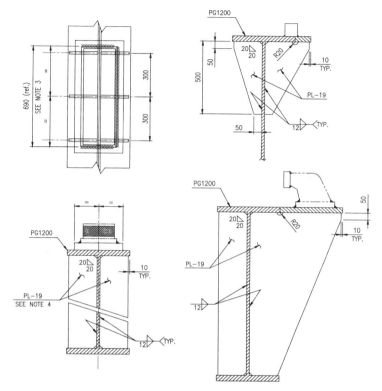

图 7.30　某平台主机筋板形式

为640块。而该平台两道主机支撑梁内部的小梁则只有一道。间距为1 225 mm。

3）解决措施

鉴于以上两个项目的主机支撑结构设计关注点不同，结构差异较大且较为保守，现场建造的结构施工难度较大，因此对此进行了专题研究和分析，利用ANSYS软件对主机支撑梁及加强筋板进行了校核。根据校核结果，可以确定以下设计原则。

（1）主机临时支撑受力较大，且支撑位置位于梁的边缘，应设置筋板。筋板形式可为单侧的半高筋板，但筋板高度应大于800 mm。

（2）主机底座垫板处，由于考虑到在位振动的影响，应设置双侧筋板。筋板高度与梁高相同。筋板的数量可以考虑每隔一个垫板设置一块。主机限位块处，由于受力较小，可设置单侧的半高筋板。

4）经验教训

因为主机是振动设备，主机支撑结构的设计要同时考虑到强度和疲劳的影响。主机底座的支撑要求复杂，所加的筋板较多。针对主机不同的支撑要求，布置数量合理、高度合适的筋板，满足结构支撑要求的同时，可节省钢材，大量减少现场的工作量。

7.1.12　平台上部组块压缩机大直径烟囱和模块合吊方案案例

1）过程介绍和记录

某海上平台投产运行数年后，根据油气产量，项目增设压缩机模块，该模块吊装重约 2 300 t，模块采用吊装框架形式（硬连接）海上安装，作业船舶为"蓝鲸号"。因为 3 台压缩机上方 18 m 高烟囱穿过顶层吊装框架，且基本布满整个吊装框架左侧空间，烟囱的高度及位置会与吊装锁具挂扣、起吊及摘扣相干扰。基本设计吊装方案和经济预算考虑的是湿气压缩机的透平烟囱采用竖直自立支撑设计，3 个烟囱海上单独吊装，如图 7.31 所示。

详设阶段深化安装方案时，认为"蓝鲸号"海上安装烟囱方案非常困难（南海

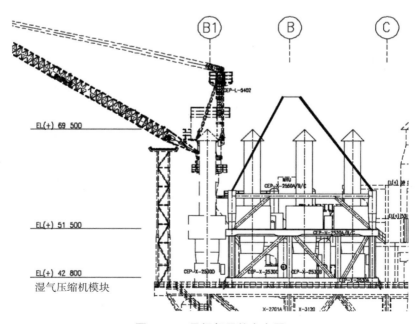

图 7.31　吊绳起吊状态布置

海况差，烟囱重量轻，无法完成精确对接），需要施行烟囱和模块整体吊装方案。

2）原因分析

要实现烟囱和模块整体吊装方案，需要解决吊绳和透平烟囱及其支撑结构的干涉问题。

（1）总体布置方案规划。从压缩机模块海上吊装施工方案入手，重新规划烟管集中布置，并将烟囱水平转弯，结构和机械相互配合，共同研究合适的总体布置方案。

（2）烟囱水平转弯后受到原吊装框架干涉，需解决烟囱与吊装框架的干涉问题。烟囱竖直式的吊装框架方案，因为烟囱海上安装，常规形式的吊装框架水平撑干涉部分模块吊装后切除即可。弯曲式的烟囱方案，吊装框架必须进行避让，设计合适的吊装框架形式以及加强方案。

（3）烟囱竖直段和拐弯段的结构支撑的特殊性设计。烟囱水平转弯，对竖直段和拐弯段都要进行支撑，设计难度大。

（4）烟囱保护架的可行性设计施工方案。即使起吊后的吊绳和烟囱有了较安全的净空间，钢丝绳的起落、下放过程中，薄壁烟囱也极易受碰撞发生损害。

3）解决措施

（1）在产平台增加压缩机模块采用优化的吊装布置方案，经过数种方案可行性研究，精确模拟吊装的三维空间、烟囱拐向吊装框架外侧并汇集到中间位置等，实现了压缩机大直径烟囱和模块陆地成撬并整体吊装方案。优化方案如图7.32所示。

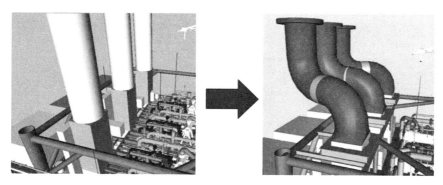

图7.32　压缩机模块吊装方案优化

（2）对弯曲式的烟囱方案设计了满足要求的吊装框架形式。在三维模型里寻找可能的空间，改变斜撑位置，对强度进行反复核算。另外，此种细长结构杆件的风机涡激振动成为一个难点，若采取减震器，增加较多费用，同时工期上也不被允许，最后采取了增加立柱的方式。如图7.33所示。

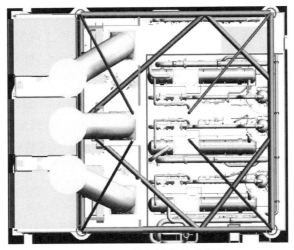

图 7.33　压缩机模块吊装框架

（3）对弯曲式烟囱竖直段和拐弯段的结构支撑进行了特殊性设计。烟囱拐弯后直管段和弯曲段均需要进行结构支撑，因为烟囱拐弯，所留下的直管段长度较短，支撑的位置要求苛刻且复杂；弯曲段拐向了吊装框架外侧且下方无空间，借助于吊装框架弦杆支撑。特殊形式的结构支撑保证了烟囱拐弯方案的顺利实施。如图7.34和图7.35所示。

图 7.34　对竖直段和拐弯段烟囱设计的结构支撑

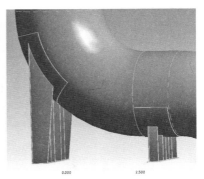

图 7.35　烟囱弯曲段支撑

（4）为弯曲式烟囱设计了可行性的烟囱保护架的施工方案。如图7.36所示。

4）经验教训

国内首次进行在役平台上新增压缩机模块施行和烟囱陆地成撬并整体吊装的方案，整体吊装能够实现：

（1）海上安装工程船舶的最优化。

（2）海上施工整体周期最简化。

（3）减小高空作业风险，极大地保证了吊装作业的安全性。

此设计及实施方案对于海上在产平台增加模块的施工有着借鉴作用。

图 7.36　压缩机模块起吊时的烟囱保护架

7.2　组块建造案例

7.2.1　简介

海上固定式平台是我国近海油气田开发的主要装备，公司在多年的平台上部组块建造项目中积累了丰富的工程设计经验。项目过程中，通过编制案例，对经验教训进行分析总结，避免错误的重复出现，同时对成功经验加以推广，以提高组块工程建设的质量和效率。

7.2.2 吊装框架预制案例

1) 问题描述

某项目平台上部组块在陆地建造完成后，需要采用吊装框架进行陆地装船和海上安装，吊装框架的轴线尺寸与组块尺寸一致，在起吊时吊装框架轴线与模块轴线在平面投影上须一一对应，但现场在预制时受场地大小限制，预制摆片方向与吊装时有90°扭转，这就需要起吊前将吊装框架旋转90°，但吊装框架长28 m，宽23 m，重167 t，且位于碎石子预制区，并受制于周围空间限制，调向难度较大。

2) 原因分析

（1）吊装框架外轮廓尺寸29.65 m×24.65 m（轴线尺寸为28 m×23 m），总重167 t，为方便装船及吊装，在组块南侧码头前沿石子区域进行预制，该区域周围杂物堆放较多，造成可用区域南北方向长、东西方向短，吊装框架长度方向只能沿南北向布置，与最终使用时的方向有90°扭转。如图7.37所示。

图 7.37　吊装框架预制现场

（2）在吊装框架预制方案中，未明确提出其摆片方向须与组块一致，因此现场就根据场地尺寸自由选择，造成预制摆片位置与最终使用方向不一致。

3) 解决措施

（1）浮吊调向。利用德浮3600浮吊转向，该方案最为简单，但被安装单位否定。考虑在浮吊挂扣之后，利用浮吊进行吊装框架的转向作业，转向过程如图7.38所示。

（2）自行式模块运输车（self-propelled modular transporter，SPMT）调向。用SPMT小车原地回转达到转向目的，该方案因吊装框架下预制垫墩位置及路面条件较差等原因放弃。

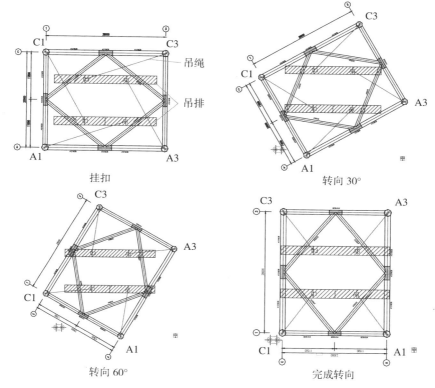

挂扣

转向30°

转向60°

完成转向

图7.38 浮吊调向步骤

（3）履带吊调向。最终采用两台履带吊进行调向,图7.39为现场照片。

4）案例总结

在预制吊装框架等辅助结构时，需要事先考虑好其预制时与最终使用时的布置方位等，避免二次调整，产生不必要的工作量。

图7.39 履带吊调向

7.2.3　管道临时支架应用案例

1）问题描述

某项目组块总重约11 600 t，建造工期九个半月，管线的预制、安装、管支架的预制分别由不同的3家分包单位承揽，管线预制与安装交叉进行，支架滞后于管线，大约用到3 000个临时支架。详设支架图纸落后于管线三维图，造成管线安装时没有支架，只能采用临时支架进行支撑，待正式支架完成后进行替换。

该情况首先因大量使用临时支架造成费工费料，其次管线定位后，管排后期到达后需要中间切一刀才能安装上，然后再补焊，耗工费料。

2）原因分析

（1）支架图纸滞后于管线图纸。因详设管线是按系统建模出图，管支架是按层、按区域建模出图，对于大的管排上面往往支撑多个系统的管线，相应三维图在单个系统完善后即可下发，相应支架只有等所有系统管线完善，应力分析通过，管鞋选型确定后才可下发。

（2）材料原因。支架和管线同样存在图纸材料表材料涵盖不全情况，支架采办多要招标、评标，管件大部分协议厂家，这样支架的采办周期长于管线管件，也会造成部分有图无料的无法预制。详细设计前期提供的管支架图纸材料表材料数量只达到使用总量的30%，后期是根据图纸用量进行采办，管支架材料采办周期又较管线材料长，材料的不足也一定程度影响了管支架的预制。

（3）分包商预制原因。正常情况单批次三维图与管支架预制图分包商预制周期大体相等，都在10天左右，但一个支架预制分包商有时承接几个项目支架预制，需考虑一段时间内分包商预制能力不足。

（4）因支架跟踪困难，详设往往采用分层或分区域出图来提高出图效率且方便跟踪，但也造成部分支架模型中已完善但没有出图的情况。

3）解决措施

（1）改变设计建造思维，主管排等大支架框架位置与形式在早期就已确定，应力分析影响的是支架上的管鞋，如果管支架预制只预制支架框架，管鞋按照三维图信息预制，这样详设可以大规模提前管支架预制图出图时间点，但此方法对建造施工要求较高，需工人对照三维图与支架详图规格书预制，施工单位跟踪也困难。

（2）详设先提供管支架预制图纸用于主框架施工，待后期应力分析完善后再发0版管支架预制图纸，以备预制管鞋，但应注意避免不同版次支架造成混乱。

（3）大量使用临时支架，提前考虑临时支架用料。

（4）提前与详细设计进行沟通，了解管支架数量及所用材料数量，如前期详细设计提供的图纸材料表中支架材料数量较少，可考虑预估多采办一些用量较大支架常用材料，由项目组发出相关指令。

4）案例总结

通过以上分析，临时支架大量使用的主要原因是详细设计支架图纸晚于管线图纸下发。图纸材料表提供支架材料数量的不足和分包商预制能力也一定程度上影响了管支架的预制，解决临时管支架的问题，主要还得从源头由详细设计考虑，加快支架图纸的出图速度，提高管支架材料表的精确度。

7.2.4　托架宽距影响极限承载案例

1）问题描述

某项目电气专业电缆规格和数量都很大，1/4数量的托架宽度为1 200 mm。电缆敷设之后部分托架变形，在三通或者托架弯通处变形情况尤为明显，具体如图7.40所示。

2）原因分析

（1）横档间距过宽，无法承载电缆重量。

（2）三通或者弯通端口处没有做额外的加强，导致托架横档变形。

（3）托架厚度没有达到设计要求的2.5 mm的要求。

（4）托架施工中没有保护，受到除电缆以外的其他重物的重压，导致托架变形。

图 7.40　托架变形情况

3）解决措施

为变形托架额外增加托架支架，利用支架加强托架横档承载力，其支架增加形式如图7.41所示。

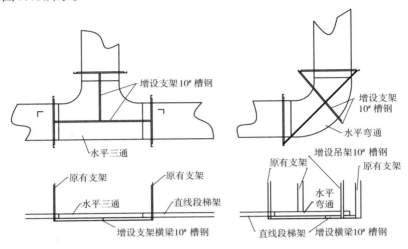

图 7.41　增加支架形式

4）案例总结

托架订货时应考虑托架宽距与极限承载情况，必要时在三通或者弯通端口处做额外加强。在施工过程中加强对托架的保护，避免受到除电缆以外的其他载荷。

7.2.5　电缆托架填充率计算案例

1）问题描述

某平台上部组块主开关间上方J14段电缆托架，按电缆清册路径敷设电缆后填充率过高，电缆溢出。经与详细设计沟通，同意修改电缆路径。原经由J14段的电缆改为走J16托架，然而J16段托架内电缆基本填满后，原J14段托架路径内仍有48根电缆无法敷设，如图7.42所示。

2）原因分析

详细设计阶段仅对此区域内的所有托架进行填充率计算，未对单段托架进行单独计算和选型，导致J14段托架填充率过高，部分电缆按原设计路径无法敷设。

3）解决措施

经施工现场核实碰撞，在确定有足够空间的情况下，确定在J14托架东侧增

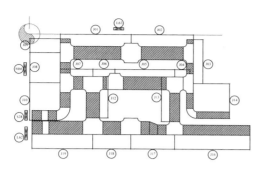

图 7.42　托架设计修改前电缆敷设情况

加一路400 mm宽的托架，用于敷设剩余48根电缆，另增加一处护管用于此路径的电缆穿墙，如图7.43所示。

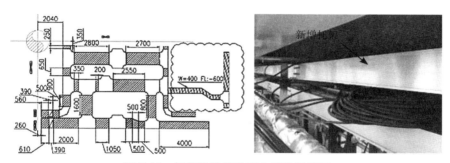

图 7.43　托架设计修改后电缆敷设情况

4）案例总结

对集中敷设，电缆数量较多的电缆路径应对逐段电缆托架进行填充率计算。根据计算结果进行托架规格选型，确保托架内电缆填充率满足要求，在电缆敷设前解决问题。

7.2.6　无机硅酸锌油漆施工案例

1）问题描述

根据规格书的要求，部分管线应按照无机硅酸锌系统进行涂装，其涂层构成为一道水汽固化型无机硅酸锌底漆（50 μm）加两道高温铝粉漆（25 μm+25 μm），设计总膜厚为100 μm。水汽固化型无机硅酸锌底漆固化过程中需要水汽参与，其固化过程中一般需要在油漆表面进行洒水。

在巡检时发现某项目部分无机硅酸锌系统管线底漆施工后表面出现返锈，同时部分位置底漆固化情况较差，影响涂装质量。具体如图7.44和图7.45所示。

图 7.44　表面反锈　　　　　图 7.45　油漆未固化

2）原因分析

（1）由于水汽固化型无机硅酸锌油漆在固化过程中需要洒水，且其额定漆膜厚度较低，部分位置油漆无法覆盖住其基材的粗糙度，在洒水过程中出现反锈现象。

（2）水汽固化型无机硅酸锌油漆在固化过程中需要洒水，油漆固化过程中未及时洒水或洒水不充分导致油漆未完全固化。

（3）个别位置油漆施工厚度过厚，水汽仅参与表层油漆的固化过程，无法有效渗透至底部油漆，导致底部油漆无法固化。

3）解决措施

（1）检查、标记油漆质量不合格的管线，重新返工。

（2）分析失效原因，再次施工时重点进行监督。

4）案例总结

（1）水汽固化型无机硅酸锌油漆在施工时需严格关注环境中的湿度情况，油漆固化过程中需及时且定时跟进洒水。

（2）无机硅酸锌油漆额定漆膜厚度往往较低，表面处理时需严格控制基材表面粗糙度，防止油漆无法有效覆盖粗糙度、波峰等情况的发生。

7.2.7　解决管线同轴度案例

1）问题描述

某项目管线在施工过程中，由于项目工期紧张，现场施工时为了完成工作任务，一味地追求施工进度，对管线的同轴度没有过高的进行把控，造成了海上施工试运行过程中管线震动较大，对接的泵的震动大、温度高等情况。

（1）管线与泵滤器连接法兰面存在错皮不同轴的现象，螺栓都是带应力进行拧紧。

（2）管线与管线连接的法兰面非水平连接，都是带应力进行的强连接。

2）原因分析

施工过程中，管线的走向非从法兰面往外连接管线，而只是为了连接管线而连接管线，造成了现场法兰面的强行连接，带应力连接，如图7.46所示，试运行时随着震动，应力释放，造成漏液现象。

图 7.46　现场带应力连接管线

3）解决措施

（1）现场管线已经连接完毕，由于管线由支架已经固定住，现场已经无法将整根管线进行移位，跟业主和操作方沟通，将泵体的大小头处进行切割，在自然无应力状况下将法兰拧紧，然后再进行焊接，尽量减少应力的产生，并保证管线和泵体滤器等的同轴同心度，泵的震动率和温度都达到了运转的要求。

（2）针对管线与管线的法兰连接，在海上进行调整，将管线的其他部分的支架松开，进行管线的调整，保证管线的应力释放出去，并确定法兰与法兰的同轴连接。

4）案例总结

在施工中，要严格按照施工质量进行现场控制，针对一些管线连接的动态设备，要保证设备的参数要求，在施工前做好相应的质量宣贯工作以及技术交底工作。在施工中一定要不断地举例说明，让现场施工充分了解。质量报验时，也对这些节点的连接重点进行查看，而不是简单地从管线的预制安装试压吹扫角度去衡量管线的施工质量。

7.2.8　仪表管安装问题案例

1）问题描述

某项目平台拥有比以往海洋平台更为复杂的仪表控制系统，除了包含比常规平台更加庞大的 ESD、PCS、FGS 以外，还包含特有的深水系统。其控制系统的仪表管，普遍具有路径长、管径粗、管壁厚、价格昂贵和采办周期长等特点；因此，工程项目组明确要求仪表管及阀件的采买、施工用量必须严格控制，仪表管安装必须有施工图纸作为依据，且图纸经业主审核通过后才可用于实际施工。

2）原因分析

传统国内组块项目的仪表管安装，没有仪表管路径图作为施工依据，施工人员通常只能根据 Hook Up 图，结合现场实际情况和施工人员经验，定位仪表支架和确定仪表管安装路径，敷设仪表管。这种做法存在诸多弊端。

（1）仪表管安装路径不明确。尤其对于长距离仪表管，由于缺少相关图纸，施工人员根本无从下手，费时费力。

（2）现场人员大量时间用于临时弯制仪表管及确定仪表管路径等工作，施工效率极低。

（3）仪表管路容易与其他管线、设备等碰撞，后期修改工作量大。

（4）仪表管及阀件的用量无法提前统计，材料采买及施工没有依据，影响工期，造成浪费。

3）解决措施

（1）仪表支架精确定位。结合仪表典型安装图、P&ID 图，参考 PDMS 项目的空间模型，选取操作及维修方便的位置，利用 PDMS 软件设备建模功能建立仪表及支架模型。最后，以报表形式输出仪表支架坐标，指导现场支架定位。

（2）仪表管建模。仪表支架模型定位后，参照仪表典型安装图及仪表管敷设原则，在遵循仪表管设计规范、避免碰撞等条件的情况下，利用PDMS软件管道建模功能，确立仪表管敷设起止坐标，以小管径管线代替仪表管，设计敷设具体路径，建立仪表管模型。仪表管建模前、后的对比，如图7.47和图7.48所示。

（3）施工图纸输出。仪表管建模完成后，抽取仪表管安装路径ISO图作为施工依据，供业主审核后下发现场，指导现场仪表管安装。如图7.49所示。

图 7.47　仪表管建模前

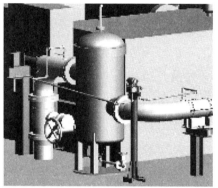
图 7.48　仪表管建模后

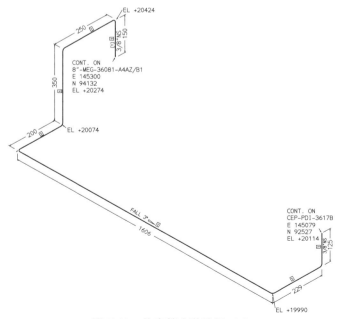

图 7.49　仪表管安装路径 ISO

（4）材料用量控制。通过PDMS软件的报表功能，导出仪表管及阀件材料表，作为采办及施工材料依据，实现了对仪表管阀件采买及施工用量的精准控制，极大地节省了项目成本，促进了项目的按期完工。最终，仪表管及阀件实际施工用量与设计数量基本吻合，仪表管建模应用于材料用量控制的成果，得到充分体现。

4）案例总结

仪表管建模技术的开发，很好地解决了传统仪表管安装效率低、材料控制难等问题，可推广应用于目前流行的液化天然气（liquified natural gas，LNG）模块化项目及未来更大型的海洋深水平台项目。随着海洋工程设计水平的日益提高和完善，应当逐步学会使用三维设计软件处理传统海洋平台组块建造过程中遇到的普遍问题。

7.3　组块安装案例

7.3.1　简介

国内海洋石油工程发展几十年来，一直参照国外相关标准及技术体系文件进行。公司在海洋石油工程产品的设计、制造、安装、检验过程中，结合各类技术标准，根据实际工作情况，逐步建立了一套适用于中国海洋石油工程的设计、制造、安装和检验工程技术体系。为规范工程建设的实施，实现知识的传承性，保障产品技术的完整性，建立一套完整的工程技术体系是十分必要的，技术体系产品包括有技术标准、工法、指南、规程、规格书、程序等内容。

本节总结概括了海洋石油工程发展过程中遇到的结构物安装过程中的经典案例，作为分享经验、加强沟通的一种有效方式，从而促进海洋工程结构物安装的规范化、合理化。提高海上安装生产效率，提升施工质量，增强安全管理。

7.3.2　海上吊装吊高不足案例

1）过程介绍和记录

某项目平台上部模块（MRU）海上吊装，在现场吊装过程中发现主作业船吊高不足，无法进行MRU的吊装工作。最终经现场拆除主作业船主钩滑轮组限位（拆除后吊高提升2 m）、主作业船船尾排载（由船尾吃水11 m调至9 m）和缩短吊装跨距（由42 m缩短至40 m，扒杆角度由71°调整为74°，吊高提升0.76 m）等方法，使主作业船的吊高由95.37 m提升至100 m，满足了MRU模块吊装要求。最终MRU于下午完成的就位，此时MRU距上部组块的顶端间距为1 m左右（考虑浮吊起伏）。

2）原因分析

该组块最初设计从2013年6月初开始，计划9月4日开始装船。该模块安装设计开始采用的主作业船为"主作业船一"，设计人员为A。

设计人员A于8月13日出差进行组块的装船工作，此时本项目的另一名设计人员B正出海安装导管架。B于9月4日返回塘沽后开始接任MRU的设计工作，此时A正在湛江装船，交接工作都是通过电话和邮件进行，在此交接过程中"主作业船一"吊装的错误比例图纸也交给了B。交接后业主通知将MRU的装船推迟至9月26日（实际装船时间为10月1日），公司于9月10日决定改用"主作业船二"吊装MRU。B在出图核实吊高过程中，沿用了"主作业船一"吊装错误比例的图纸进行测量，得到"主作业船二"吊高满足要求的结论，致使吊高核算失误。

3）纠正、预防措施

通过此次事件，无论从安装设计和项目沟通方面都给予我们警示，任何细微的疏忽都可能导致致命的错误。为避免类似事件再次发生，应做好以下工作。

（1）在吊高核实过程中，一定要根据组块的标高、吊索具的高度、预留的安全间隙等计算核实，确保吊高的准确无误。在吊装图纸中要加入组块每一层标高的核实，避免类似事件再次发生。

（2）设计的图纸要严格按照1∶1的比例绘制，校审人员要对每一个数据来源重新核对，对吊高要重新手算核实。

7.3.3　组块索具配置不合理的案例

1）过程介绍和记录

某项目WHPE延伸平台采用浮吊船进行吊装。在进行小平台吊装的时候，发现有一根为此项目新购置的钢丝绳出现被挤压变形的现象，安装项目组马上将重新配置的索具运往现场，以替换被挤压变形的索具。在利用重新配置的索具进行小平台吊装的时候发现组块吊装偏斜，不能满足小平台安装的要求。

发生这次事件后，现场技术人员马上根据工程项目组提供的最新重控报告进行校核，现场只需要将两根索具进行调换便能解决此问题。浮吊船根据最新的索具配置将此小平台安装成功。因为此次质量事件，造成吊装时间延长约57 h。

2）原因分析

（1）该项目WHPE小平台在利用原配置索具进行顺利吊装装船后，工程项目组又安排在其上面进行新的设备的安装，导致其重量、重心发生变化，导致原配置索具不能满足吊装要求。

（2）因为此平台偏小，没有进行称重工作。

（3）工程项目组提供最新重控时间太晚，索具未能满足船舶出海施工之前进行更换。工程项目组与安装沟通不及时，出具了新的重控报告没有发给安装。

（4）随意在已配好扣的模块上放置物品，导致重心变化。

（5）挂扣时没有对索具实行保护措施，从而导致了索具被压变形的情况。

（6）项目负责人交接工作时不够细致，使后续人员未能及时更新相关计算。

3）纠正、预防措施

（1）在陆地为结构物预挂扣之后，应该将索具捋顺并合理放置，并进行固定。

（2）项目组应及时下发更新重控报告。

（3）在结构物称重之后不能再随意放置物料到结构物上。

7.3.4　卡环与索具不匹配案例

1）过程介绍和记录

某项目共计两个模块——PAPB模块（重约1 050 t，拖拉装船）和主开关间模块（重约300 t，龙门吊吊装装船），建造场地为青岛，运输驳船为"驳船A"。

项目在进行主开关间的陆地挂扣时，发现索具与卡环不匹配（索具的直径大于卡环的内侧口宽），导致主开关间的陆地挂扣工作不得不终止。因PAPB组块海上施工在即，若此问题未能及时解决，将直接影响"驳船A"的出港时间以及后续的海上施工。

2）原因分析

（1）设计人员责任心不够。配扣设计过程中没有认真对所选索具及卡环的各项参数进行仔细比对，加之在索具及卡环运输前没有到场地进行现场核实。

（2）经验不足。在进行配扣设计和索具的选取时，将侧重点主要放在吊绳破断力上，对细节考虑不周全。

3）纠正、预防措施

（1）在进行吊装索具和卡环的选取时一定要认真校核卡环销轴直径与吊点孔径、卡环的内侧开口尺寸与索具直径、卡环弓高与吊绳直径、吊绳的安全工作载荷与最小破断力的核实。

（2）若使用旧索具和卡环时，一定要特别注意上一条中的细节对比，同时要到物供现场实际测量。

（3）要坚持认真负责的态度，拥有风险意识，注意细节。

（4）安装设计文件升版，配扣图中增加卡环、钢丝绳、吊点匹配性表格。

7.3.5 组块陆地滑道摆放不对称案例

1）过程介绍和记录

某项目组块原计划2013年3月31日装船，按照该目标装船点，驳船于3月27日下午15：30尾靠码头，场地方于3月28日完成码头前沿钢滑道的摆放。根据2013年1月份装船协调会确定陆地滑道探出量为1.1 m，船上滑道探出量为0.3 m，陆地码头前沿钢滑道摆放由场地方负责。3月31日上午11：00，项目组开始调整驳船系泊缆绳，对齐船上滑道与陆地滑道，发现船上滑道整体向左偏斜约1°，收紧右舷系泊缆无法将船调正。通过现场测量发现左侧陆地滑道探出量为0.7 m，右侧陆地滑道探出量为1.1 m，右侧滑道比左侧长出400 mm。

经现场评估，安装项目组、工程项目组、场地项目组均认为在这种情况下装船风险过大，且码头风力于下午逐渐加大至6~7级，为了保证装船作业安全，安装项目组及业主海事保险BF建议装船推迟一天至4月1日，并利用这段时间对场地码头前沿钢滑道进行整改，该建议得到了工程项目组及业主的同意。

安装项目组及工程项目组当即要求场地方对陆地滑道进行整改，并于现场与青岛项目组确定整改方案，设计了一段400 mm长的钢结构焊接于左侧陆地滑道前端，以使左右滑道探出量对称。

3月31日下午，安装项目组调整驳船系泊缆及75 t拖拉绞车钢丝绳，驳船向前绞船1.5 m离开码头滑道，以便于码头滑道接长钢结构组对焊接施工。青岛公司于3月31日夜间连夜将钢结构预制完成，并于4月1日9：30前完成了组对焊接。

4月1日10：00，安装项目组开始调整系泊缆对齐船上滑道及陆地滑道。组块于12：00开始预拖，至码头前沿后等待约1 h潮水组块开始拖拉上船，最终组块于15：50拖拉至驳船设计位置。

2）原因分析

（1）场地方1月份组块陆地牵引阶段，由于赶工，水泥滑块未摆放对齐，导致最后一节一样长的钢滑道探出不齐。

（2）CEP组块装船阶段，场地方未按照安装的计划进行各项工作，主要在抢组块建造的工作，原计划3月26日完成的陆地滑道摆放在3月28日傍晚才完成（驳船3月27日尾靠），之后装船准备一直在抢工，未按要求对滑道探出量进行测量检查，直至3月31日上午10：00（准备拖拉前2小时）才将滑轮连接至组块滑靴。

（3）安装项目组、施工人员检查疏漏，现场存在较多问题，如组块顶部未清理吊装索具一直未预挂，组块脚手架未拆除，75 t绞车地锚连接不合理等问题，安装项目组精力主要集中在上述问题的整改上，在陆地滑道摆放完成之后未采用卷尺现场测量确认，18 m的中心距通过目测无法辨识出探出量的偏差，直至滑道对正才发现此问题。

3）纠正、预防措施

（1）现场发现此问题后，安装项目组要求场地方进行整改，并提出整改方案，场地方预制一段400 mm钢结构，焊接于左侧陆地滑道前沿，使左右滑道探出量保持一致。驳船离开滑道，让出施工空间。

（2）于3月31日更新检查表（checklist），4月1日拖拉前，安装项目组召集各方对现场再次进行联合检查，确认各项准备工作均能满足技术要求才进行拖拉装船。最终组块装船于4月1日安全完成。

4）经验总结

此次事件的教训总结有以下两点。

（1）安装项目组作为现场施工质量控制的主体，绝对不能在任何一个环节上有半点疏忽，否则很小的疏忽将造成很大的风险和问题。

（2）在今后的项目装船工作中，陆地滑道的摆放完成后，安装项目组应第一时间对各项进行测量，并要求建造方出具测量报告，包括滑道水平度、中心距、前沿探出量等各项数据，以规避此类风险。

7.3.6　组块吊装锚位调整案例

1）过程介绍和记录

某项目海上升压站项目海上安装作业时，为解决其最小跨距过大（42 m）的问题，靠驳设计采用的是船艉对船艉的靠驳，因海上作业现场电缆较多，为避免与海底电缆干涉初始设计采用主作业船在升压站南侧就位。

在初次进行安装公司初次审查会进行升压站安装设计的设计理念阐述中，专家发现主作业船在平台南侧就位将会是横流作业，并考虑船舶船艉对船艉靠驳时，受流面过长，识别出此项作业风险较大，靠驳及吊装时船舶无法稳住，要求调整安装设计，使主作业船及驳船采用顺流作业方式。设计人员随后更新现场锚位及靠驳设计，并顺利安全完成响水海上升压站海上安装。

2）原因分析

设计人员对船舶在海上作业时，海流的影响认识不够充分，并且对不熟悉的海域没有足够的认识。

3）纠正、预防措施

设计人员要充分调查海上作业区域的风、浪、流、涌、波长等自然条件，并核对其准确性，设计船舶锚位及靠驳设计时除了海底管线路由还要要充分考虑自然条件等限制，考虑其操作可行性。另外，遇到问题多与有经验的专家船长等沟通，确保海上作业时的便捷及安全。

7.4　平台上部组块调试案例

7.4.1　简介

平台上部组块的调试工作是平台能否顺利投产的必要条件，起着至关重要的作用，本章从以往项目中精炼并总结出海洋石油工程发展过程中遇到的调试过程中的经典案例，作为分享经验、加强沟通的一种有效方式，从而促进海洋工程组块前期设计和施工的规范化、合理化。为了尽量减少调试过程中遇到的问题，需要我们不断总结经验教训，将出现过的案例进行分析，为后续项目提供借鉴，实现知识的传承性。

本章以案例描述—原因分析—解决措施—案例总结这一顺序为主线逐步展开，力争达到问题阐述清晰，解决方法明了的目的。

7.4.2　干气压缩机无法启动案例

1）问题描述

东海海域某平台新增干气压缩机A机顺利点火启机，并在当前生产工况下，进行了小额负载的带载试验，运行了半天左右时间后停机。

次日，干气压缩机B机点火试验，第一次点火成功后，在转速提升的过程中，进口导流叶片（inlet guide vane，IGV）调节不够灵敏，导致转速上升过快停机；对IGV调节后，再次启机时，发现NPT转速无法提升到Running状态下的42%最低转速，导致停机。

2）原因分析

（1）经过对Solar程序里的数据采样分析，与A机的数据进行对比，发现同样NGP转速下，B机的燃气流量明显偏少。因此，对B机的一次、二次燃气阀以及燃气流量控制阀FCE进行了检查。

（2）再次启机后，仍然存在同样的问题。将A机的FCE与B机的进行对换。并对B机的燃气环管、喷嘴进行了检查，确认无卡阻。

（3）再次启机，问题依旧存在。对B机橇外燃气管线进行拆卸、检查，确认流量计、单流阀、滤器无阻挡现象。并对橇外管线进行了再次吹扫、惰化。

（4）回装管线后启机，仍然没有解决。根据厂家建议将A机的燃气管线引到B机管线上，加大燃气供应，连管后再次启机，问题依然存在。

（5）检查燃气的热值是否存在问题，因此启动压缩机A机，A机也和B机一样的问题，导致启机失败。因此，可以初步确认就是平台燃气热值问题导致的压缩机无法启机。

3）解决方案

经过和周边平台的联系确认，得知附近的其他平台正在进行惰气试验，可能会有残余的惰气进入海管，影响燃气的热值。故考虑在某平台恢复供气后再次启机进行测试。再次启机后，机组能够顺利达到最低转速，并运行平稳。并且在当前工况下，进行了小额负载加载试验。

4）案例总结

该平台所提供的燃气受到周边平台的惰气施工的影响，导致输气海管的燃值偏低，与机组内部所设的燃气参数偏差过大。导致机组的IGV调节与燃气量调节无法满足机组至最低转速，从而导致启机失败。故今后的燃气压缩机在调试前，不仅要确认燃气管线的惰化置换工作是否已完成，也要确认燃气的热值是否满足机组的需求，避免出现类似问题。

7.4.3 热介质锅炉调试案例

1）问题描述

南海某项目有两台10 000 kW的热介质锅炉和三台7 500 kW的废热回收装置，用户和管线系统复杂，从导热油加注到完成锅炉点火、热油脱水工作持续了近2个月的时间。主要步骤包括热介质系统的试漏、导热油的加注、冷循环、热循环脱烃。中间技术难点主要是系统查漏、锅炉点火。

（1）系统查漏：系统注油完成，冷循环进行过程中，检查发现各用户的排放管线到17 m甲板热介质收集罐的总管上6 in阀门处于关闭状态，图纸上显示此阀门为常开，应该将其打开。而打开时能听见液体流动的声音，收集罐液位上升，膨胀罐液位下降，说明有油通过排放管线回油了。

（2）锅炉点火时出现柴油模式点火过程中出现燃油压力低报警，点火失败和B锅炉燃气模式点火时出现火焰故障报警，点火失败。

2）原因分析

（1）系统查漏。可能存在以下原因。

① 排放管线上有阀门没有关紧。

② 用户或锅炉安全阀已经起跳。

③ 排放管线上阀门内漏。

④ 管线连接错误。

（2）锅炉点火。

① 燃油压力低时出现报警的燃油压力传感器安装在喷油阀后，也就是点火信号发出后，喷油阀打开，柴油到喷油嘴开始喷油，而柴油供给不足，压力不够，就会导致柴油雾化效果不好，出现一个燃油压力低报警。

② 火焰故障信号来自本地控制盘的火焰监测模块和燃烧器内部的火焰探测器，怀疑这2个元件损坏或者接线错误。

3）解决措施

（1）系统查漏。首先对排放管线参照三维模型进行核对，没有发现问题，说明不是管线连接错误。然后关闭所有安全阀的进口阀门，启泵，问题依然存在，说明不是安全阀问题。关闭所有用户的进口和出口阀门，逐个排查是否有未关紧的阀门，最终发现电脱加热器的排放阀门未关紧，用F扳手紧过后有了很大改善，但是时间一长还有油排到收集罐，然后把所有的排放阀门用F扳手紧了一遍，问题得到解决。

（2）锅炉点火。锅炉橇内柴油泵是三螺杆泵，本身带有保护作用的调压阀，把调压阀设定值提高，也就是增加泵出口压力，间接增加喷油阀后压力。将调压阀设定值从最初的 22 bar[①] 调到 30 bar 后再次点火，同时将喷油阀初始开度从 20% 调到 15%，仍然出现燃油压力低报警，点火失败。点火过程中发现橇内柴油泵的进口压力降低到 –0.5 bar，也就是供油不足，厂家查阅锅炉资料发现，泵进口压力要求不低于 2 bar。而橇外柴油泵的出口压力仅为 1.1 bar，流量 3.8 m³/h，流量可以满足，而压力不够。

当时 A 锅炉燃气模式已经点火成功，将两个锅炉的火焰监测模块拆下对比，没有发现问题。而火焰探测器在燃烧器内部，检查起来非常不易，因此只能先检查接线上是否有错。经检查发现火焰监测模块的一个接地线未接，而该接地线属于火焰传感器信号的放大模块，必须要单独连接，不能与元器件本身的接地线共用。重新接好线后，启动测试，点火成功。

4）案例总结

新阀门因为油漆或者其他原因，可能存在关不严的问题，尤其是闸阀，看上去是关好的状态，其实没有到位，这时候就需要用工具，若还不成功，则需要对阀门进行维修。

在检查柴油泵时，不仅要检查出口流量，还要检查出口压力，以保证柴油用户的需求。

在对火焰传感器信号的放大模块，必须要单独连接，不能与元器件本身的接地线共用。

7.4.4　仪表气系统初次启动无法供气问题案例

1）问题描述

国外项目某平台的仪表气系统在预调试及调试期间，初次启动时，依靠平台自身的空压机设备和仪表气系统，无法实现为平台仪表气系统供气的功能。

2）原因分析

为实现空压机启动一级压缩和供气，空压机橇的齿轮箱呼吸系统需要仪表气供应，实现内部滑油的循环和供给；同时控制二级压缩过程的电磁阀 KSY–734

---

① 1 bar=100 kPa。

及干燥器进出口控制阀均需要仪表气的供给。以上仪表气均来自平台的仪表气系统，仪表气系统的压缩空气来自空压机供给。这就造成空压机能实现压缩供气，需要平台的仪表气系统能够存储和正常供应压缩空气；另一方面，要实现平台仪表气系统能正常供气，必须首先启动空压机，向仪表气系统里增压注气，维持正常气压4 bar以上。因此以上过程互为前提条件，形成了死循环。

3）解决措施

（1）预调试及调试阶段。在建造施工场地和海上连接期间，可以通过引入临时压缩空气满足启机要求。临时接入点选择干燥器的进出口管线控制阀仪表管，通过接入临时仪表气，将临时气引入压缩机橇的仪表气总汇，满足空压机供气要求，如图7.50所示。

临时压缩空气接入　　　临时压缩空气接入　建议加三通和球阀　　来自仪表气管汇

图7.50　临时接入气源

（2）投产阶段。投产阶段外部临时压缩气源不可用，建议通过进气总管汇的任一仪表管处增加一个三通，在三通处增加球阀（见图7.50云雾线部分）。根据现场情况，增加便携式移动氮气瓶组或固定式氮气瓶组，并配齐相关的临时仪表管、卡套等临时连接材料，以满足在初次启机时进行临时仪表气的连接和供应。

4）案例总结

首先设计单位在对厂家送审资料审查过程中，应严格、仔细审查其工艺、控制流程、逻辑及相关图纸，并和设备供货厂商深入沟通交流，及早发现问题并处理；在施工、调试阶段及时升版图纸并下发施工单位，做好后续的补救方法和措施实施工作。

参考文献

［1］《海洋石油工程设计指南》编委会. 海洋石油工程平台结构设计［M］. 北京：石油工业出版社，2007.

［2］ 唐友刚，沈国光，刘利琴. 海洋工程结构动力学［M］. 天津：天津大学出版社，2008.

［3］ 姜萌. 近海工程结构物——导管架平台［M］. 大连：大连理工大学出版社，2009.

［4］ 何生厚，洪学福. 浅海固定式平台设计与研究［M］. 北京：中国石化出版社，2003.

［5］ 聂武，孙丽萍，李治彬，等. 海洋工程钢结构设计［M］. 哈尔滨：哈尔滨工程大学出版社，2003.

［6］ 中国海洋石油报. 当代中国海洋石油工业［M］. 北京：当代中国出版社，2008.

［7］ 中国海洋石油总公司. 中国海洋石油科技30年［M］. 北京：地质出版社，2015.

［8］《海洋石油工程设计指南》编委会. 海洋石油工程安装设计［M］. 北京：石油工业出版社，2007.

［9］《海洋石油工程设计指南》编委会. 海洋石油工程设计概论与工艺设计［M］. 北京：石油工业出版社，2007.

附录 彩图

图 1.1　常见的海洋油气开发结构物类型

图 1.2　井口平台上部组块

图 4.9　使用红外线测温仪测量构件预热
温度

图 4.10　使用红外线测温仪测量焊缝
层间温度

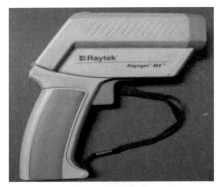

图 4.17　红外线测温仪

图 4.18　钢板温度计

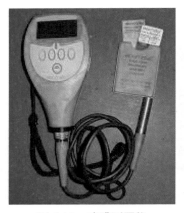

图 4.19　漆膜测厚仪

图 4.20　电导率仪

图 4.32　使用盒尺测量机械设备底座定位尺寸

图 4.33　使用万用表测量电缆连续性
　　　　　和绝缘电阻

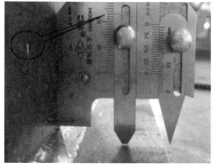

图 4.35　使用多功能焊缝检验尺测量焊缝尺寸

图 4.40　使用超声波探伤仪检测焊缝内部缺陷

图 4.44　冲击试验机　　　　　　　图 4.45　拉伸试验机

图 4.46 光谱分析仪

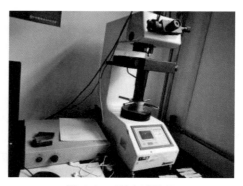
图 4.47 硬度试验机

图 4.48 全站仪

图 5.4 吊装安装方法

图 5.5　浮托安装方法

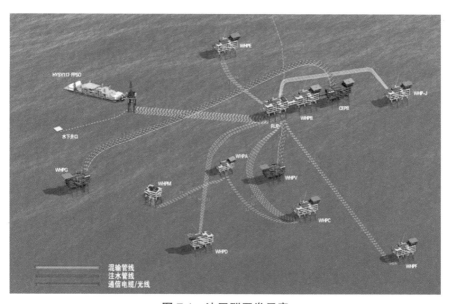

图 7.1　油田群开发示意

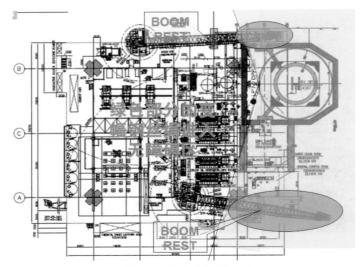

图 7.4　平台上甲板布置

图 7.5　干涉位置示意

图 7.36   压缩机模块起吊时的烟囱保护架

图 7.37   吊装框架预制现场

图 7.39   履带吊调向

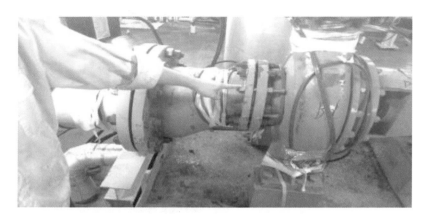

图 7.46　现场带应力连接管线

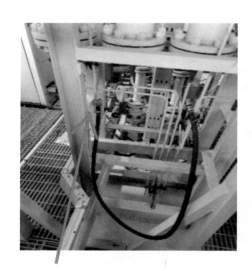

临时压缩空气接入　　　　临时压缩空气接入　　建议加三通和球阀　　来自仪表气管汇

图 7.50　临时接入气源